COMMON CITY

SURVEY ON SMALL CITIES OF SOUTH KOREA

보통의 도시

– 한국 소도시 탐색 –

[임동원]

Spacetime

보통의 도시

– 한국 소도시 탐색 –

[임동원]

CONTENTS

I 나는 왜 한국의 소도시를 보는가?

WHY DO I SEE THE SMALL CITIES?

- "보통도시론"

COMMON-CITY STATEMENT

학산 박병주교수

한국의 도시계획에 문외한이었던 필자는 고 '박병주' 교수의 함자를 듣게 됩니다. 그분이 한국 도시계획사에서의 어떤 선구자 같은 분이었다는 것을 알게 될 무렵, 그의 스케치북 '한국의 도시'를 접하게 됩니다. 그 책은 도시계획의 선구자로서 실제로도 많은 한국 도시들의 틀을 잡은 저자가 한국의 각 도시를 답사하고, 주요 장면을 스케치하여 그의 견해를 담아낸 짧은 인상기입니다. 비록 단행본으로는 구할 수 없어 국회도서관에서 흑백복사를 해 왔지만, 그때 이후 필자도 꼭 다리가 성성한 젊은 시절 그런 경험을 해야겠다는 생각을 하게 되었습니다.

해외여행

해외여행의 자유화가 이루어진 이후 참으로 많은 사람들이 외국으로 나갔습니다. 많은 사람들이 다녀와서 이야기를 하지요. 〈나는 파리에서 에펠탑을 보았고, 마드리드의 거리를 보았으며, 카딸류냐의 밤 문화를 느꼈어요.〉 실제로 우리나라 사람들은 외국에 나가면 이게 이름난 건물만을 보고 오지는 않습니다. 다른 그 무엇, 어떤 도시의 진정성, 도시의 진정한 느낌을 가지고, 향유하고자 노력합니다. 그래서 책도 사보고, 문화서적도 읽습니다.

물론 파리에서는 에펠탑을 보아야 하지요. 그러나 에펠탑만을 보아서 파리를 다 보았다고 할 수 없기에 우리는 외국에 나가면 기를 쓰고 몽마르트 언덕으로 가고, 오스만이 했다던 블로바드를 거닐고, 관광가이드 책에서는 안 나오는 이름 없는 카페거리도 거닐려고 노력합니다.

'보통의 도시'

에펠탑이 관광의 도시라면, 오스만의 블로바드와 그 이름 없는 카페거리, 길모퉁이에서 보인 젊은이들의 담소풍경. 필자는 이를 두고 '보통의 도시' 라고 부르려 합니다. 관광의 도시는 우리가 쉽게 관광가이드 책을 통해서 갈 수 있습니다. 프랑크 게리의 구겐하임, 뉴욕의 자유의 여신상과 같은 멋진 건축물들은 그 도시를 상징하고 있습니다.

그러나 도시는 이와 같은 멋진 스타건축물만으로 이루어진 곳이 아닙니다. 도시에는 스타건축물의 주변으로 혹은 배후로 수 많은 시민들의 일상의 공간들이 자리를 잡고 있습니다. 쇼핑센터부터, 주거지역, 공원지역, 수변지역과 더 나아가서는 공장과 같은 생산의 공간까지. 그런데 우리는 외국에 가서 그렇게 기를 쓰고 그들의 일상공간을 접해 보려고 하는데, 한국에서는 어떤가요?

우리는 너무 한국의 도시를 모르고 있는 것은 아닐까요?

한국의 소도시

한국의 도시 하면 먼저 생각나는 도시들은 대부분 서울, 부산, 대구와 같은 대도시일 것입니다. 왜냐면 인구의 80% 이상이 이러한 대도시권역에 집중되어 있기 때문입니다. 그 외의 도시들에 대해서도 각종 문화유산답사기와 같은 형식으로 많이 알려져 있습니다. 그러나 보통의 도시, 일상의 공간의 측면에서 한국의 소도시를 말해 주는 책은 그리 많지 않습니다. 즉, 안동 하면 하회마을은 알겠는데 정작 안동시 자체는 잘 모르는 것처럼 말입니다. 필자는 그것이 안타까웠습니다. 그리고 아주 궁금했습니다.

외국의 도시는 어느 지방, 작은 도시라도 기를 쓰고 가서 보려 하는데 정작 우리는 이러한 우리의 소도시를 잘 모른다는 것이지요. 또한 한국의 소도시들은 대도시에 비해 개발이 덜 진행되어 그나마 한국 근대도시의 원형을 가늠해 볼 수 있다는 것이 저의 생각이었습니다. 그래서 이번 기회에 필자의 짧은 답사기 형식을 빌어, 저의 발품을 빌어 독자들에게 이 소도시의 경험을 가져다주고 싶었습니다. 그렇다면, 일상의 공간, '보통의 도시'를 한국에서 어떻게 볼 수 있을까요?

II 도시를 어떻게 볼 것인가?

HOW TO SEE THIS COMMON CITY?

도시는 도시의 건축물만을 보고 오는 것이 아닙니다. 그렇기에 '보통의 도시' 를 볼라치면, 자칫 우왕좌왕하기 십상입니다. 이는 또한 필자가 지인들에게 많이 받게 되는 질문이기도 합니다. 이에, 필자가 '보통의 도시' 를 보는 몇 가지의 팁을 알려 드립니다.

도시를 답사하는 법 Way of field trip of city

1. 도시의 겉/외양이 아닌 도시의 속살로 들어가자. Go into the inner city, not just exterior appearance

겉모습만 보고 도시를 다 보았다 하면 겉만 본 것입니다. 그 속살, 그 내부로 들어가십시오. 보통의 도시를 보는 것은 또한 대로변의 건물만을 보는 것이 아닙니다. 그 속살을 보는 것입니다.

2. 지도에 너무 의존하지 말고, 자신의 '경로 itenary' 에 집착하지 말자. Don't rely on the map too much, neither your itenary

그렇게 되면 정해진 자신의 코스만을 보려 합니다. 오늘은 이 정도를 돌아야겠다는 대충의 동선만을 정하십시오. 그렇지 않으면 한정된 시간에 지치게 마련입니다. 그러면 자신이 느낀 도시 전체의 이미지가 머릿속에 들어오지 않습니다.

3. 답사 후 분석을 꼭 행하자. Do analysis after field trip

도시를 답사하다 보면 알지 못했던 무엇들과 마주칩니다. 그것이 무엇이건 간에 전후좌우의, 지역적, 문화적, 연대기적 맥락을 분석해 보면 그 도시에 대해 더욱 더 잘 알게 됩니다.

4. 생산의 도시가 더 재미있다. More fun in productive city area

화려한 외양을 가진 소비공간의 이미지가 도시이미지를 많이 차지하지만, 의외로 생산의 도시, 생산의 현장에서 배울 것이 많이 있습니다. 생산의 장은 그 지역민의 노동의 방식이며, 삶의 현장입니다.

5. 큰 도시는 섹션 section을 끊어라. Take a Section in case of big city

인구가 20만명만 넘어가더라도 도시의 크기로 인해 도시의 전 구역을 답사하기란 불가능합니다. 그럴 필요도 없고요. 이럴 땐 중심에서 바깥으로 혹은 그 반대로 도시를 一자로 자르는 것입니다. 필자의 은사들은 그것을 두고 '도시의 section을 끊는다' 는 표현을 하더군요. 그렇게 섹션을 끊으면 그 끊기는 선을 중심으로 거의 모든 도시의 요소들이 걸려듭니다. 그것으로 현상들을 관찰하고, 분석하는 것이지요.

꼭 말해 두고 싶은 것이 있습니다. 상기의 기술은 도시를 보는 필자의 일견一見 밖에 안 된다는 것입니다. 여러분의 보는 법을 믿으십시오. 여러분의 호기심이 가는대로 발길을 향하십시오. 훨씬 더 풍요로운 도시의 속살이 당신과 마주치기를 기다리고 있을 것입니다. 다음은 도시를 보는 몇 개의 가늠자 공간으로 안내하겠습니다.

●

한국 도시를 보는 몇 개의 가늠자 공간 'Key place' of Korean cities

이젠 몇 개의 가늠자 공간을 말씀드리겠습니다. 아무래도 도시를 이해함에 있어

가능자가 될 이 안내공간들은 그 도시를 이해하는 지름길이 됩니다.(물론 이는 외국의 도시에서도 적용가능한 것들입니다. 도시를 보는데 국내외가 있을 수 없지요.) 또한 이 가늠자 공간들은 직접 도시계획을 함에 있어서도 가장 중요하게 다루어야 할 분석의 틀이자, 대상이 된다고 생각합니다.

1. 역, 터미널, 공항 등의 교통결절점 Transportation hub as station, bus terminal, airport

교통결절점들은 말 그대로 사람들이 모이고, 흩어지는 장소라는 의미뿐만이 아니라 그 주변 도시의 형성과 깊은 연관을 가지게 됩니다. 기차역은 기차라는 교통수단이 발전하면서부터 나타났기에, 이 역은 한국으로 치자면 일제 강점기에 이미 조성된 사례가 많고, 그렇다면, 일제 강점기 때부터 이미 이 도시가 있었다는 이야기가 됩니다. 버스터미널의 등장은 아무래도 고속도로 등의 자동차교통이 활성화된 이후인 1960-70년대가 될 것입니다. 또한 다른 관점에서 해당 도시와 다른 도시와의 교통빈도수 등을 보면 그 도시와 주변 도시와의 연계, 상호작용의 상황 또한 알 수 있습니다.

김천, 김천역 Train Station, Kim-Chun

2. 재래시장 Old market area

한국의 재래시장은 주로 천변을 중심으로 이루어졌습니다. 예로부터 천변은 주거지로서는 기피하는 장소였습니다. 그렇기에 이 장소에서는 주로 간헐적으로 물건을 내다 팔고 교류하는 상업의 장소였습니다. 또한 이후 구획정리가 된 도시조직의 경우라면 그 중심부, 혹은 터미널과 같은 교통결절점에서 재래시장은 어김없이 나타납니다.

천안, 중앙시장 Old market, Chun-An

3. 차 없는 거리 Pedestrian street

차 없는 거리는 각 지방마다 '문화의 거리' 라고도 하고 '젊음의 거리' 라고도 불립니다. 이렇게 취향과 성격에 따라 다르게 불리지만, 서구의 pedestrian mall 개념의 한국적 수용양식이라고 생각하면 됩니다. 이곳에는 주로 젊은 사람들이 모이고 즐기는 젊음의 공간이며, 따라서 젊은이들의 소비취향에 맞는 소상품들의 상점으로 이루어진 경우가 대부분입니다. 이렇게 상점단위가 크지 않기에 구획정리와 같은 조그만 필지를 가진 조직에도 잘 어울립니다. 또한 만일 지방도시에 이런 차 없는 거리가 없다면, 그 도시는 '늙어가는 도시' 라 해도 틀리지 않습니다.

청주, 차 없는 거리 Car-less street, Chung-Ju

4. 수공간 Water

한국은 여름에 비가 많이 오기 때문에 수공간 주변으로 대부분 둑을 쌓아 도시를 보호한 경우가 많습니다. 그렇기에 둑길 아래에 마을을 가지고 있는 경우가 많습니다. 또한 수공간 주변은 예로부터 도시의 하층계급의 사람들의 정주지였습니다. 때문에 대부분 낙후되어 있는 것이 현실이지요. 최근 들어서는 아파트문화가 대중화 되면서 수변공간의 조망성을 중시하는 문화와 저가의 지역을 사들여 개발하는 욕구가 맞아 떨어져 많은 수변공간들이 아파트단지들로 개발되고 있습니다.

의정부, 백운천 Water stream, Yeo-Jung-Bu

5. 생산의 공간 productive place

공장과 산업단지 등을 보면 이 도시의 주요 먹을거리를 알 수 있습니다. 또한 그것이 주변 도시와 혼합되어 있는지의 여부에 따라 그 생산의 공간이 조성된 시간을 알 수 있습니다. 당연하게도 도시와 떨어져 있는 경우는 비교적 최근에 조성된 조닝개념이 들어간 산업단지일 것입니다. 일부 나타나는 자생적 산업단지들은 지역조직과 결합되어 있습니다. 이들은 오래된 생산의 공간인 것이지요. 또한 이 곳에 가보면 많은 외국인 노동자들을 볼 수 있습니다.

그들은 이미 우리의 이웃들입니다. 한 가지 덧붙이자면 이곳을 방문할 땐 꼭 교통편을 확인하라는 것입니다. 왜냐면 잘못된 도시계획의 영향으로 생산의 공간들은 대부분 도시교통의 오지이기 때문입니다.

군산, 군산산업단지 | Industrial area, Kun-Sann

6. 대학교, 학교 University, school

도시에 대학교가 있다는 것은 일종의 축복입니다. 도시가 활력을 받기 위해선 젊은 사람들이 많아야 합니다. 그렇기에 대학교는 그 배후도시에 많은 영향을 미칩니다. 대학가 주변의 주거공간부터 대학교 상업문화 공간들까지 그 배후의 도시는 이들의 웃음과 활기로 넘쳐납니다. 고등학교 및 중학교, 초등학교 주변으로는 학원가와 이들 학생들을 위한 소박한 소비공간들이 있습니다. 또한 여기서 보아야 할 것은 그 학교라는 공간 개체가 주변의 도시와 잘 결합되어 있느냐를 보아야 합니다. 학교라고 담장을 쌓고 막아버리면, 지역과의 교류가 일어날 수 없겠지요. 이는 분명 바람직한 현상은 아닙니다. 학교가 지역민과 상호 교류하는 시너지를 일으키려면, '공간적 접착' 은 필수적입니다.

김제, 김제중학교 Middle school. Kim-Je

7. 향교 Old Confucian temple

마지막으로는 향교를 말하고자 합니다. 지방도시에 향교가 있다는 것은 그 도시가 오래된 도시라는 것입니다. 향교는 원래 관이 주도로 해서 조선시대때 유교의 정신과 학문을 전파하는 일종의 국가교육기관이기 때문에 전국의 주요 도시들에는 향교를 조성하였습니다. 또한 향교의 위치가 본래의 위치에서 변하지 않은 장소였다면, 그 향교에서 얼마 안 떨어진 곳에 옛 도심이 조성되었다는 증표입니다. 한국의 도시에 쌓인 시간을 느낄 수 있는 중요한 가늠자 공간입니다.[1)]

---

1) 본래 향교는 청구도의 지도식에 의하면 읍치 중심에서 약 십리가 떨어져 조성되어야 한다. 그래서 근대화 과정을 겪으면서 읍치의 공간구조가 사라진 것과 달리 많은 곳에서 보존될 수 있었다고 생각되는 항목이다. - 본론 참조. 필자주

제천, 제천향교 Old Confucian temple, Je-Chun

자. 다음은 도시에 담긴 시간을 파악하는 방법을 말씀드리겠습니다. 무심코 마주치는, 경험하는 도시는 그 안에 어느 정도의 시간이 퇴적되어 있습니다. 동탄과 같은 신도시는 시간이 짧지요. 그렇지만, 향교가 있는 도시들은 대체적으로 몇 백년은 넘은 도시들입니다. 이렇게 그 도시에 담긴 시간을 가늠할 수 있으면 우리는 그 도시의 그 당시의 원형, 그 당시의 시대상을 상상하게 됩니다. 그러면 어떻게 그것을 파악할 수 있을까요?

도시의 기본판 : 도시조직 urban fabric[2)]

도시조직urban fabric이라는 말은 말 그대로 도시가 가진 가장 기초적인 물리적 모습, 길과 필지, 그리고 건축물의 관계를 파악하는 것입니다. 저는 쉬운 말로 '도시기본판' 이라는 말로 바꾸겠습니다. 즉, 건축물이 건축되는 대지가 아닌, 건축물이 올라타고 있는 도시의 기본판이라는 말이지요. 물론 많은 기본판이 있겠지만, 거칠게 말해 필자는 한국의 도시가 가지는 기본판의 유형을 4가지로 정의하고자 합니다.

1기. 지형적 조직(나뭇가지형, 자연발생적 조직) Geographical fabric

한국 도시들의 경사지 등의 사진을 보면 마치 길들이 나뭇가지처럼 조성되어 있는 것을 볼 수 있습니다. 이는 바로 물길에서 연유된 한국 도시들의 전형적인 기본판입니다. 물길이라고 해서 이 길들이 전부 과거에 물로 덮였다는 말이 아니라, 이 길을 따라 물이 흘렀을 것이라는 말입니다. 자연스럽게 이러한 지형적 조직을 가지는 기본판에 담긴 시간은 몇 백년, 아니 몇 천년일지도 모릅니다.

지형적 조직의 길의 모양

---

2) 필자가 제시하는 1기-4기의 '기본판' (도시조직)은 그 형태가 그 시대와 정확히 일치하는 것은 물론 아니다. 예를 들어 1기라 하더라도 곧은길이 있는 것은 당연하다. 필자의 제시는 우리가 현시대의 지도를 보고 쉽게 도시기본판에 담긴 시간을 파악할 수 있게 간략화 시켰다는 것을 말해 둔다. - 필자주

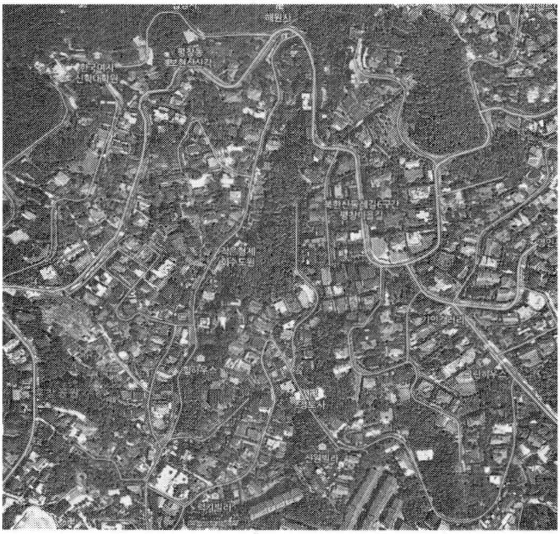

서울, 평창동 Pyoungchang, Seoul(건물을 보지 말고, 도시의 바닥판을 보세요)

2기. 지형적 조직 + 도시계획도로 Geographical fabric+planning road

이런 지형적 조직과 도시계획도로가 만난 유형입니다. 지형적 조직은 일단 자동차의 이용에 있어서는 현대도시의 체계에 부합하기가 어렵습니다. 그렇기에 최소한의 그리드체계가 지형적 도시조직을 통과하게 되지요. 그렇기에 이 판은 도로가 뚫렸던 백년을 넘지 않을 것입니다.(물론 옛 도시의 읍치나 성문이 헐리고 난 후 조성된 큰길과 같은 예외가 있습니다.)

2기 기본판의 길의 모양

서울, 세운상가 일대 Seun District, Seoul

3기. 구획정리조직 plot readjustment fabric

이 조직은 말 그대로 구획이 한 번 정연하게 정리된 조직을 말합니다. 즉, 자연적 지세를 따르는 지형적 조직을 가지고는 도저히 도시화의 밀도를 감당할 수 없는 경우라든지, 아니면 체계적으로 도시의 기본판을 다시 만들고자 하였을 경우 환지수법 등과 결합하여 도로를 다시 조성하고, 필지구획을 정갈하게 정리한 도시의 새로운 기본판입니다.

구획정리조직은 일제 강점기 때부터 비교적 최근인 30-40년 전의 도시팽창기 때 조성된 많은 도시들이 이 조직을 가지고 있습니다. 이 오래된 구획정리조직은 특유의 재래시장 문화와 차 없는 거리의 문화를 만들어냅니다. 하나 유의할 점은 구획정리수법은 현대에서도 단지조직과 함께 가장 대표적인 택지개발 수법 중의 하나라는 것입니다. 구획정리조직이라고 무조건 오래된 조직이라고 생각하면 안 된다는 것입니다.

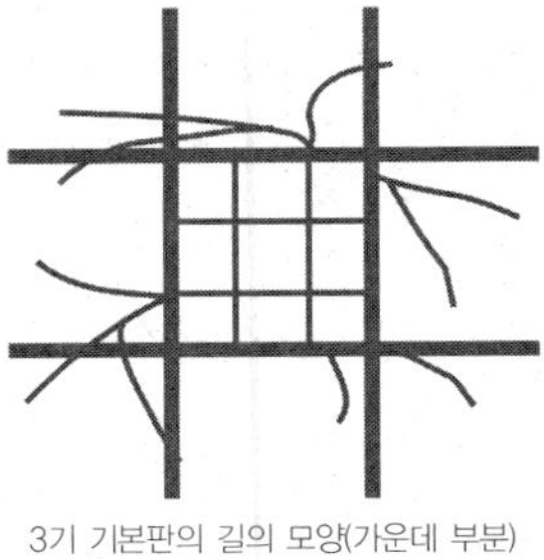

3기 기본판의 길의 모양(가운데 부분)

서울, 화곡동 Hwagok,Seoul

4기. 단지조직 Flatenning fabric

단지조직이 나타난 것은 말 그대로 아파트단지가 조성되면서 기존 도시의 판을 다시 한 번 갈아엎고 나타난 조직입니다. 그렇기에 앞서의 3개의 기본판보다 퇴적된 시간은 가장 짧습니다. 이 판은 아파트와 근린생활시설, 응축된 상업시설 등과 결합된 새로운 도시문화, 다른 도시성 urbanity을 가집니다.

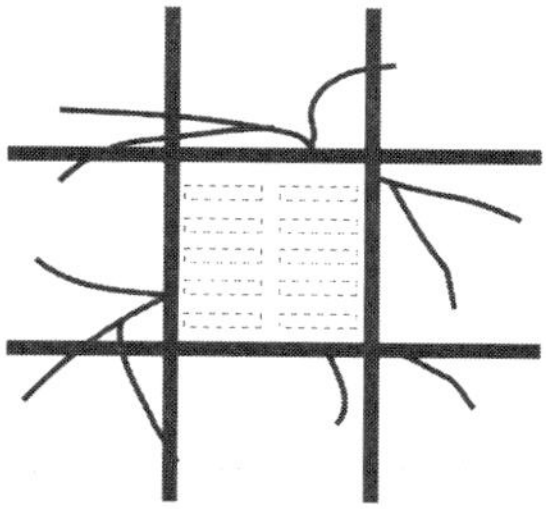

4기 기본판의 길의 모양(가운데 부분, 점선은 아파트표시)

잠실, 서울 Jamsil, Seoul

이 유형은 매우 거칠게 구성되었고, 따라서 학문적으로 많은 논란의 소지가 있겠지만, 우리가 현시대의 지도를 보고 쉽게 도시기본판에 담긴 시간을 파악할 수 있게 간략화 시켰다는 것을 미리 말해 둡니다.

III 9가지 기술의 틀

9 THINGS TO DESCRIBE CITY

이 책의 성격이 지방 소도시의 가이드의 의미와 함께 건축인으로서의 계획적 제안까지를 담고 있기에 어떤 기술의 틀이 필요합니다. 또한 이 9개 모두의 기술의 틀을 가지고 전체의 도시를 기술하지는 않습니다. 단지 이러한 기술의 틀, 분석의 틀을 가지고 도시를 바라보고, 분석하며, 문제점을 고찰하고, 그것에 대한 대안을 제시하고자 하는 것입니다.

1. 도시형태 Shape of the city

한국의 도시는 전체적인 도시의 형상에 있어 다양한 형태를 가지고 있습니다만, 필자는 일단 등방형과 비등방형으로 구분하고자 합니다. 일단 서울, 대구와 같은 대분지에 나타나는 원형 혹은 정방형 형상이 있습니다. 정방형 형상은 도시의 발전이 등방하게 전개되어 비교적 넓은 배후지를 거느릴 수 있는 도시에 나타납니다. 대분지 뿐만이 아닌 소분지인 수원, 천안과 같은 도시 또한 그렇습니다. 그러나 이러한 등방적 도시는 한국의 도시에 그리 많지는 않습니다. 대부분이 산세나 물길과 같은 자연적 제한요건, 또는 도시의 확장기의 철도길 등에 걸려 어느 제한된 방향으로 치우치는 경우가 많기 때문이지요. 이와는 반대로 비등방형의 도시들은 매우 다양한 형태를 가지고 있습니다.

2. 도시조직 urban fabric

도시조직은 앞서 언술한 바와 같이 4개의 서로 다른 기본판들을 가지고 있습니다. 이러한 기본판 위에 수많은 유형의 물리적 건축물이 나타나며, 이는 내용적으로도 다른 도시프로그램들, 그 위의 문화들이 나타납니다. 필자는 이를 통칭하여 '도시성 urbanity' 이라는 말로 기술할 것입니다. 이렇게 도시조직을 살펴보는 것은 그 도시의 물리적 구조와 이미지, 문화까지 개략할 수 있는 도시보기의 진수입니다.

3. 수공간 water

수공간은 천변의 점유양상과 개발양상을 살펴보는 것입니다. 천변은 도시에 있어 매우 강력한 도시어메니티의 공급원입니다. 또한 생태의 기본축이기도 하지요. 그러나 아쉽게도 이러한 천변들은 도시팽창기 때 많은 부분들이 복개되어가고 또 하수처리개편으로 인해 지표상에서 모습이 사라져 갔습니다. 필자는 현재의 천변 open water의 체계를 살핌과 함께 지표에서 흔적을 남기고 있는 숨은 물길들을 찾아 미래의 도시공간계획의 가능성을 말하고자 합니다.

4. 녹지공간 green

녹지공간은 도시에 있어 가장 중요한 공공재입니다. 그럼에도 불구하고 구획정리시절의 패러다임은 넘치는 도시의 인구유입을 해결하는데 급급해 녹지 및 공공공간을 확보하는 여유를 갖지 못했습니다. 그렇기에 오래된 구획정리도시들은 도시의 공공공간에 있어 양적으로, 질적으로 매우 빈약합니다. 현재의 녹지공간의 양상을 살피고, 또한 자전거 도로망 등과 같은 녹색교통과의 연계를 통해 녹지공간의 네트워크화의 가능성을 제시하고자 합니다.

5. 취약공간 urban fracture

'도시성 urbanity' 이 부족한 공간이 곧 취약공간입니다. 이는 대부분의 생산공간, 즉 공장과 공단과 같은 도시공간이 해당될 것이며, 철로변의 외곽지, 도시-농촌의 주변부, 옛 도심지역과 같은 도시 낙후지역 등을 살펴볼 것입니다. 이에 대한 목표는 물론 공공의 몫을 재정으로 지원하는 일종의 '드라이버 driver' 를 걸어, 주민들의 참여를 유도, 도시를 바꿔 나가는 자구적 도시개선이 최고의 목표가 될 것입니다.

6. 도시교통 transportation

도시의 교통체계를 살펴보는 것은 매우 중요합니다. 교통은 집중과 분산의 논리가 아닌 등방等方의 논리가 적용되어야 합니다. 교통이 등방적으로 커버할 수 있다는 것은 그만큼의 소외지역, 취약지역의 발생을 줄일 수 있습니다. 수요가 많은 곳은 고속의 특급 교통수단을 제공하고, 수요가 적은 곳은 저속의 저급 교통수단을 제공하는 차별성을 가지더라도, 일단 도시의 모든 지역을 골고루 커버하는 이 원칙은 가장 중요한 교통계획의 기본 원칙입니다.

7. 사회성 sociality

최근에 항공교통이 발달과 함께 자본의 흐름은 매우 빠르게 진행되고 있습니다. 자본의 흐름은 곧 사람의 흐름입니다. 이 시각은 국제화의 관점에서 도시를 보는 것이기도 합니다. 국제화는 위로부터의 국제화가 있고, 아래로부터의 국제화가 있습니다. 위는 주로 고부가가치, 화이트칼라, 고지가지역으로 대표되며, 아래는 저부가가치, 3D노동, 블루칼라, 저지가지역으로 정리될 수 있습니다. 또한 우리의 각 도시들은 푸른 눈을 가진 벽안의 사람들과 거친 중국 동포와 동남아인들까지 이미 많은 지역에서 국제화가 나타나고 있습니다.

8. 공공건물 public building

공공건물은 '한국의 정신적 지주공간'[3]의 가능성을 살피는 시각입니다. 유럽의 소도시들은 각 도시마다 성당과 광장이 있어 그 도시의 정신적 지주공간의 역할

---

3) 자세한 것은 본론, '한국의 정신적 지주공간'을 참조

을 하고 있습니다. 불행히도 한국은 목조식 가구의 도시건축의 한계로 옛 도시 조직을 거의 상실했습니다. 그래서 필자는 관청사나 역사와 같은 현대 한국 도시들의 공공건축이 한국의 정신적 지주공간이 되어야 한다는 견해를 가지며, 이에 대한 가능성을 기술하고자 합니다.

9. 도시전략 urban strategy

유일하게 비물질적인 기술의 틀입니다. 도시전략은 주로 도시연합과 같은 도시가 가진 잠재력을 끌어내 주는 어떤 도시의 추상적 계획을 말합니다. 도시를 한 개의 단수도시만을 바라볼 때와 그것이 복수의 도시와의 연합 혹은 지역과의 연합을 통해 시너지를 발휘할 때는 많은 차이가 있습니다. 또한 이러한 도시전략적 개념은 추후 건축가 혹은 도시계획가가 작성한 구체적 결과물에 녹여낼 수 있습니다.

자. 이제 제가 다녔던 32개의 소도시로 들어갑니다.

준비되셨지요?

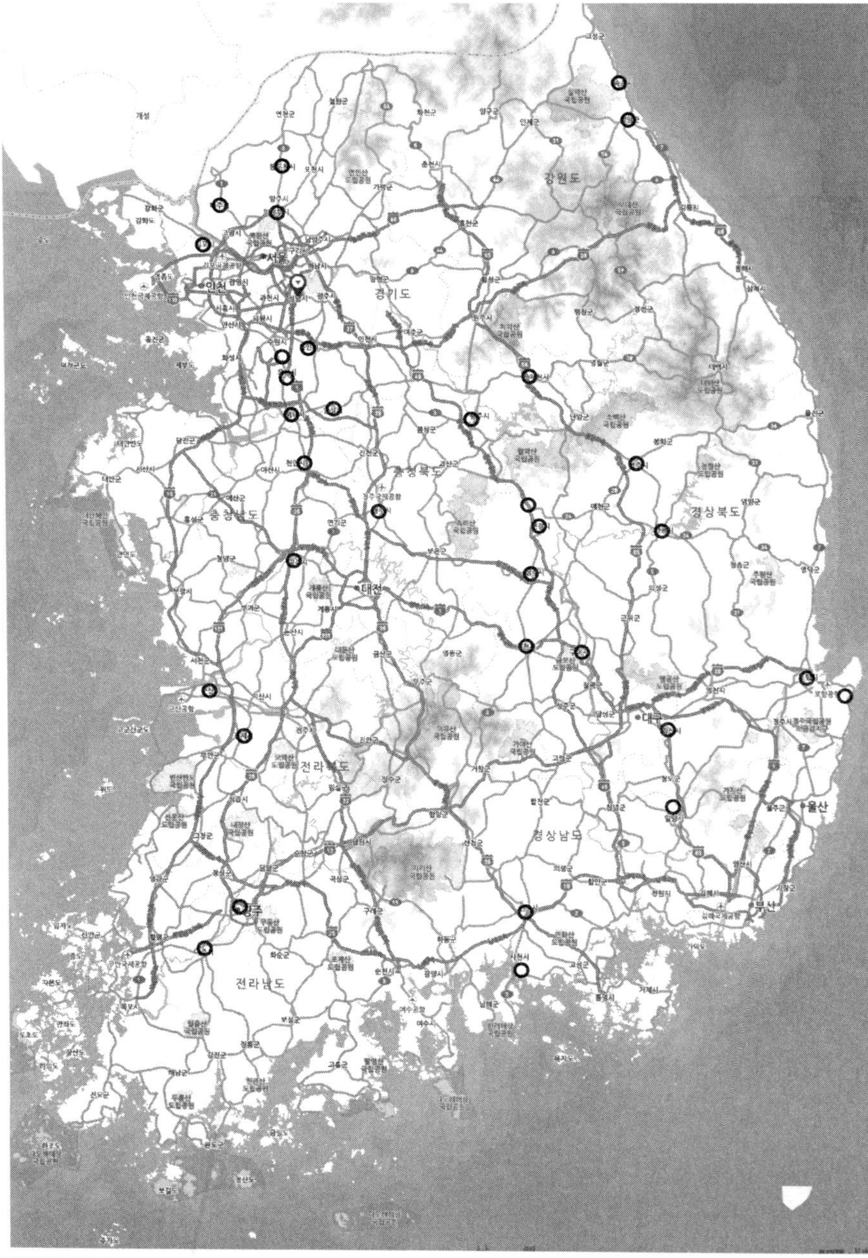

32개의 소도시 Location of 32 Small cities for writer's description

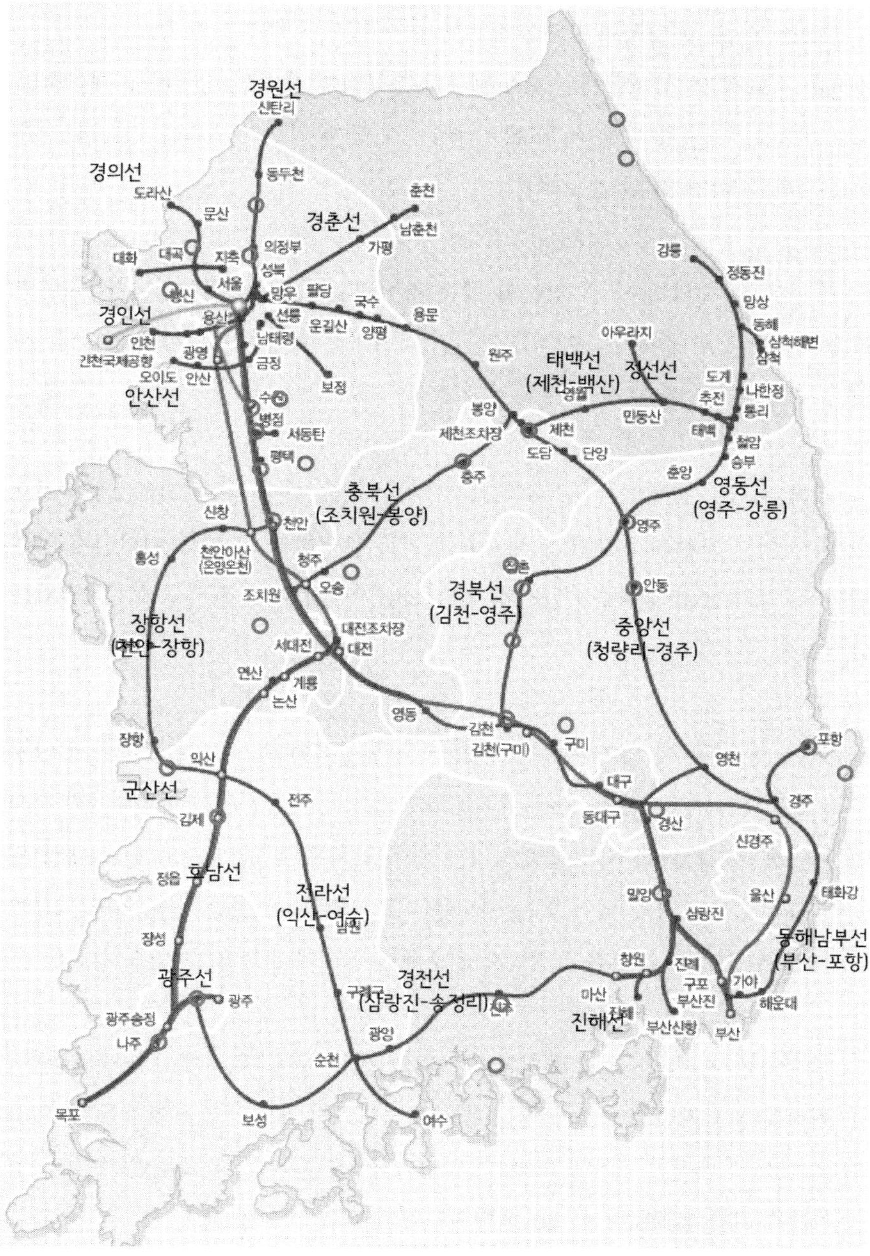
경원선
신탄리
동두천
경의선
도라산
문산
경춘선
춘천
남춘천
가평
대화
대곡
지축
의정부
성북
서울
망우
팔당
국수
용문
경인선
용산
선릉
운길산
양평
인천
남태령
인천국제공항
광명
금정
오이도
안산
보정
안산선
원주
강릉
정동진
망상
동해
삼척해변
삼척
아우라지
태백선
(제천-백산)
정선선
도계
나한정
추전
통리
봉양
영월
민둥산
태백
제천조차장
제천
철암
도담
단양
승부
서동탄
평택
충주
춘양
영동선
(영주-강릉)
충북선
(조치원-봉양)
신창
천안
영주
홍성
천안아산
(온양온천)
청주
오송
조치원
안동
경북선
(김천-영주)
장항선
(천안-장항)
대전조차장
서대전
대전
중앙선
(청량리-경주)
연산
계룡
논산
영동
김천
김천(구미)
구미
장항
익산
포항
군산선
영천
대구
전주
김제
동대구
경주
경산
신경주
호남선
정읍
전라선
(익산-여수)
밀양
울산
태화강
남원
삼랑진
장성
동해남부선
(부산-포항)
광주선
창원
진례
구례구
광주
경전선
(삼랑진-송정리)
마산
구포
기야
부산진
해운대
광주송정
진주
진해
진해선
부산신항
부산
나주
광양
순천
목포
보성
여수

팁, 스마트폰, 도시 답사의 정위기계 Tip, Smartphone, location machine for city trip

예전에 지도가 없던 시절에는 북두칠성의 북극성이 북쪽의 방향타를 제공하였다고 하지요. 지도가 나온 이후로는 나침반과 함께 있으면 어디를 가더라도 자신을 정위正位시킬 수 있었습니다.

그런데 '보통의 도시'를 답사할 때는 자신의 길을 잃기 십상입니다. 왜냐면 어떤 특정한 건물이나 랜드마크를 가지고 답사하는 것이 아니니까 말입니다. 자칫 엉뚱한 곳으로 들어 길을 잃고 낭패를 보기 일쑤입니다.

스마트폰은 '보통도시' 답사의 필수품입니다. 어디를 가나 스마트폰만 있으면 내가 어느 도시의 속살에서 헤매고 있어도 분명하게 그 곳이 어디인지 알려줍니다. 강력한 정위기계가 있기에 어디든지 거리낌 없이 도시를 볼 수 있다는 말이지요.

또한 스마트폰에 의한 지도는 일반 지도와 성격이 완전히 다릅니다. 일반지도는 오직 하나의 스케일 밖에는 제공하지 않습니다. 그것도 한국의 소도시의 경우는 굉장히 간략화 되어 삽화처리가 되어 있지요.(한국의 지도 중 제대로 된 번지수와 길의 표기가 되어 있는 지도는 어느 곳에도 없었습니다. 외국은 굳이 중앙지도사를 가지 않더라도 관광객 인포센터에서 쉽게 얻을 수 있습니다.)

스마트폰의 지도는 무소불휘의 스케일 변신을 할 수 있기에, 이곳의 개략적인 위치뿐만이 아닌, 도시의 조직, 건물의 형태까지 개략적으로 파악할 수 있습니다. 참으로 편리한 기계가 아닐 수 없습니다. 그렇기에 스마트폰은 현대의 '김삿갓'들을 위한 선물입니다. 단, 배터리가 방전되면 안 되겠지요.

한국 도시 인구순위(2011년)

1. 서울특별시 10,287,847명	41. 전남 목포시 242,380명
2. 부산광역시 3,684,153명	42. 강원 강릉시 228,325명
3. 대구광역시 2,602,715명	43. 경북 경산시 223,357명
4. 인천광역시 2,489,738명	44. 경기 김포시 216,689명
5. 대전광역시 1,440,750명	45. 경남 양산시 216,365명
6. 광주광역시 1,406,915명	46. 경기 광주시 212,621명
7. 울산광역시 1,087,958명	47. 충북 충주시 208,557명
8. 통합창원시 1,080,441명	48. 충남 아산시 205,057명
9. 경기 수원시 1,042,132명	49. 경남 거제시 193,434명
10. 경기 성남시 986,170명	50. 경기 구리시 194,346명
11. 경기 고양시 893,965명	51. 경기 이천시 192,725명
12. 경기 부천시 864,501명	52. 경북 안동시 174,596명
13. 경기 안산시 686,873명	53. 경기 양주시 159,891명
14. 경기 용인시 649,577명	54. 경기 포천시 158,487명
15. 충북 청주시 626,614명	55. 경기 안성시 156,839명
16. 경기 안양시 625,197명	56. 경남 진해시 152,773명
17. 전북 전주시 624,260명	57. 충남 서산시 150,890명
18. 경남 창원시 511,280명	58. 경기 의왕시 146,595명
19. 충남 천안시 509,744명	59. 경북 김천시 144,587명
20. 경북 포항시 508,937명	60. 충북 제천시 139,403명
21. 경남 김해시 433,076명	61. 전남 광양시 138,142명
22. 경남 마산시 428,980명	62. 충남 논산시 136,503명
23. 경기 남양주시 423,073명	63. 경남 통영시 133,613명
24. 경기 의정부시 400,018명	64. 전북 정읍시 133,018명
25. 경기 시흥시 390,933명	65. 경기 하남시 131,565명
26. 경기 평택시 378,073명	66. 충남 공주시 131,140명
27. 경북 구미시 370,088명	67. 경기 오산시 122,784명
28. 경남 진주시 338,556명	68. 경북 영주시 121,908명
29. 경기 광명시 333,053명	69. 경남 밀양시 116,196명
30. 전북 익산시 324,533명	70. 경남 사천시 113,217명
31. 전남 여수시 306,115명	71. 경북 상주시 112,943명
32. 제주 제주시 296,990명	72. 경북 영천시 110,891명
33. 경기 화성시 286,736명	73. 충남 보령시 109,401명
34. 강원 원주시 286,136명	74. 전북 김제시 105,900명
35. 경북 경주시 280,092명	75. 강원 동해시 101,048명
36. 경기 군포시 278,680명	76. 전남 나주시 100,054명
37. 전남 순천시 270,833명	77. 전북 남원시 96,603명
38. 전북 군산시 266,541명	78. 강원 속초시 88,386명
39. 강원 춘천시 255,563명	79. 제주 서귀포시 84,070명
40. 경기 파주시 252,700명	80. 경기 동두천시 81,117명
	81. 경북 문경시 79,820명
	82. 경기 과천시 68,641명
	83. 강원 태백시 53,384명

1위-10위(대도시, 1,000,000명 이상)

인구 1,000,000명을 기준으로 대략 10위권이 모두 정리됩니다.

서울, 부산, 대구, 인천, 대전, 광주, 울산, 창원, 수원, 성남입니다.

10-20위(중도시, 500,000-900,000명)

900,000명급(850,000-950,000)이 고양, 부천

700,000명급이 안산

600,000명급이 용인, 청주, 안양

500,000명급이 창원, 천안, 포항

이렇게 해서 20위까지 500,000명으로 정리되는군요.

20-40위(중소도시, 300,000-400,000명)

400,000명급 : 김해, 마산, 남양주, 의정부, 평택, 구미

300,000명급(250,000-350,000) : 진주, 광명, 익산, 여수, 제주, 화성, 원주, 경주, 군포, 순천, 군산, 춘천, 파주

이렇게 40위까지 대략 300,000명급으로 정리됩니다.

40위 이하(소도시, 200,000명 이하)

200,000명급(150,000-250,000) : 목포, 강릉, 경산, 김포, 양산, 광주, 충주, 아산, 거제, 구리, 이천, 안동, 양주, 포천, 안성, 진해, 서산

150,000명 이하 : 의왕, 김천, 제천, 광양, 논산, 통영, 정읍, 하남, 공주, 오산, 영주, 밀양, 사천, 상주, 영천, 보령, 김제, 동해, 남원, 속초, 서귀포, 동두천, 문경, 과천, 태백

여러분의 도시는 몇 만인가요?

보통의 도시

– 한국 소도시 탐색 –

COMMON CITY

SURVEY ON SMALL CITIES OF SOUTH KOREA

STORY

01

DONG-DU-CHUN

인구 8만의 도시, 동두천입니다

동두천 東豆川

《면적》_95.66㎢

《세대》_39,887가구(2011.01)

《총인구》_81,117명(2011)

《등급》_경북 문경, 제주도 서귀포와 동급, 80위

《행정동》_8개

동두천은 인구 8만의 작은 도시입니다. 필자가 이곳에 관심을 가진 것은 미군부대라는 한국의 어쩔 수 없는 타자들의 점유와 그것에 반응했던 도시건축적 대응을 살펴보고 싶었기 때문입니다. 이는 또 다른 국제화 globalization의 양상이기도 할 것입니다.(국제화라는 것이 굳이 Saskia Sassen의 말처럼 국제자본의 이동만 있는 것은 아니기에 말입니다.) 동두천 시내를 걸을 때마다 시의 크기에 비해서 상업지역이 폭넓게 있다는 느낌을 받았습니다. 대체 이 지역민들은 어디서 돈들을 버시는지 궁금하더군요. 이곳엔 산업단지도 있지만, 그래도 역시 이곳의 중추는 미군부대였습니다. 군사도시의 특성이 그렇게 나타나는 것이지요. 용산 미군부대가 이태원을 만들었다면, 이곳 미2사단은 보산동을 만들었습니다. 그러나 보산동의 분위기는 제가 보기엔 그리 활력적이진 않았습니다. 이마저도 평택으로 이전하고 나면 이곳이 어떻게 변할지가 참으로 궁금합니다.

그래도 다행스러운 것은 이곳이 본래부터 양주쪽의 그래도 넓은 충적지를 가지고 있고, 답사해보니 아직도 많은 경사지 산촌들이 있더군요. 물론 산업단지도 있습니다.

01 도시형태 Shape of the city

동쪽은 포천시, 서쪽과 남쪽은 양주시, 북쪽은 연천군에 맞닿아 있습니다. 북쪽의 소요산을 필두로 사방이 산세로 둘러싸인 소분지 지형입니다. 신천이라는 하천과 경원선과 지하철 1호선이 양 옆에 위치하여 자연스럽게 시가지 경계가 형성됩니다. 국도변과 철도선을 따라서 도시가 형성되어 장방형의 시가지의 형태를 가집니다.

02 도시조직(도시기본판) Urban fabric

도시조직을 보면 동두천역과 보산역을 중심으로 지형적 조직+도시계획도로의 기본판과 구획정리조직이 나타나는 오래된 도시가 있고, 자행역을 중심으로 하는 단지화 조직이 나타나는 신도시가 있습니다. 특히 신도시는 자행역사와 바로 면해서 단지조직이 있는 것을 보면, 경원선이 국철화 된 1980년 이후 도시가 연담화 되면서 조성된 택지개발지구로 보입니다. 이 둘의 차이는 지도에서도 극명하게 나타납니다.

동두천 구도심과 신도심의 도시조직, 도시기본판 Urban fabric of Old city(top) and new city

03 연담도시(聯擔都市) Conurbation

국철구간이 전철화가 되면 문제를 일으키는 것이 바로 연담도시화입니다. 연담도시는 말 그대로 "연속해서 나타나는 시가지"이지요. 연담도시는 자연의 생태계를 끊어 놓습니다. 도시와 자연이 번갈아 가며 조화되어야 건강한 환경이 될 텐데 도시가 연속되면 그렇지 못합니다. 한쪽의 다람쥐는 저쪽의 다람쥐와 만나지 못하는 것이지요. 또 하나의 문제는 시민의 불편입니다. 연담도시의 중추는 결국 교통축인데, 전철이건, 국도이건, 항상 정체를 일으킵니다. 전철은 사람을 꽉꽉 채워서 실어 날라야 하고, 국도는 가는 곳곳마다 신호등에 걸리지요. 삶의 질의 저하는 불을 보듯 뻔합니다.(분당에 사는 필자가 분당을 볼 때 가장 아쉬운 것은 바로 연담도시화를 방치했다는 것입니다. 성남에서 용인까지 그대로 나타나는 시가지. 아쉽지요.) 아래의 풍경은 아직도 남아 있는 농경지와 연담도시의 유형인 아파트가 서로 병치되어 나타나는 한국 주변 도시의 전형적 풍경입니다. 열차는 양주의 곡창지대를 지납니다. 이러한 땅의 힘이 있으니 예로부터 도시가 형성된 것입니다.(대동여지도를 보면 양주가 예로부터 읍치를 갖는 도시였음을 알 수 있습니다.)

농경지와 아파트의 혼합성 Mixed condition of agriculture land and apartment

양주의 평야 Farm land

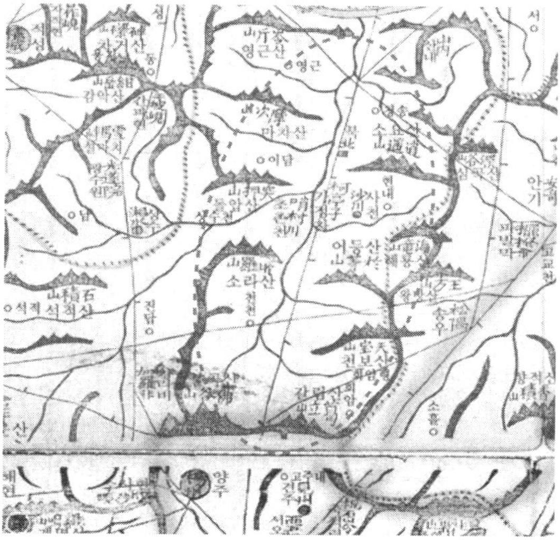

대동여지도, 점선이 현재 동두천의 시계(市界) Old map of Dong-Du-Chun

04 취약지역 Urban fracture

보산5동 – 좁은 필지 Narrow allotment

●

이전 페이지 아래의 그림은 보산5동, 미군부대의 담장을 마주보는 동네입니다. 그런데, 양옆으로 경원선 철도가 지나가고, 국도변이 지나가고 있는 매우 폭이 좁은 조직을 가지고 있습니다. 이러한 곳은 자칫 도시성이 빈약한 취약지역으로 남을 법도 한데, 폭 20m도 안 되는 이곳에도 이렇게 도시가 형성되어 있습니다.

특히 가로변 국도를 따라서는 이렇게 2층의 상업건축의 기능을 담고 있고, 그 한 켜 뒤쪽으로는 한식모양의 경사지붕을 가진 주거지역이 남아 있습니다. 주거지의 내부길은 매우 조용합니다. 이렇게 자칫 취약지역으로 버려질 수 있는 땅에도 거주는 일어납니다.

05 사회성 Sociality

●

동두천은 수도 서울과 매우 인접하여 대북 안보상 지정학적으로 중요한 도시입니다. 이러한 이유로 한국전쟁 이후, 주한미군이 주둔해 왔으며 2004년부터

2016년 상반기까지 단계적으로 철수할 예정이라는 군요. 아무튼 미군부대는 도시의 끝이며, 어쩔 수 없는 도시의 외곽부를 만듭니다.

미군부대의 경고표시 Warning sign of US army

이곳 미군 주둔지의 앞에는 유명한 보산동, 미군들의 클럽거리가 있습니다. 이 많은 클럽들은 미군이 철수해서 평택으로 내려가면 어떻게 될까요. 미군과 동두천의 관계에 대해 좀 더 언급한 글을 붙입니다.

> 동두천시 총 면적의 약 43퍼센트가 주민의 의지와는 상관없이 미군에 공여되고 지금껏 유지되어 오면서 직접적인 피해를 많이 보았다. 동두천의 경제구조는 어쩔 수 없이 미군에 의존해 왔으므로 기형적이었고, 도시의 중심부에 자리한 주한미군 주둔지를 피해 도심이 시의 남단에 형성되는가 하면, 미군 범죄와 미군 성매매 등으로 인해 부정적 이미지의 축적으로 직간접적 피해를 경험하였다. 최근 캠프 케이지 등의 이전이 지지부진하면서 한국 정부와 미군 간의 마찰이 일기도 했다. - 위키백과, 동두천시

또한 이곳은 본래 한국인들이 많이 종사했었는데 임금이 올라가고, 장사도 잘 안되며 사고들이 많이 일어나 요새는 아예 필리핀인들이 종사한다고 합니다. 계속해서 종사자들 국가의 소득수준이 내려가는 것이 산업의 아웃소싱의 양상과 유사합니다.

도시의 기본판은 천변을 따라서 조성된 느슨한 지형적 조직을 보여주고 있

습니다. 또한 건축유형을 보면, 지하와 1층은 주점, 2-3층은 여관의 기능을 수용한 듯합니다. 분위기는 매우 한산합니다.

동두천 클럽거리의 도시조직 Urban fabric of US-club street

클럽거리. 몹시 한산하다

06 도시조직Urban fabric : 구획정리도시Re-allotment fabric

우리가 한국의 오래된 도시인 구획정리도시를 걸을 때면 시간을 읽어야 합니다. 그 의미는 그 지역에 자생적으로 건축물들을 새로 짓거나 수리하면서 시간이 퇴적되었다는 것이고, 이는 건축물의 유형으로 나타나며, 이를 읽어보라는 것입니다. 뉴타운으로 지정됨과 동시에 "죽음의 도시"가 되는 것과는 매우 다른 모습이지요. 그렇기에 이러한 한국의 오래된 그리드 도시는 시간이 퇴적된 "보통건축의 박물관"입니다.

구획정리도시의 건물들 Buildings of re-allotment fabric

구획정리도시가 가지는 특유의 그리드는 한국의 정서에 맞는 연도형 시장, 즉 재래시장을 탄생시킵니다. 앞으로 독자들은 수많은 소도시의 시장을 보게 될 것입니다. 간혹 오른편 풍경처럼 슬럼화된 시장도 있습니다.

동두천 재래시장의 모습 Old market street on re-allotment fabric

동두천 재래시장의 도시기본판 re-allotment fabric of old market street, 구획정리조직 위의 十자 그리드 Grid city

●

2006년 경원선이 전철화된 이후 이곳의 개발 가능성은 많아 보입니다. 또한 그 이후엔 동두천역에서 북쪽으로 경원선을 타고 연천까지 올라갈 수 있는 노선이 연결된다고 합니다. 그렇기에 많은 인근지역이 아파트단지와 신시가지로 현재도 개발 중입니다. 그런데 중앙역을 보면 웅장함에 비하여 주변의 토지이용은 아직 매우 느슨합니다.

이는 역세권의 형성이 도시의 기본판에 아직 반영되지 못한 것이지요. 참고로 역세권이라 함은 많은 사람들이 기존 역사의 복합역사화만을 의미하는 것으로 잘못 알고 있는 사람들이 많습니다. 역세권 조성의 핵심은 그 근방의 도시기본판을 효율적으로 정비함에 있습니다. 그렇다고 기존의 조직을 전부 갈아엎으면 절대 안 되겠지요.

동두천 중앙역

중앙역 앞의 전경 Scenary of central station of Dong-Du-Chun

동두천의 신시가지는 경원선 동두천구간의 전철화에 조금 앞서서 형성되었다고 합니다.(2006년) 신시가지의 풍경은 매우 익숙한 합니다. "던킨도너츠와 김밥천국이 필요한 도시성"을 가지는 지역이지요. 조금 전 구시가지의 사진들과는 매우 다른 분위기, 다른 도시성입니다. 이렇게 다른 도시성은 다른 사회적 계층들이 살고 있다는 증표이기도 합니다.

동두천 신시가지의 모습 New city of Dong-Du-Chun

08 수공간 Water

●

물길을 따라 올라갑니다. 예로부터 물길은 도시를 형성하는 "제너레이터 generator"였습니다. 산이 있기에 물길이 났고, 물길을 따라 마을이 형성됩니다. 이렇게 물길을 따라 하류에서 상류까지 올라가 보면, 도시형성의 지형적 변화에 대한 적응과정을 읽어낼 수 있습니다.

신천 Sin-Chun, main water stream

신천은 수량에 비해 강 유역폭이 넓습니다. 어쩌면 이는 한국형 자연형 하천의 전형일 것입니다. 여름철에 강우량이 집중되기에 큰 유역을 요구하면서도, 평상기에는 수량이 유역에 비해 적어 물이 별로 없어 보이는 것이지요. 그렇기에 수공간을 디자인함에 있어 한국의 하천은 다른 나라에 비해 기후적으로 매우 불리한 여건입니다.

시가지를 지나 물길을 따라 거슬러 올라갑니다. 곳곳에서 물길은 복개되어 지표면에서 사라졌습니다. 그러나 시간을 가지고 천천히 추적해 가다 보면 결국 다시 물길이 나옵니다. 물길은 이렇게 아직도 끈덕지게 우리 도시에 영향을 미치고 있습니다. 이즈음에서 필자는 물길을 추적해 가는 탐정이 됩니다.

복개된 하천 Covered waterway

사진을 보면 천의 형태에 따른 필지, 대지의 형태가 아직도 남아 있음을 건물의 방향에서 확인할 수 있습니다. 또한 건물의 방향을 보면 비록 복개되었지만, 물길의 방향을 예측할 수 있습니다.

물길을 따라 올라가는 경사지 산촌. 경사지 산촌을 올라가 보면 경작지와 마당, 그리고 주택지가 함께 엮여 있는 것을 종종 볼 수 있습니다. 집터 앞이 마당이 되고, 작업장이 되고, 정원이 됩니다.

경사지 산촌의 풍경 Small town in sloping mountainous area

09 제언 : 다공성의 도시, 동두천

●

- 수공간 : 신천 주변을 정리하고, 산세로부터 내려오는 물길을 가급적 복원, 부족한 도심부의 공공성 및 생태성의 주축으로 함
- 복원된 수공간과 도심부 주요 도로와의 결절점을 수공간 테마공원을 조성함
- 3개의 역세권을 장기적 방향으로 사무중심, 상업중심 공간으로 조성함
- 철도 인근의 지역에 수림을 조성해 철길이 녹지생태축의 근간이 되도록 함

Porous city, Dong-Du-Chun

The city, Dong-Du-Chun locates in north small plain area from metropolitan Seoul. City area is surrounded by small mountains. Population is 81,117(2011). Along the Mt's valley, small water stream exists in city range. US army has been located north side of the city, so "soldier culture" has been accumulated in urban commercial area. But it supposed to be moved to other city area, Pyoung-Taek, somewhat south part of the Korean peninsula.

Making city porous starts with restoration of water streams, which are normally hidden by urbanization process, turned into roads. Restoring water lines are the main ecological spine of the new urban environment, in the existing city area. Three train-impact-zones are to be developed with the aim of core area regeneration.

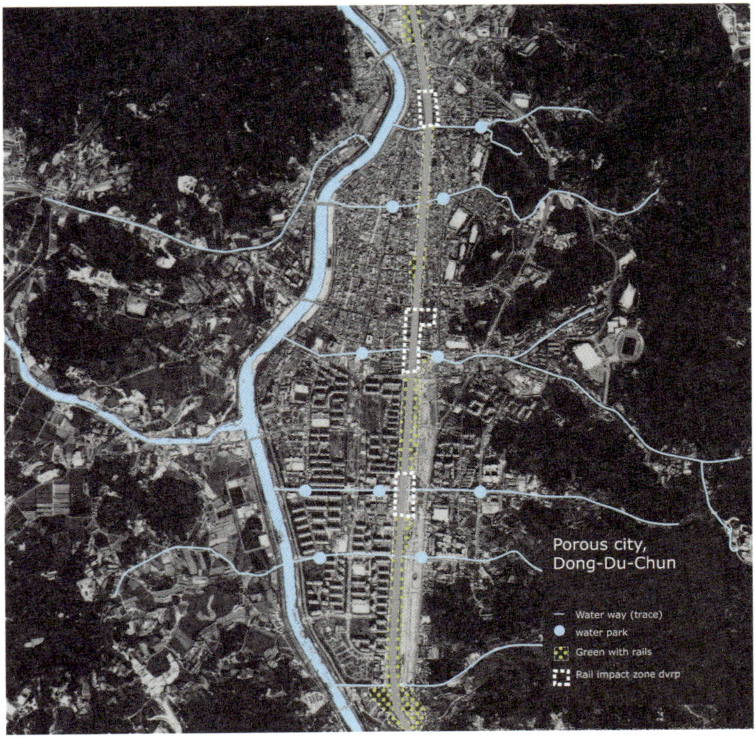

참고자료

동두천의 명칭

이름의 유래 : 옛날에는 가정리架亭里라 불리다가 한일합방 당시 개칭되었으며, 동쪽에서 흐르는 하천이 머리를 동쪽으로 두르고 있어 동두천東頭川이라 하다가 동두천東豆川으로 변하였다고한다.(위치백과)

동두천의 산업

2001년도 총 사업체수 5,455개 가운데 도·소매업이 1,710개로 가장 많고, 음식 및 숙박업이 1,284개, 제조업 471개 등으로 산업의 대부분을 차지한다. 군사도시로 발달하여 대부분의 시민이 2차산업과 서비스업에 종사하는 것이 특징이다.

규사의 생산이 많아 소요광업, 봉암광, 부국광업 등이 있으나 대부분이 영세업 형태이고, 식품·섬유·가죽 공업 등 157개 업체가 있다.(2000) 산업단지로는 상봉암단지와 동두천단지가 있는데, 2000년 6월 총면적 262,160m² 규모로 조성된 동두천단지에는 40여 개의 피혁업체가 입지해 있다.

경지면적은 791ha로 논이 242ha, 밭이 549ha이다. 생산되는 작물에는 쌀, 보리, 사과, 배, 밤, 포도 등이 있으며, 젖소, 칠면조 등이 사육되고있다.

군사보호지역으로 식품 및 접객업소가 많아 기지촌의 성격이 두드러졌지만, 최근 주한미군 수의 감소 등으로 외국인 전용 위락시설도 크게 줄었다. 공설시장과 중앙시장이 상설시장으로 분포하며 정기시장은 없다.

[출처] 동두천시의 산업 | 네이버 백과사전

Bonus Photo

동두천의 장날 Market day in Dongduchun

동두천 가는 기차 crowded in metro

COMMON CITY

SURVEY ON SMALL CITIES OF SOUTH KOREA

STORY

02

PO-HANG, GU-RYONG-PO

인구 52만의 도시, 포항입니다.

포항 浦項, **구룡포** 九龍浦

《면적》_1,127.74㎢

《세대》_197,178가구(2011.04)

《총인구》_519,271명(2011.04)

《등급》_충남 천안, 경남 김해시와 동급, 20위

《행정동》_일반구 2개, 읍 4개, 면 10개, 행정동 15개

포항시(浦項市)는 대한민국 경상북도 동남부 해안에 있는 시이며 경상북도 동부지역의 중심도시이자 최대 도시입니다. 1970년대 초 포항제철이 조성되면서 급격한 인구 유입이 있었고, 1995년 이후 통합된 새로운 형태의 도농 복합도시가 되었습니다.

포항 가는 길way to Po-Hang, 선산휴게소 풍경

*포항 가는 길에 만나는 한국적 랜드스케이프*landscape

산세에서 내려오는 물. 그 아래의 길과 마을.

인구수와 도시 Population & city

포항은 인구 500,000명의 도시입니다.(실제 시계 내의 인구는 300,000명)

우리가 도시를 생각할 때는 인구수를 가지고 도시의 규모를 헤량할 수 있습니다. 간단히 몇 개 도시의 인구를 머릿속에 넣고 다니면 좋습니다. 서울 천만, 부산 삼백만, 인천 이백만, 분당 이십만, 과천 오만, 암스테르담 백만, 로테르담 오십만. 인구수는 도시규모를 짐작할 수 있는 척도입니다. 또한 인구수와 연관되어 도시의 크기, 경제력, 산업의 종류, 소비업의 다양성 등도 연상할 수 있습니다. 예를 들면 이런 식이지요. '여기는 인구 몇 만이니까 이런 산업도 있겠구나' 같은 생각. 포항이 오십만이라니까 개략적으로 분당 두 배로 보면 되겠네요.

도시교통 Transpotation : 고속도로 환승정류소 Bus transfer spot

가는 길에 선산휴게소라는 곳을 들렀는데 고속도로 환승정류소가 나옵니다. 휴게소 내에 이런 시설이 있다는 것을 말로만 들었는데, 어떻게 운영되는지 궁금했습니다.

"고속버스" 환승제도

고속버스 환승제도는 노선수와 운행횟수가 적어 고속버스 이용을 위해 장시간을 기다리거나 인근 대도시로 이용해야 하는 중소도시 주민들의 고속버스 이용 불편을 해소하기 위해 노선이 교차되는 고속도로 휴게소에 환승정류소를 설치하여 고속버스를 갈아탈 수 있도록 하기 위한 제도임. 이에 따라 2010년 3월2일부터 호남축: "정안휴게소", 영동축: "횡성휴게소", 경부축(주중에 한함): "선산휴게소"에 설치, 운행이 되고 있음.

향후 고속버스 환승결과를 분석을 한 후, 시외버스 통합전산망이 구축되면 휴게소 환승제도를 시외버스까지 확대하는 방안을 마련할 계획.

허브 & 스포크 HUb & spoke

현재 한국의 국토망을 보면 서울을 중심으로 한 전형적 1핵 도심을 가지고 있습니다. 모든 것이 서울로 몰리고, 서울에서 뻗어 나갑니다. 제가 경험했던 네덜란드의 경우는 그렇지 않았습니다. 암스테르담이 그들의 1핵이지만, 서울처럼 모든 것이 서울에서 나가고 들어오는 것이 아니라 거점도시를 몇 개 설정하고 그곳에서 다시 작은 위계를 만드는 네트워킹을 하고 있습니다. 그러한 네트워크의 양상을 바로 허브 & 스포크 Hub & spoke 라고 합니다.

예를 들어 말하면, 분당에 사는 필자가 안동을 갈 때 만약, 성남터미널에서 안동 가는 버스가 출발한다면, 굳이 서울로 올라갔다가 내려가지 않아도 된다는 말입니다. 이 시스템의 장점은 이렇게 교통의 효율적 운영뿐만이 아닌 지방의 균등발전에도 기여합니다. 몇 개의 거점도시들이 환승체계에 따라 성장하는 것이지요. 실로 허브 & 스포크에 의한 도시구상은 '네트워크 어버니즘 network urbanism'의 진수라 할 수 있습니다.

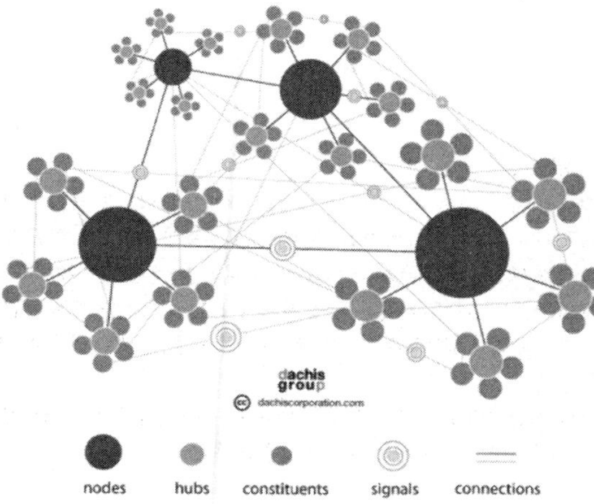

허브 & 스포크의 예시도

필자가 보기에 고속도로 환승정류소는 나름대로 서울 중심의 1핵 네트워크를 보완하는 한국적 "간이 허브 & 스포크"를 만들어내려는 노력으로 보입니다. 이 정도만 하더라도 한 단계 발전한 것이지요.

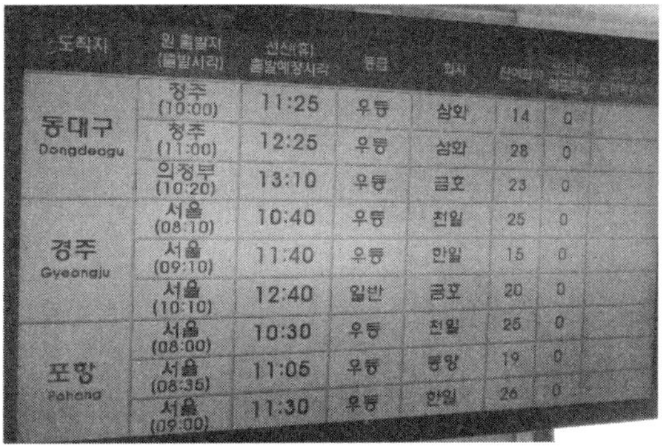

선산휴게소의 환승차량 시간표 Time table of bus transfer

차가 대구를 지나고 있습니다. 대구는 팔공산을 진산으로 하는 경북 유일의 메트로폴리스입니다. 시의 입지가 경북의 대평원지대이며, 비교적 정방형을 가진 대구는 '경북의 파리paris'라 불려도 좋을 것 같습니다.

경북의 유일 메트로폴리스 Real Gyeong-Buk Metropolice : 대구 Dea-Gu

01 도시형태 Shape of the city

●

한국 어촌의 풍경을 담고 싶어 구룡포를 먼저 들립니다. 먼저 지도와 지형을 보니, 바다를 면해 바로 경사지가 있고, 항을 중심으로 촌락이 발달한 모양이 꼭 이태리의 아말피 Amalfi와 닮았습니다. 이태리의 그것이 세계적 관광 상품이 되었는데 구룡포는 어떤가요.

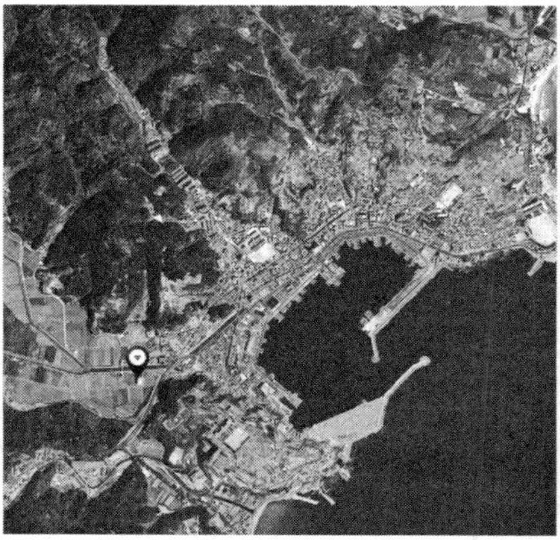

구룡포 Gu-Ryong-Po

아말피 Amalfi, Italy

아무튼 구룡포는 산세의 지형이 바다와 바로 만나서 이루어지는 전형적인 동해연안의 조그만 항구도시입니다. 시가지 형태가 산세가 끝나는 부분의 만곡부에 수평적으로 펼쳐지며, 또한 구릉지를 적극적으로 점유하여 계곡부에 형성된 도시 또한 존재합니다.

02 도시조직(도시기본판)Urban fabric

●

그런데 이러한 해안가 도시의 도시기본판을 유심히 볼 필요가 있습니다. 그것은 바로 도시확장의 역사를 읽어낼 수 있기 때문입니다. 이는 굳이 바다가 아니라 천변과 만나는 부분 또한 비슷합니다. 그럼 한 번 볼까요?

구룡포의 도시기본판 Urban fabric of Gu-Ryong-Po

그림을 보면 하얀색 1-4번까지가 수평선으로 길이 나 있습니다. 여기서 필자는 해변의 매립을 통한 확장을 말하려고 하는 것입니다. 분명히 4번은 최종의 해안선입니다. 그리고 1번으로 갈수록 이 선들이 예전의 해안선이 아니냐는 것이지요. 그리고 이러한 확인은 이 수평적 길과 만나는 수직적 길의 연속성 여부, 건물의 건립연도(노후도) 등을 판단해 보면 금방 알 수 있을 것입니다. 아무튼 필자가 판단하기엔 4번의 선은 확실히 나중에 조성된 것이며, 2번과 3번은 대체적으로 비슷한 시기인 듯 보입니다. 그러나 1번과는 좌하부에서는 대체적으로 일치하나, 우상부에서는 잘 일치하지 않습니다. 건물의 패턴 또한 다릅니다. 이렇게 우리나라의 해변 도시들은 해안선의 수평선을 오프셋offset 해서 살펴볼 필요가 있습니다. 아무튼 선착장 주위로는 느슨한 구획정리조직이 보이며, 산악쪽으로는 지형적 조직이 나타납니다.

선착장과 산세의 자생적 주거지의 모습 Port and residential area on hillside

03 사회성Sociality : 뱃사람, 선주, 타지인Sailors

어촌의 작업장 Working place in fishery town

●

어촌 작업장의 모습이 분주합니다.

갑자기 이쯤에서 주민과 인터뷰를 시도해 봅니다.

Qus: 이곳에는 어떤 사람들이 살고 있나요? 선원분들이 살겠지요?
Ans: 선주들이나 여기 살지요. 선원들은 외지인들이 많아요. 그래서 사글세나 여관방에서 살아요. 외국인들도 많아요. 베트남, 필리핀.

Qus: 그 사람들 한국말 할 줄 안대요?
Ans: 다 배워서 온다고 합디다. 그나 저나 여기도 구조조정을 많이 해서 경기가 안 좋아요.

그 말을 듣고 보니 여기 저기서 외국인들이 보입니다. 인도네시아, 베트남 같은 동남아 사람들로 추정됩니다. 그들은 이곳에서 어떤 즐거움을 가지고 살고 있을까요. 이렇게 한국은 이미 다문화 국가가 되었음을 이 조그만 어촌에서도 발견할 수 있습니다.

04 도시조직 Urban fabric : 일본인 거리 Old Japanese street

●

어촌 특유의 마을 분위기가 있을 것을 예상하여 자연스럽게 마을로 들어왔는데, 예상대로 도로의 선형이나 언덕을 이용한 경사처리 등의 지형적 마을 분위기가 묻어납니다. 그런데 항구쪽으로 내려와서 느슨한 구획정리조직을 걷고 있는데, 뭔가 이상한 분위기(건물의 모양, 생김새, 디테일)가 느껴집니다. 살펴보니 일본인 가옥이었습니다. 일본 신사의 흔적도 있더군요.

일본인 거리 Old Japanese street

다음은 구룡포의 역사를 소개한 글이니 참고하면 되겠습니다.

<어업기지를 위한 구룡포 축항, 침탈 현장이 되다>

"일제가 구룡포 앞바다에 축항을 한 거야. 그게 1920년대고. 일본인이 대량 어획을 하는 큰 배가 들어오기 시작하면서 여기 어업은 일본인이 다 장악했지. 그 뒤로 한국인은 무조건 일본인 밑에서 일하라는 거야." 서상호(92)옹은 이곳에서 나고 자라 거의 한 세기를 구룡포에서 지낸 산증인이다. 아흔이 넘은 나이지만 서상호옹은 당시의 변화상을 또렷이 기억하고 있었다.

구룡포는 조선시대까지만 해도 조용한 어촌마을이었다. 어부 이외에는 가족의 먹을거리를 구하기 위해 바다에 나가는 정도였다. 일제강점기가 되자 구룡포는 최적의 어업기지로 떠올랐다. '도가와 야사브로'라는 일본인 수산업자가 조선총독부를 설득해 구룡포에 축항을 제안한 것이다. 큰 배가 정박할 곳이 생기자 수산업에 종사하던 일본인들이 대거 구룡포로 몰려 왔다. 방파제를 쌓아 생긴 새로운 땅에는 일식가옥이 빼곡히 들어섰다. 현재 구룡포우체국 옆쪽 골목에서 볼 수 있는 '일본인 가옥거리'가 그것이다. 10년 전까지만 해도 100여 채 남아있던 일본인 가옥은 현재 50채 가량 남았다. 거리 곳곳에는 일제강점기 당시 사진이 붙어 있어 현재 모습과 비교하며 둘러볼 수 있다. 집 내부에는 다다미는 물론, 일본 잡지로 도배한 방문, 후지산이 그려져 있는 유리창 등 일제의 생활상이 고스란히 남아 있다.

구룡포 일본인 가옥거리의 중심부에는 구룡포공원이 있다. 공원에 서면 구룡포 앞바다가 한 눈에 내려다 보인다. 원래 일본인이 세운 신사와 '도가와 야사브로 송덕비'가 있던 곳이다. 해방 이후 구룡포 청년들로 구성된 대한청년단 30여 명은 신사를 부수고 송덕비에는 시멘트를 부었다. 당시 대한청년단원이었던 서상호옹은 "일제강점기에 친구는 군대로 징집되고 마을 처녀들은 정신대 끌려갔어. 해방되고 일본사람이 다 떠나간 그해 가을에, 우리는 '왜색일소'를 외치면서 신사를 해체하고 송덕비에 새겨진 도가와 비문에 시멘트를 부은 거야"라고 설명했다. 현재 구룡포공원에는 대한민국 순국선열을 기리는 '충혼탑'이 세워졌다. 그러나 최근 마을에는 '도가와 야사브로 송덕비'를 다시 복원하자는 여론이 일고 있다. 일본인 관광객 유치를 위해서다. 아이러니하게도 우리 민족에게는 '침탈의 역사'가 일본인에게는 '번영의 역사'로 비칠지 모른다. 구룡포 일본인 가옥거리가 '침탈의 역사에 대한 뉘우침과 교훈'으로 남길 바란다는 주민들의 당부가 나오는 이유다. - 네이버 podcast, 구룡포

안타까운 근대의 역사가 이곳 구룡포에도 담겨 있습니다. 마을을 살펴봅니다. 구불구불한 모습들이 예전의 도로패턴을 그대로 간직하고 있습니다. 경사지를 이용한 재미있는 공간처리들이 눈에 들어옵니다.

경사지 해변의 도시 Building occupation in hill area

이제 철강도시 포항으로 갑니다.

포항 Po-Hang

포항 하면 포스코이지요. 그 옆에 현대제철도 있습니다. 철강업이라는 것이 다분히 넓은 대지를 필요로 하고, 철광석과 석탄의 반입과 운반, 그리고 생산을 위하여 바다에 면해야 함은 매우 당연해 보입니다. 또한 철저하게 일반인에게는 통제된 곳이기도 합니다. 그렇기에 철강회사들은 외부의 이미지에 신경 쓰는 듯 보입니다. 굴뚝도 색을 입혔고, 밤이면 조명이 아름답다고 합니다. 그러나 유유히 흐르는 형산강의 붉은 물은 이곳이 거친 철의 도시라는 것을 여실히 보여줍니다.

포항제철 전경 Posco, Steel-mill company

01 도시조직Urban fabric : 구획정리조직, 포항의 격자도시land readjustment fabric, grid city

●

포항 역시 격자도시의 기본판을 가지고 있습니다. 아마도 1970년 포항제철이 건설될 즈음에 노동인구의 수용을 위해 도시를 건설한 모양입니다. 개략적으로 500×500으로 광로 블록을 형성하고, 작게는 100×30 정도로 소로를 구성합니다. 그러면 개략적으로 2호의 필지가 붙어서 하나의 블록을 형성할 수 있습니다. 그때 당시의 기본적 구획정리의 단위였던 모양입니다. 이곳 역시 도시조직이 매우 건강하다는 느낌을 받습니다. 충분한 도로폭이 있고, 권역 자체가 크기

구획정리조직 위의 다양한 시간대의 건축물의 혼합Mixed building status on land readjustment fabric

에 이곳은 다양한 시간대의 건축물이 들어선 근현대건축의 박물관이었습니다.

또한 격자도시에는 재래시장이 들어섭니다. 이곳은 격자도시가 가지는 도로의 위계에 맞게 다양한 넓이의 재래시장이 붙어 있습니다. 폭이 달라지면, 재래시장의 품목도 달라지고, 공간의 느낌도 달라집니다. 사진은 죽도시장의 두 개의 다른 아케이드의 모습입니다.

폭이 다른 재래시장 Old market의 다른 MD

차 없는 거리, 중앙로 pedestrian street

차 없는 거리, 포항 중앙로

포항의 중심 중앙로의 모습입니다. 포항은 오거리, 육거리가 두 군데 있습니다. 오거리는 포스코 가는 길목이며, 육거리는 포항역 근처에 있습니다. 인터뷰에 의하면 이곳은 본래 일방통행 길이었던 차로 한 곳을 보행인 전용거리로 만들고 물을 흘려 이렇게 보행인의 거리로 만들었다고 합니다. 과도한 디자인인 느낌도 있지만, 물이 흐르는 도심의 경관이 나름 활력을 부여합니다. 한가한 시간인데도 나름 오가는 사람들이 있습니다.

02 수공간Water : 동빈 내항Inner harbor

●

포항에는 내항이 있었습니다. 처음 보고 전 깜짝 놀랐습니다. 우리나라에서 이렇게 물과 도시가 가까이 있는 것을 본 적이 없기 때문입니다. 또 이태리 이야기지만, 마치 동쪽 끝단의 도시 트리에스테Trieste에 온 줄 알았습니다. 시는 개발계획까지 세워놓고 있더군요. 물길이 복원된다는 것엔 이유 불문하고 찬성이지만, 거주민들의 보상과 배려는 세심해야 할 것입니다.

동빈 내항Inner harbor

지하철이 없는 도시 No metro city = 좀 더 평등한 도시 More equal city?

필자처럼 서울권에서만 살아온 사람에게 포항과 같이 지하철이 없는 도시를 생각해 보면 먼저 불편하지는 않을까를 걱정하게 합니다. 그런데 가만히 보니 여기는 버스시스템을 언술했던 hub & spoke의 형태와 비슷하게 구축해 놓았습니다. 다시 생각해 봅니다. 오히려 지하철이 들어와서 도시의 중심과 주변을 생성시키지는 않았는가. 교통적으로 등방했던 도시에 지하철이 들어오면 비등방, 불균등의 도시가 되지는 않을까. 포항이 나름대로 이렇게 버스체계를 구축한 것은 지하철이 없는 도시에 대한 등방적 교통을 위한 노력일 것입니다.

포항의 버스체계도 Bus stop map of Po-Hang

04 오픈 스페이스 Open space

학교 운동장의 가능성 playground of school

서울 가는 버스를 타려 터미널 근처로 다시 옵니다. 가는 길에 주택가를 지나가는데 학교 건물이 보입니다. 담장이 전혀 없는 학교는 도시와 그대로 만나고 있습니다. 물론 방범초소가 컨테이너 건물로 자리 잡고 있었지만, 한 발자국만 들어가면 학교의 영역이 나오니, 필자처럼 서울의 철조망담장을 둘렀던 학교만 다녔던 사람에겐 무척 생소합니다. 학교와 도시가 만나면 이렇게 좋은 오픈스페이스를 부여합니다. 발찌 채워야 하는 이상한 놈들만 없으면 도시는 참으로 건강할 텐데 말입니다.

울타리 없는 학교 = 지역도시의 녹지거점 playground of school = greet hub of existing city

움직임의 경관에의 관심 Moving scenary issues. 고속도로변의 경관처리 Treatment of high way scenary

마지막으로 경관에 관한 이야기 좀 해야겠습니다. 요사이 부쩍 '경관'에 대한 이야기가 많이 나옵니다. 경관법이 제정된 이후 각 지자체들은 앞 다투어 경관기본계획을 세우느라 여념이 없습니다. 어디는 관문의 이미지를 하고, 어느 곳은 통경축이 중요하고, 조망점과 권역으로 관리해야 한다 합니다.

그러나 필자에겐 아쉬운 부분이 였습니다. 바로 움직임의 경관, 특히 고속도로변의 경관에 대해서는 이야기하는 것을 들어본 적이 없습니다. 고속도로는 한국의 경관을 빠르게 훑어볼 수 있는 아주 중요한 경관의 생산체입니다.

저의 사진 중에도 대부분의 거시적 사진들은 도로변에서 나옵니다. 이곳은 어느 곳을 지나고 있구나. 여기는 물길이 이렇게 흐르고 있구나. 참 많은 경관적 요소들이 빠르게 지나갑니다. 그런데도 이러한 곳을 좀 볼라치면 어김없이 방음벽이 나타납니다. 참으로 아쉽지요. 제가 있던 네덜란드의 경우는 도시교통건축의 통합설계[4]라는 명목으로 고속도로의 경관을 고려합니다. 경관적으로 필요하다면 방음벽은 물론, 나무 뽑기도 주저하지 않습니다. 그러한 경관을 전문적으로 고려해 주는 업체도 있습니다. 관문경관만을 생각하지 말고, 움직임의 경관, 고속도로의 전체를 아우르는 경관계획이 꼭 필요합니다. 이런 것은 도로공사에 자문이라도 해주고 싶네요.

모빌리티의 경관에 대한 책moblity room with a view by Luisa Calabrese

4) *UMA(Urbanism, Mobility, and Architecture), Luisa Calabrese*

05 제언 : 다공성의 도시, 포항

●

Porous city, Po-Hang

The city is very famous for vast steel mill company, POSCO. So history of the city is directly related with it. Since 1970, the company started it's career, and so the city did as well. Population is 519,272(2011).About 40 years before, the technique of urban planning used to be "plot readjustment", which was usually not enough green and leisure space, compare to current urban demands.

Isotrophic dispersion of green space is the first step of making porous this "iron-city". This new green space is to be connected by bike road with greens. Some waterway could be restored, which was originally water area in the past.

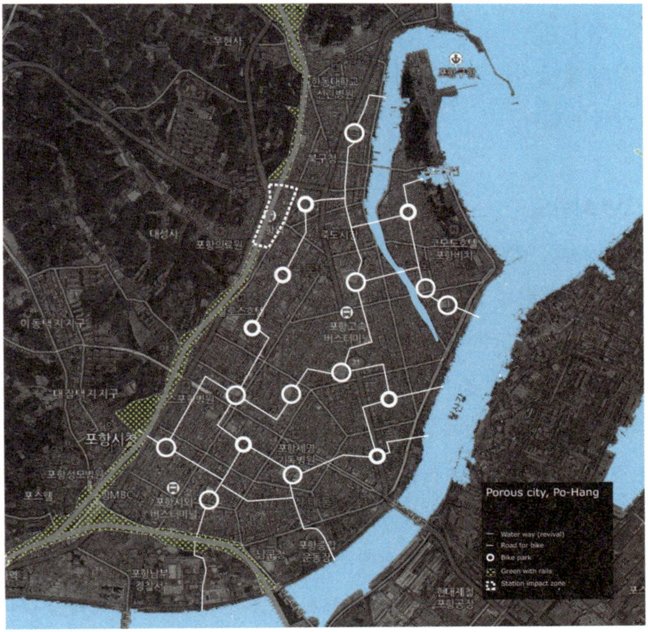

참고자료

대동여지도 - 포항

포항부분, 포항의 옛 읍치는 영일의 이름으로 현, 포항제철 안으로 보이며, 왜구의 영향인지 모든 읍치가 성곽이 있다.

영일현 - 1872년 지방도

영일현지도迎日縣地圖, 영일현은 지금의 경북 포항시 연일읍, 대종면, 오천읍, 동해면 일대로 읍치는 연일읍 생지리에 있었다. 바다로 통하는 길목에 위치한 고을로 예로부터 왜적들이 왕래가 많았던 곳이기도 하다. 지도는 산수화풍으로 고을의 모습을 사실적으로 묘사하였다. 특히 읍치와 각 마을들을 비스듬히 공중에서 내다보는 조감도식으로 그려 한눈에 쉽게 파악되도록 하였다. 산은 입체감을 살려 표현하였으며 특히 수목을 상세히 그려 넣었다. 읍치는 원래 형산강 남쪽에 있었는데, 장마 때 수해를 많이 입기 때문에 1870년(고종 7년) 지대가 높은 북쪽의 大쏙里로 이전하였다. 지도에도 新邑으로 표시되어 있고 관청 건물들을 빽빽하게 그려 넣었다. 주변의 각 面에는 황색의 집을 겹쳐 그려 촌락을 표시하였고 동리의 이름도 옆에 첨가하였다. 홍선으로는 도로를 표시하였으며 냇가에는 다리도 그려 넣었다. 읍치의 내부와 읍치의 남쪽 지역, 그리고 포항진에 있는 장시를 통해 당시 상업적 양상도 엿볼 수 있다. 서남쪽의 大王巖과 三僧巖, 동남쪽의 魚龍臺, 바닷가의 大嶼臺 등 기우제를 지냈던 곳을 자세하게 표시한 점도 특징적이다. 各 面別로 설치된 社倉과 촌락 주변의 연못도 그려 넣었으며 강가의 나루터에는 배도 그려 넣었다.(규장각 한국학연구원)

영일현. 1872년 지방도 – 규장각 한국학연구원(현, 포항 시가지는 마을이 거의 없었음을 보여준다)

1872년 지방도의 의의

임란, 호란의 양란을 겪은 조선사회는 18세기 영·정조대에 이르러 부흥기를 맞이하게 된다. 각종의 문물제도가 정비되고 사회적으로 안정되면서 중심 산업인 농업부문의 생산력이 높아지고 이와 더불어 상품유통도 활발히 진행되었다. 특히 이 시기는 실학을 비롯한 학문뿐만 아니라 문학·예술부분에서도 많은 성과들이 축적되기도 하였다. 조선시대 지도제작에서도 이 시기는 최고의 전성기였다. 그러나 19세기로 넘어가면서 조선사회는 세도정치로 인한 정치적 혼란과 더불어 三政의 문란 등으로 민생의 안정이 위협받게 되었다. 관료사회의 부패는 정상적인 국가 정책의 집행을 더욱 어렵게 만들기도 했다. 이러한 상황에서 집권한 홍선대원군은 과감한 개혁을 추진하게 된다. 그는 중앙집권적 정치체제를 확립하기 위해 外戚의 세도정치를 일소하고 당쟁을 타파하며, 군제를 정비하고 재정을 확보하기 위한 각종 개혁 정책을 추진한다. 특히 두 차례의 洋擾를 겪으면서 서양의 침략에 적극적인 대응책을 모색하게 된다. 이 과정에서 국방과 치안을 위한 관제 개정, 軍制의 개편, 군사시설의 확충과 경비의 강화, 軍器의 정비와 실험 등을 시도하였다. 이러한 시대적 상황에서 지방의 실정 파악은 시급한 과제였고 이를 위해 1871년에는 전국적인 邑誌 편찬사업을, 이듬해인 1782년에는 전국적인 차원의 지도 제작사업을 추진하였다. 현재 서울대학교 규장각에는 조선시대 官撰地圖 제작사업의 마지막 성과로 평가되는 1872년 지방지도가 소장되어 있는데 총 459매이다. 이 때 제작된 지도들은 郡縣지도 뿐만 아니라 營·鎭堡·牧場·山城 등을 그린 지도까지 포함하고 있어서 한 시기에 제작되어 收合된 지방지도로는 가장 많은 양을 보유하고 있다. 이들 지도는 1년이 채 되지 않는 짧은 시간에 제작되어 收合되었기 때문에 통일적인 제작 원칙하에 체계적으로 그려지지는 못했다. 그러나 이전 시기의 지도보다 큰 규격으로 작성되었기 때문에 지도에 들어 있는 정보량은 현재 남아 있는 다른 郡縣地圖와는 비교가 안 될 정도로 풍부한 편이다.

[출처] 규장각 한국학연구원

Bonus Photo

어촌의 노동자, 구룡포 Working men, Gu-Ryong-Po

포스코 정문 Main gate of POSCO

COMMON
CITY
SURVEY ON SMALL CITIES
OF SOUTH KOREA

STORY

03

MI-RYANG

인구 11만의 도시, 밀양입니다.

밀양 密陽

면적_799.01km^2

세대_45,479가구(2009.7)

총인구_110,458명(2009.7)

등급_경북 영주, 경기도 오산과 동급, 69위

행정동_읍 2개, 면 9개, 행정동 5개

밀양시(密陽市)는 대한민국 경상남도 동북부에 있는 시로서 대구광역시와 부산광역시의 중간 지점에 위치하고 있다. 때문에 대구와 부산 양 대도시 영향을 모두 받는 편이며 창원과 울산 등 다른 대도시들도 도처에 있기 때문에 지리적으로는 이 4개 대도시 중앙에 위치하는 지리적 이점을 안고 있다. 밀양아리랑, 밀양국밥 등이 유명하며 특산물은 대추다. 이창동 감독의 영화 〈밀양〉의 주무대가 되는 곳이기도 하다.

"은밀한 햇빛의 도시 City of secret sunshine"

01 도시형태 Shape of the city

밀양의 시계는 크게 3등분 되어 있습니다. 굽이쳐 흐르는 밀양강의 만곡부 최북단으로 구도심이 존재하고, 중간에 천의 사행지역, 그리고 밀양역이 정차하는 남부지역입니다. 복잡한 시가지의 형태와는 달리 도시조직의 생김새로 판단컨대, 밀양역 부근과 용두교, 그리고 밀양교로 이어지는 직선축선을 중심으로 옛 도시의 주축을 이루며, 이후 도시가 양 옆으로 팽창된 것으로 보입니다.

02 도시조직(도시기본판)Urban fabric

읍성도시의 기본판의 영향Affection by ancient city structure

밀양의 옛 도시지역은 한 번도 제대로 된 구획정리가 되지 않고 광로 그리드만을 가진 도시조직이 현재까지 남아 있는 시가지를 가지고 있습니다. 이는 시가지의 지도만을 보더라도 확연히 드러납니다. 아마도 비록 지금은 사라지고 없지만, 구읍성의 영향이 아직도 현재의 도시에 영향을 미치기 때문일 것입니다.

밀양읍성 추정Assumption line of ancient city wall

그림은 필자가 읍성으로 보이는 도시조직의 흔적과 기존의 퇴뫼식 산성을 연결하였을 경우를 가정하여 만든 그림입니다. 밀양관아가 가운데 있으니 그럭저럭 맞는 것 같지 않습니까? 그런데, 필자가 말하려는 것은 아마도 관아길을 횡으로 가로지르는 길과 중앙로는 분명 그 당시의 계획적 도로였을 것이라는 것입니다. 아무튼 관아길의 횡축의 흐름을 보면 이 곳의 지형을 따른 것이 분명하고, 이렇게 아무리 관아읍치라 하더라도 지형적 조직, 즉, 물길과 산세를 고려하는 것이 보입니다. 자연스럽게 이러한 지형적 조직은 현재까지 남아 도시계획도로와 만나 구획정리를 거치지 않는 제2기의 기본판으로 남겨집니다. 아무튼 답사 곳곳에 물길의 흔적을 만납니다.

지형적 도시조직이 만들어내는 풍경 Scenery formulated by water-oriented urban fabric

물길 곳곳의 도로는 이렇게 도시계획도로와 만나 끊겨져 있으며, 또한 구획정리조직에서는 직선이었을 재래시장 또한 곡선으로 휘어져 있습니다.

빽빽한 전면과 느슨한 후면 Dense front, Loose Backyard

밀양의 주축인 밀양역-용두교-밀양교-구도심으로 넘어가는 길을 따라가 보면 지방도시의 전형적 시가지 경관인 빽빽한 전면과 느슨한 후면을 확인할 수 있습니다.

가로변에 면해서는 노선상가들이 밀집하여 연속적 가로풍경을 생산합니다. 업종도 매우 다양하고, 활력적입니다. 그러나 한 블록만 뒤로 들어오면 그 분위기는 급변합니다. 뒤는 주택가로서 공간적 밀도가 높지 않아 매우 느슨한 느낌을 줍니다. 어떤 곳은 방치되어 있는 곳도 많습니다. 이러한 공간적 급변의 양상은 필자가 유럽 동구권의 도시에서 보는 느낌과 흡사했습니다.

빽빽한 전면Dense front(영화 밀양의 세트장이 보인다)

느슨한 후면Loose backyard - 물길의 흔적이 확연함

도시농업의 가능성possibility of urban agriculture

그러나 필자는 이러한 느슨한 후면에서 새로운 가능성을 봅니다. 많은 필지들에서 이른바 도시농업을 추구하고 있었습니다. 비록 조각난 작은 필지지만, 집주인들에게는 매우 사랑스러운 땅일 것입니다. 이는 물론 토지의 효율적 이용을 도모하며, 도시의 경작-생태공간으로도 활용될 수 있을 것입니다.

03 수공간water

밀양천과 생태유역Mi-Ryang river & ecological area

밀양천은 낙동강의 지류입니다. 유역이 가장 큰 강은 한강이지만, 하천연장으로는 낙동강이 가장 긴 하천입니다. 밀양천은 매우 넓은 사행지(물이 휘도는 천면의 유역)를 가지고 있었습니다. 이렇게 넓은 사행지대는 큰 자연의 유역이 존재합니다. 밀양천을 보면 많은 부분을 둑으로 조성하여 시민들이 사용하고 있지만, 그 유역이 워낙 넓어 생태유역 그대로 남겨진 부분도 매우 넓었습니다.

이는 서울 등의 대도시에서 나타나는 가용지 부족에 따라 천변이 직강화 되고, 모두 도시화 되는 수순을 밟지 않은 것입니다. 이러한 수변도시는 여름철에 비가 많은 한국의 기후상 많은 유수지가 필요하고, 또한 펌프 및 배수장으로 재난을 대비하는 많은 인공적 관리에 따른 비용과 무리수가 뒤따릅니다. 자연의 영역은 자연에게 돌려주어야 하는 것입니다.(이러한 관점에서 4대강의 수변도시는 정말 해서는 안 될 몹쓸 짓이지요) 밀양은 아마도 도시화urbanization의 요구가 그리 심하지 않았기에 밀양천의 생태유역이 비교적 잘 보존될 수 있었을 것입니다.

비교적 넓은 사행지대 wide area for water meandering

후감

밀양을 정리하면서 마지막으로 하고 싶은 말은 바로 이러한 지형적 도시, 느슨한 도시라고 해서 무작정 구획정리를 해야 하고, 단지화를 해서 토지의 효율성을 높여, 도시의 기능적 향상을 추구하는 것이 바람직한 것인가를 생각해 볼 필요가 있다는 것입니다.

물론 지형적 도시는 불편합니다. 그리고 외관상으로, 경관상으로 보아도 도시공부를 하지 않는 일반인의 관점에서, 혹은 정치인의 관점에서 일면 '후지게' 보일 수 있습니다. 충분히 이해가 가는 대목입니다. 그러나 이의 기본판을 갈아엎고 다시 구획정리를 해대고 단지화를 시킨다면, 이는 도시의 역사, 거주민의 역사를 지우는 것과 같습니다.

기본적인 도로정리, 예각정리 등을 통해 불편함이 없는 도시를 지향하되 이러한 도시가 가지는 기회를 잃지 않아야 하겠습니다. 필자가 제시하는 도시농업과 같은 것은 그 사례가 될 것입니다. 우리의 도시가 가지는 지형적 도시는 우리가 필히 보존해야 할 "지리적 유산"입니다. 하물며 읍성을 가졌던 밀양에서는 말입니다.

지형적 도시와 맥도널드, 건강한 도시의 징표 Water-Oriented old city & Macdonald

04 제언 : 다공성의 도시, 밀양

●

Porous city, Mi-Ryang

City, Mi-Ryang is located in the south part of Korea peninsula. Population is 110,458(2011). Old city center had existed before the 19c, but harsh modernization period swap away the old structure.

To make city porous, historical axis suggested and old city wall could be excavated. In loose backyard from street, urban agriculture could be installed.

참고자료

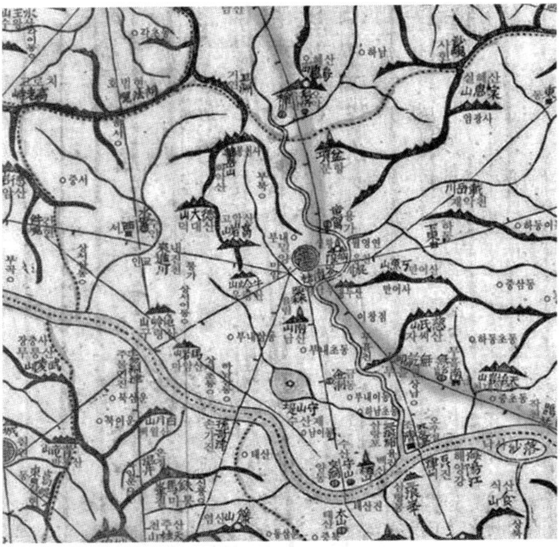

대동여지도 – 밀양 Old city map of Mi-Ryang

밀양강의 형태가 현재와 달라 지형적 변화가 있었음을 암시하며, 읍치의 형태가 성곽이 있었음을 표기하고 있다.

밀양읍성에 대한 언급은 다음 글을 참조.

> 1479년(성종 10년)에 축조되었다. 현재 전해 오는 대부분의 읍성이 임진왜란 직전인 1590년경에 국책사업의 일환으로 대대적으로 건립된 것과 비교하면 밀양읍성의 축조시기는 이들보다 100년 이상 앞선다. 지금은 많이 헐리어 옛 모습은 찾아보기 힘들다. 「신증동국여지승람(新增東國輿地勝覽)」에 의하면 둘레가 1425m, 높이 2.8m, 성내 우물이 넷, 못이 하나 있다고 한다. 1902년 경부선 철도부설공사 때 4대문과 성벽의 석재가 모두 헐리어 철도부설공사에 이용되었으며, 아동산과 아북산을 잇는 산등성이에 퇴뫼성이 남아 있다. – 밀양읍성[密陽邑城], 네이버 백과사전

그런데, 경부선공사 때 4대문과 성벽의 석재가 쓰였다고 하니, 통탄할 일이 아닐 수 없다.

밀양부 - 해동지도

옛 밀양부는 지금의 청도면을 제외한 밀양시 전체와 대략 일치하였다. 읍치는 밀양시 밀양시내 내동 일대에 있었다. 이 고을의 鎭山은 읍치의 북쪽에 위치한 華岳山이다. 읍성 안에 위치한 嶺南樓는 우리나라 3대 누각의 하나로 보물 제147호로 지정되어 있다. 1365년(고려 공민왕 14년)에 창건되었으나 불에 타고 현재의 건물은 조선 헌종 때 지어진 것이다. 남쪽의 栗林은 밀양부 남쪽에 案山이 없어 허하므로 그것을 대신하여 洞藪의 역할을 하게 했던 것으로 일종의 裨補風水의 예이다. 守山津 부근에 보이는 국농소에는 紅蓮이 무성해서 그 향기가 좋다고 한다. 읍치 동쪽에 위치한 萬魚寺에는 자연석으로 된 미륵존불과 만어상이라 일컫는 종석 및 보물 제466호인 만어사 3층석탑이 남아 있다. 서문 밖에 위치한 서원은 禮林書院으로서 1567년(명종 22년)에 건립되었는데, 임진왜란 때 불에 타 버리고, 뒤에 상남면에 옮겨진 후 1663년(현종 4년)에 사액되었다. 읍치 우측에 보이는 재악사는 表忠寺(밀양군 단장면 구천리)인데, 이 사찰은 829년(신라 흥덕왕 4년)에 황면이 창건한 유서 깊은 절이다. 이 절에는 국보 제75호 靑銅含銀香 이란 향로와 보물 제467호 3층석탑이 있다. 삼랑진은 나루터일 뿐만 아니라 상 · 하류를 오가는 배들의 교역이 이루어지는 대포구였다.

밀양부 – 해동지도, 규장각 한국학연구원

해동지도의 가치

제작시기 : 1750년대 초, 규격: 47.0×30.5cm, 구성: 8책

1750년대 초에 제작된 회화식 군현지도집. 이 지도집에는 조선전도, 도별도, 군현지도 뿐만 아니라 세계지도(「천하도」), 외국지도(「중국도」, 「황성도」, 「북경궁궐도」, 「왜국지도」, 「유구지도」), 관방지도(「요계관방도」) 등이 망라되어 있다. 민간에서 제작된 지도집이 아니라 국가적 차원에서 정책을 결정하는데 활용된 관찬 군현지도집이다. 제8책의 팔도총도와 제4책의 서북피아양계전도는 회화식 대형 전도이며, 나머지 대부분의 지도들은 도지도, 도별 군현지도, 도내 군사적 요충지의 지도 순으로 편집되어 있다. 해동지도는 당시까지 제작된 모든 회화식 지도를 망라하고 있다는 점에서 중요한 의의가 있다. (중략) 해동지도는 지도를 중심으로 지리지를 결합한 측면이 강한 반면 영조대 후반에 편찬된 여지도서는 지리지를 중심으로 하고 지도를 부도로 활용한 책자이다. 「해동지도」는 홍문관이 주도하는 정책자료 편찬의 전통이 여지도서로 결실을 맺게 되는 출발점이 되었다는 점에서 큰 의미가 있다. 각 군현지도마다 도로를 빼놓지 않고 그려 넣은 점은 이 지도집의 가치를 더 빛나게 한다.

[출처] 배우성, 이상, 규장각 한국학연구원

Bonus Photo

행상 Street seller, Mi-Ryang

마당 Inner court of private house

COMMON CITY

SURVEY ON SMALL CITIES OF SOUTH KOREA

STORY

04

KYOUNG-SAN

인구 22만의 도시, 경산입니다.

경산 慶山

면적_411.75km²

세대_90,849가구(2009.8)

총인구_223,357명(2011.8)

등급_경기도 김포, 강원도 강릉과 동급, 43위

행정동_읍 2개, 면6개, 행정동 7개

경산시(慶山市)는 대한민국 경상북도 남부에 있는 시이다. 북동쪽은 영천시, 남동쪽은 청도군, 서쪽은 대구광역시에 접한다. 1990년 이후 대규모 아파트 단지가 조성되면서 대구광역시의 위성도시 기능이 한층 높아져 교통이 편리해졌으며, 현재는 중산 · 정평동과 임당동, 영남대학교 일대에 대구 도시철도 2호선이 연장 건설 중이다. 대구가톨릭대학교, 대구대학교, 대구한의대학교, 영남대학교 등 대부분의 대구권 대학교들의 입지로 학원도시화는 물론 섬유공업지역으로 발전하고 있다.

01 도시형태 Shape of the city

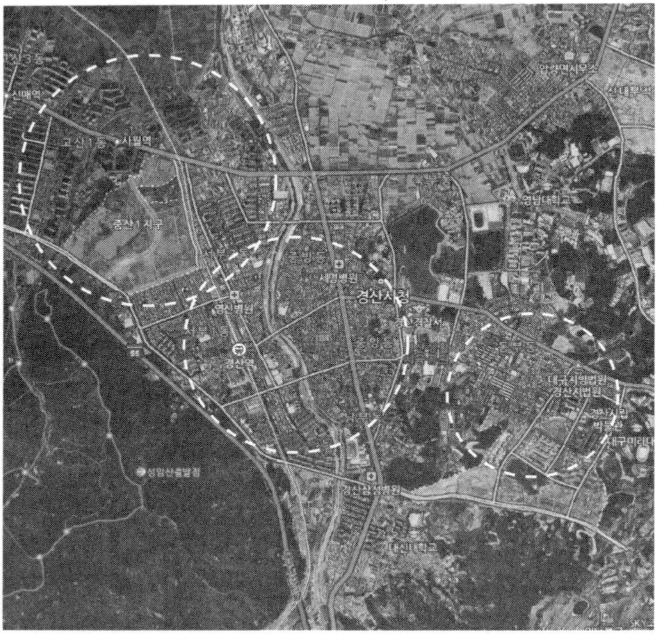

대구의 동남측에 위치하며, 산세가 크진 않은 소분지의 형태입니다. 시가지의 중간으로 남천이 흐르고 있습니다. 도시의 형태는 경산역과 구시가지가 도시 중심을 획득하고, 대구 지하철권역에 속하는 북부와 국도변에 따라서 발달한 동부로 시세가 흐르고 있습니다.

사라진 읍성, 찾기 힘든 흔적Disappeared old city

경산은 읍성을 가졌던 고도시였습니다. 그것은 대동여지도에서도 확연히 확인됩니다.

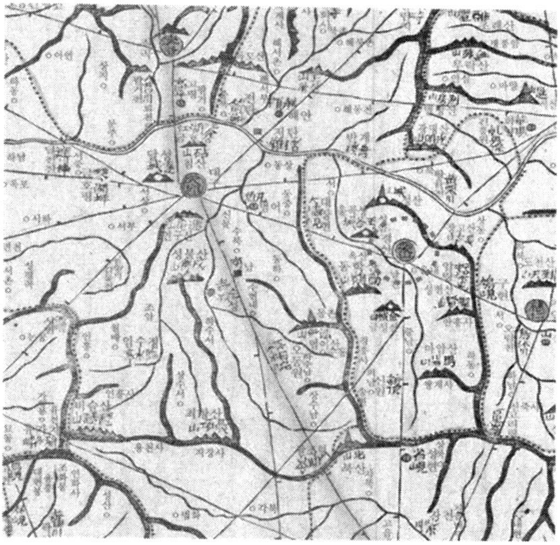

대동여지도 Old map : 경산부분(점선)

경산은 시가지의 많은 부분이 구획정리 및 택지개발지구로 조성되어 아파트 단지가 많습니다. 또한 시가지 중심부에서도 대부분의 지역에서 구획정리가 우세합니다. 그러나 일부인 서상동 같은 지역에서는 아직도 지형적 조직처럼 보이는 읍성의 조직들로 추정되는 느슨한 도로의 선들이 보입니다. 아쉬운 것은 그런 것들이 땅속에 파묻혀 지상에서는 볼 수 없음이 아쉬울 따름입니다. 경산의 이 구시가지도 말 그대로 서울처럼 "파기만 하면 유물"이 나오는 곳일 것입니다.

경산 중심부 Central area of Kyoung-San

한국의 아파트, 프랑스의 파빌리오네르 Apartment in Korea, pavillonnaire in France

아파트에 대해 생각해 봅니다. 우리의 아파트는 도시의 팽창기때 작은 가용지의 고밀도 활용과 거주민들의 새로운 삶의 방식에 대한 욕망이 빚어낸 우리의 거주 문화입니다. 이는 프랑스의 파빌리오네르(일종의 단독주거단지)가 번창했을 때의 상황과 별반 다르지 않을 것입니다.

어느 프랑스 학자가 "아파트공화국"이라고 우리의 아파트문화를 이야기 했던 것이 기억납니다. 먼저 도시의 팽창을 경험했던 프랑스의 경우는 넓은 평지에 근거한 파빌리오네르를 양산했다면, 우리는 뒤늦게 팽창을 담아내기 위한 방법으로 아파트를 선택한 것이라는 것이지요. 프랑스에서 아파트가 빈민굴이나 ghetto같은 외국인 밀집지역이나, 차이나타운, 임대주거단지에서 사용되는 양식이니, 그 사람의 눈으로 한국의 아파트는 이상하기 그지 없었겠지요. 아무튼 다른 자리에서 많이 이야기 하지만, 아파트라는 것도 우리의 현실에서 만들어낸 시대의 총화이기에 함부로 말할 수는 없는 것입니다.

아파트, 경산

03 사회성Sociality : 젊은이들의 도시city of Youth

도시를 답사할 때 젊은이들이 거리에 많이 있으면 무언가의 활력을 느끼게 됩니다. 그렇습니다. 도시에 젊은이들이 넘쳐나면 그네들의 문화가 나타나고, 그네들을 위한 소비상업이 등장하며, 그네들은 그 도시에 정착할 수 있습니다. 주머니가 넉넉치 않는 그네들이기에 적은 평수의 주거들, 1호가구나 원룸 등의 소자본의 부동산이 활성화 됩니다.

그것뿐이 아닙니다. 이렇게 젊은이들의 문화가 거리에 넘쳐나면 그것을 본 대자본들이 눈길을 주게 마련입니다. 활력이 넘치는 거리에 투자를 하고자 하는 것은 당연합니다. '엑스팻expat' 으로 대표되는 거주주재원의 환경의 일순위가 도시어메니티라고 하지요. 도시어메니티는 바로 도시의 활력에서 나옵니다.

영남대, 경일대, 대구대 등 유수의 대학들이 이곳 경산에 있고, 그네들은 이러한 소중한 도시의 인적 자원인 젊은이들을 공급하고 있습니다. 필자가 있던 네덜란드의 델프트는 델프트공대TU-Delft라는 대학교 하나로 도시가 거뜬하게 활성화되어 있음을 경험하였습니다.

젊은이들로 붐비는 도시City of youth

지하철 안에 들어찬 젊은이들youth in metro

04 교통 Transportation : 지하철과 기차. 연담도시와 네트워크 도시 Metro & Train, Conurbation & Network city

경산은 아파트가 매우 많습니다. 아마도 그것은 이 지역의 여건이 대구와 가까워 연담도시화 된 것이 가장 큰 이유인 것 같습니다. 연담도시화의 단점은 동두천에서 설명한 바가 있어 생략하지만, 이는 지하철의 개통과 밀접합니다. 지하철이 대략 500m-1,000m 길어야 2-3km의 권역으로 역이 형성된다면, 이를 바탕으로 정주권이 형성될 때 긴 선형으로 형성될 가능성이 매우 농후합니다. 대구-경산은 이미 이러한 연담도시화가 진행되었고, 앞으로 대구지하철 연장이 영남대까지 뻗는다면, 이의 확산은 불을 보듯 뻔합니다.

이와는 반대로 기차가 만드는 도시연결을 생각해 봅시다. 대구-경산- 상

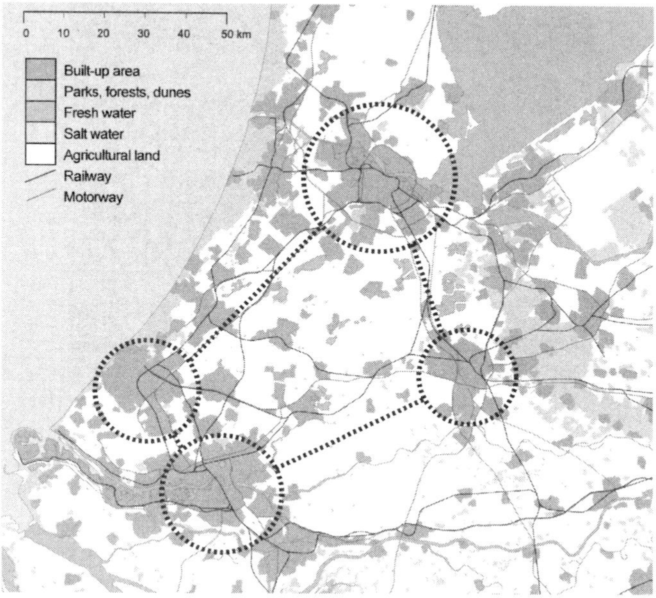

도시연합체 Randstad : 위로부터 반시계 방향으로 암스테르담 - 헤이그 - 로테르담 - 유트렉

동- 밀양- 삼랑진- 구포- 부산 등이 서로 10-20km를 간격으로 연속되어 있습니다. 이렇듯 기차간 도시연결은 지하철간 도시연결보다 간격이 훨씬 넓습니다. 그렇기에 연담도시가 되지 않고 그 중간에는 자연이 파고들 수 있습니다. 네덜란드의 경우 암스테르담Amsterdam, 로테르담Rotterdam, 유트렉Utrecht과 덴 하그Den Haag를 중심으로 연계가 되어 "란스타드Randstad"라는 도시연합체를 형성합니다. 이 Ranstad는 거대도시의 담론경쟁시 사용되는 개념이지만, 실상은 소도시들의 연합입니다.

필자는 이를 연담도시와 대척하는 '네트워크도시'라 불러도 좋을 것 같습니다. 네트워크 도시는 말 그대로 소도시 육성전략에 다름 아닙니다. 건강한 소도시들이 많이 만들어지면, 우리의 삶의 질도 더욱 좋아질 것입니다. 비근한 예로 소도시가 발달하면 경산에서 대구까지 출퇴근하지 않아도 되는 것이지요.

대구역. 퇴근길의 대구사람들Person waits train on leaving time. 경산 - 밀양 - 부산행

지하철이 주는 도시문화. '지하철 도시문화Underground urbanity'

뭐니 뭐니 해도 지하철의 가장 큰 장점은 빠른 이동과, 안정된 이동성을 보장해주는 것입니다. 이를 통해 사람들은 가장 먼저 이곳에 소비공간, 교환의 장소를

만듭니다. 이러한 지하철에 기인한 소비공간은 나름대로 새로운 도시성을 형성합니다. "지하철 도시문화Underground urbanity"라고나 할까요.

만약 이곳 사람들이 지상은 낙후된 재래시장이고, 먼지 날리는 자동차와 경적소리를 지겨워 한다면, 이곳 지하는 사시사철 냉난방이 돌아가고, 자동차 배기가스 걱정없이 바로 직결되어 백화점과 연결될 때. 분명히 지하는 신문화를 생산할 것입니다. 필자같이 서울에 오래 산 사람은 그게 뭐 별거냐 하겠지만, 지하철이 아직 들어오지 않는 지방민에게는 대단한 충격일 것입니다.

사월역. 대구지하철의 역세권Metro station

철도의 KTX. 교통성의 개선이지만, 없는 자는 힘들다.Fast train make poor people suffering

KTX가 개통된지도 이젠 제법 시간이 지났습니다. 1기 KTX가 지나 이젠 2기로 접어들었지요.(KTX 산천이 나온 이후를 2기로 칭합니다.) 그런데, 이도 생각해 볼 것이 있습니다.

KTX는 전용선로를 달려야 합니다. 그래야 제 속도를 낼 수가 있지요. 그런데 심지어 밀양역 같은 조그만 인구 10만의 도시까지 KTX가 들어 온다더군요. 물론 전용선로가 아닌 일반선로입니다. 물론 정부의 시책이 프랑스에서 고속철을 가지고 와 국가산업, 수출전략산업으로 육성하기 위해선 국내의 소비기반을 제공해 주어야 한다는 것에는 동의하지만, 이렇게 조그만 곳까지 KTX가 요동을 치고 들어와 없는 자들의 차량인 무궁화호의 시간까지 빼앗아 간다면 그건 분명 문제입니다.(필자가 무궁화호를 타고 상행과 하행시 모두 연착을 경험했습니다.)

또한 교통은 항상 도시계획과 맞물려 있습니다. 대체적으로 교통의 속도와 도시의 규모는 비례합니다. 즉, 속도가 높은 교통수단일수록 대도시에 입지해야 한다는 것입니다. 반대로 말하면, 대도시에만 고속교통이 필요하다는 말이기도 합니다. 얼마 전부터 GTX와 같은 교통수단이 매우 각광을 받고 있습니다. 그러나 여기엔 놓쳐서는 안 되는 점이 있습니다. 속도가 빠른 만큼, 이에 대한 도시계획적 배려가 필수적입니다. 속도가 빠른 교통이 어느 지역을 지나가는데 그 지역이 보잘 것 없으면 이는 분명 낭비입니다. 또한 속도가 빠른 놈이 이미 포화상태인 곳에 설치된다면, 이 도시는 어떻겠습니까. 넘치는 수요를 받아내지 못해 또 다른 도시개발이 일어나겠지요. 이렇게 교통계획과 도시계획은 불가분의 관계에 있습니다.

연착하는 무궁화호. 앞의 5개의 ktx를 보내야 오는 서민의 발. 안타까운 현실입니다. Delaying train

●

보론 : '삶의 질 영향평가Impact study on life qualities'

우리나라는 큰 건물을 짓는 다거나, 도시개발계획을 수립할 때 교통영향평가, 환경영향평가 등의 많은 평가. 즉, Impact study를 합니다. 반대로 철도가 놓일 때, 고속도로가 놓일 때도 마찬가지입니다. 여기에 필자는 하나 제안하고 싶은 게 있습니다. 바로 삶의 질 영향평가입니다. 인근에 도시개발이 이루어질 때, 인근에 철도역이 놓일 때, 또는 도로가 생길 때 이를 주민의 입장에서 평가를 해보자는 것이지요. 과연 이것이 생기면 삶의 질이 좋아지는 건지 아닌지 말입니다. 이것은 지금까지 어떤 개발을 할 때 형식적 전문기관에 대충 맡기고 긍정으로 나올 때 까지 함수나 바꿔서 하는 기존의 방식에 대한 저항입니다. 양적 평가위주에서 질적 평가가 덧붙여져야 한다는 말이지요.

05 제언 : 경남권 도시연합city alliance

●

대구와 부산과 연계되는 경남권 도시연합을 그려 봅니다. 인구만 따져 보아도 경산 25만 - 청도 5만 - 밀양 11만 - 삼랑진 0.8만 - 양산 25만을 합하면 67만 정도가 됩니다. 여기에 창원(110만)을 더하면 180만, 대구(250만)와 부산(450만)을 더하면 초대형 도시연합인 880만이 결합하게 됩니다. 물론 도시연합이라는 것이 인구수만의 연합은 물론 아니며, 연합된다고 해서 모든 행정구역이 없어지는 것이 아니라는 것은 분명히 서두에 말했습니다. 도시연합은 도시합병이 아닙니다. 도시연합은 각 도시의 고유성들과의 제휴입니다.

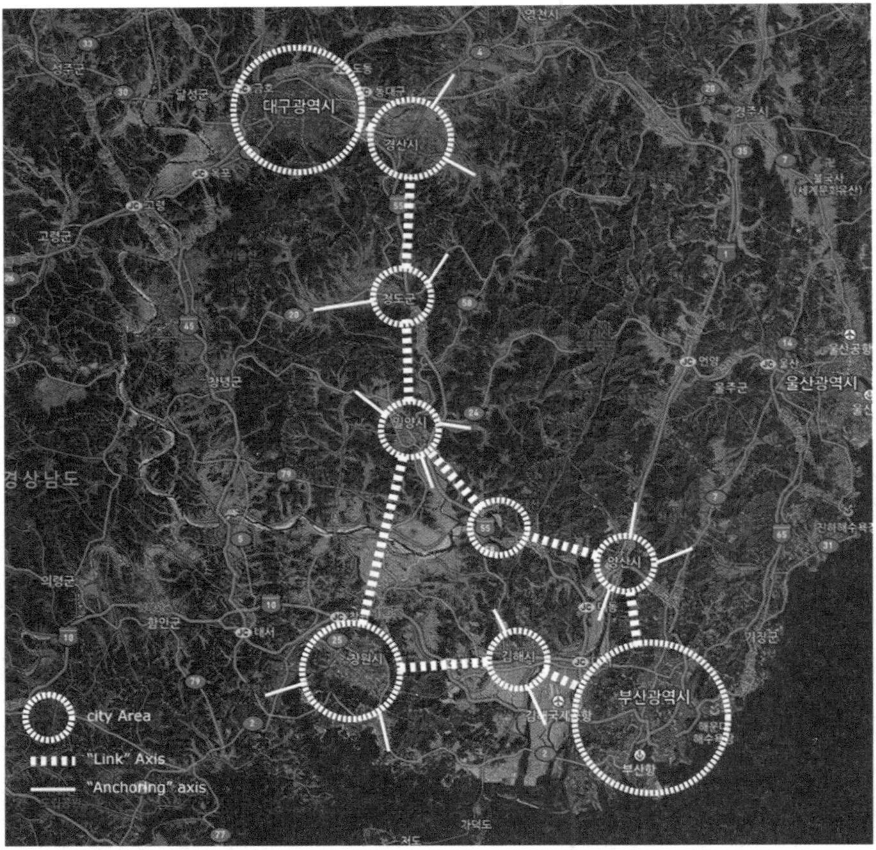

경남권 Network city, Constellation of small cities

참고자료

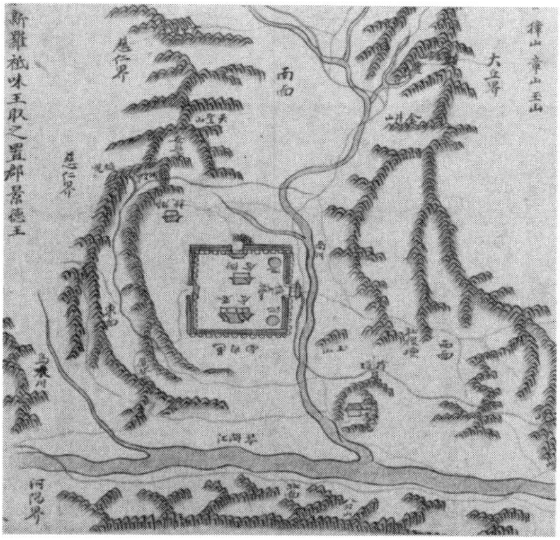

경산현, 해동지도 – 이상, 규장각 한국학연구원

경산현 - 해동지도

경산현은 지금의 경산시 경산시내 동부 신천동 등 6개동을 제외한 전체, 남천면, 압량면 북부, 대구광역시 동구 금호강 북쪽 연안 일대를 포함하는 지역이었다. 읍치는 경산시내 삼남동과 삼북동 일대에 있었다. 이 일대에는 지금도 동헌터, 객사터, 읍성터 등 지명이 많이 남아 있다. 지도는 좌측이 서쪽, 우측이 동쪽, 위쪽이 남쪽, 아래쪽이 북쪽이다. 산줄기가 경산현 전체를 둘러싸고 있고, 남천 유역에 비교적 큰 들이 발달하였다. 지도에 보이는 읍성은 新增東國輿地勝覽에 따르면 정방형의 石城으로 둘레는 4천 8백척이며 동서남북 4개의 성문을 갖고 있었는데, 그 가운데 西門의 門樓를 鎭玉樓라고 불렀다. 玉山 아래쪽에 보이는 孤山書院은 1633년(인조 11년)에 세워졌으며, 이황과 정경세를 모셨다가 대원군의 서원철폐령에 따라 헐렸다. 孤山이라는 명칭은 선조 때 현령 윤희렴이 고을 선비들과 함께 이 곳에 서재를 세우고, 이황에게 이름 짓기를 청하여 얻은 것이라고 한다.(金在完)

COMMON CITY

SURVEY ON SMALL CITIES OF SOUTH KOREA

STORY

05

YEO-JUNG-BU

인구 40만의 도시, 의정부입니다.

의정부 議政府

면적_81.59km²

세대_161,509가구(2009.2.1)

총인구_400,018명(2011.2.1)

등급_경기도 남양주, 시흥, 평택과 동급, 24위

행정동_15개

법정동_13개

의정부시(議政府市)는 대한민국 경기도 중북부에 있는 시이다. 현재 경기 북부의 중추 핵심도시로서, 경기도청 제2청사, 경기도 교육청 제2청사 등이 이 곳에 소재하고 있다. 동쪽은 포천시, 남양주시, 서쪽과 북쪽은 양주시, 남쪽은 서울특별시 노원구, 서울특별시 도봉구가 접하고 있다.

01 도시형태 Shape of the city

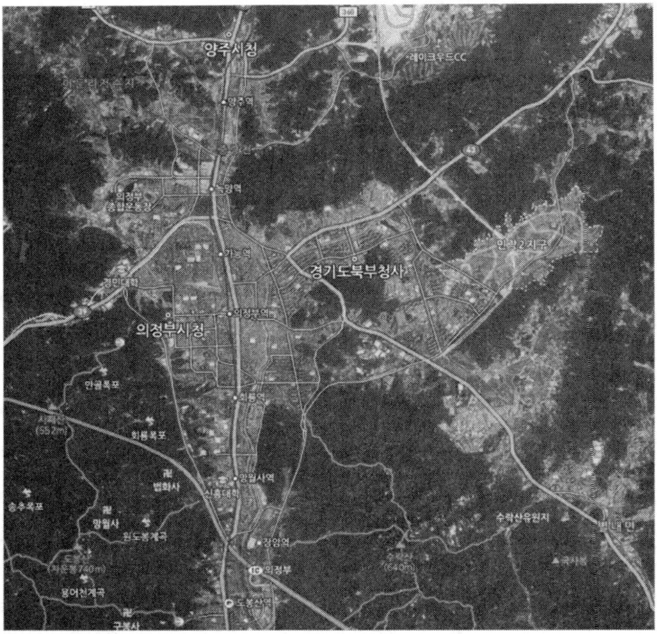

시가지는 주변의 산세들의 골짜기를 점유하면서 형성되어 있습니다. 서울에서 북쪽으로 나아가는 길목에 있는 도시인만큼 남북방향의 축이 강하게 나타나며, 동서방향으로는 산세의 영향 등이 한계로 작용합니다. 유일한 동서방향의 축이 43번 국도가 되는데 이를 따라 신시가지 형성이 진행 중에 있습니다.

역세권과 자전거 주차장 Train impact zone and bike parking

회룡역에 들어서니 먼저 자전거 주차장이 눈에 들어옵니다. 대구역에서 보았던 것은 지하로 들어가던데 이곳은 이렇게 지상에 설치해 놓았군요. 직원이 상주합니다. 이용요금을 물었더니 무료입니다.

언제부터인가 이렇게 자전거 주차장이 생겼을까요. 주위를 둘러보니 이곳 회룡역은 제법 역세권이라고 하는 구성요소들을 그런대로 가지고 있었습니다. 차량 주차장, 자전거 주차장, 택시 환승장, 버스 환승장에 약간의 광장까지.

회룡역 전경

한국 도시들의 역세권 구성방식을 살펴보면 하나같이 역사만 자본이 들어와서 상업시설+교통역사의 구성만을 취하고 이것을 역세권 개발이라 통칭하고 있는 경우가 허다 합니다. 용산민자역사, 서울민자역사 등등 대부분의 복합역사가 이에 해당합니다.

그렇기에 진정한 의미에서의 역세권 개발과는 거리가 있지요. 최근 '역세권의 계획 및 이용에 관한 법률'이 공포되고 나서야 법률적 효력을 가지고 역사 및 주변지역의 정비를 추구할 수 있는 길이 열린 셈이지요.

그러나 여기에도 우리가 유심히 생각해 보아야 할 것이 있습니다. 역세권 개발이라는 명목으로 기존의 조직을 마구 없애 버린다면, 그리고 토지의 고밀이용이라는 명목으로 공공시설에 대한 배려 없이 마구잡이식 입체복합개발을 해버린다면 생각만 해도 끔찍합니다. 입체복합개발이야말로 도시의 자생력을 떨어뜨리는 근본원인이기 때문입니다. 대자본이 들어오지 않으면 그 개발부지는 더 이상 변화할 수 없기 때문입니다.

역세권에 대해서는 '압축도시', 'TOD'[5] 등 많은 계획기법들이 논의되고 있지만, 어느 누구도 입체복합의 폐해에 대해 주장한 것을 잘 보지 못했습니다. 우리나라의 모든 역이 "록봉기힐스"가 되어야 한다는 생각. 버려야 합니다. 그래서 필자는 기회가 있을 때마다 다공적 TOD, void TOD를 주장합니다. 역세권이야말로 도시의 오픈 스페이스의 구심점이 되어야 한다는 말이지요.

의정부역은 신세계가 그 지역을 정비하고 있더군요. 그러나 여기서도 민자역사만을 개발하는 역세권 개발을 하고 있습니다.

---

5) *Transit Oriented Development*

건설 중인 의정부 복합역사 Central station under construction

회룡역 근처의 의정부 남부 호원동 지역엔 자그마한 공장들이 주거 및 상업 지역들과 섞여 있습니다. 그곳에서 간판작업을 하는 사람들을 보았는데, 외국인 노동자들이더군요. 답사를 해보니 이러한 간판들을 아예 통째로 생산해 주는 곳들이 구 43번 국도쪽에 많이 위치해 있었습니다. 아무튼 의정부에도 외국인 노동자들이 보입니다.

외국인 노동자 Foreign worker

03 공공건물 Public building

의정부의 공공건물들은 최근 43번 국도가 새로 개통되면서 조성된 경기 제2청사를 빼면 대부분 도시의 서쪽 끝자락에 배치되어 있습니다. 배치형국이 마치 도시를 서쪽에서 에워싸는 형국을 하고 있고, 그러한 공공건물들이 가로변의 시각의 종점에 위치하여 강한 비스타vista를 만들어냅니다. 이는 분명히 시각적 초점을 형성하는 가로의 조성과 공공건물의 배치전략을 통해 건물의 권위를 높이려는 '바로크적Baroque' 도시계획에 다름 아닙니다. 그 대표적인 도시들이 파리 오스만의 도시계획, 미국 워싱턴의 도시계획, 이태리 에우르EUR 등이 그 대표적 사례가 될 것입니다.

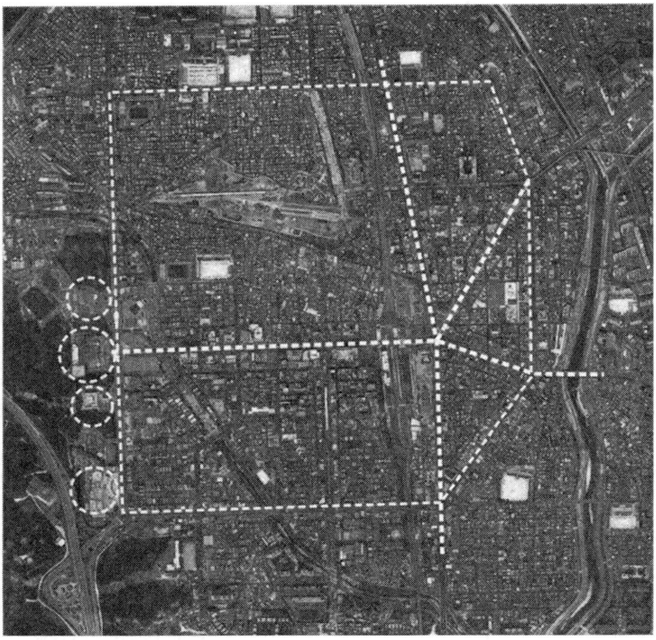

의정부의 도심부와 공공빌딩의 입지 City center and site of public buildings

그림을 보면 의정부의 도시계획은 상당히 힘있게 선이 그어져 있습니다. 물론 가운데 미군비행장 부지에 의해 끊겨 있는 부분도 있지만, 전체적으로 도로망이 큼직큼직합니다. 크게 보면 광로가 시가지의 다각형 폐곡선을 에워싸면서 중요한 축선들이 의정부역을 향해 모여지고 있습니다. 그리고 이 모여진 축선들이 의정부 시청쪽으로 향합니다.

시청을 중심으로 하는 공공영역은 세무서, 의회, 복지회관, 예술의 전당까지 묶여 서쪽에서 시를 감싸고 있는 형국입니다. 이는 중랑천과 산자락이 아우르는 동쪽에 대하여, 마치 풍수지리의 비보[6]처럼 위요감, 영역성을 도시 내부에 부여하고 있습니다.

의정부 예술의 전당Art hall, 도서관Library, 의정부 시청사City hall와 그 광장City hall square

---

6) 비보, 裨補, 도와서 모자라는 것을 채움

신 43번 국도변의 경기도 제2청사의 모습은 더욱더 권위적입니다. 산을 끌어들이는 배치가 인상적입니다.

경기도 제2청사 2nd Kyounggi provincial complex

04 교통 Transportation : 의정부 경전철 Light rail

●

회룡역부터 사실 가장 눈에 뜨이는 구조물이 있었으니, 그것은 바로 경전철이었습니다. 도시의 주요부분을 거의 지나가고 있습니다. 처음에는 시드니의 모노레일, 일본의 "유리카모메"를 떠올리며 의정부에도 이러한 것이 있으면 좋겠다 싶기도 합니다. 그러나 걱정이 현실이 되었다니 참 안타까운 일이 있었더군요.

전 시장이 의욕적으로 추진한 이 사업은 지역주민에게 철저하게 외면당하고 있었습니다. 건설당시에도 경관적 문제, 생태적 문제 등을 걱정하는 많은 목소리가 있었지만, 시장의 의욕을 꺾지는 못한 모양이지요. 택시기사의 인터뷰 내용입니다.

Qus : 그때 당시 반발은 없었는가요?
Ans : 생각을 함 해 보세요. 의정부 인구가 몇 만입니까? 고작 45만이에요. 지금 버스들이 지나가지요? 텅텅 비어가지고 있습니다. 인천은 인구라도 많지. 저 구조물 뽑아 버려야 해요. 인천마냥 계속 빚더미만 쌓이게 운행하느니. 그래서 이번에는 시장이 다른 당으로 바뀌었어요. 그리고 아예 그 시장은 이 일로 인해 공천도 못 받았다고 합디다.

시사하는 바가 큽니다. 물론 타당성 검토라는 것을 했을 것이 분명한 이러한 사업이 왜 이렇게 되는 것일까요? 제가 경험한 타당성 검토는 누구 말대로 "garbage in, garbage out"입니다. 넣는 대로 나오는 것이라는 것이지요. 사업성이 나온다는 목적 하에 변수를 '디자인' 하는 건 참으로 안타까운 현실입니다. 경관을 해치는 것은 부차적 문제지요. 참 그리고 택시기사, 부동산 사장님은 그 지역을 가장 잘 알고 있는 지역민들입니다. 인터뷰가 필요할 땐 그 분들을 활용하시기 바랍니다.

의정부 경전철 Light rail track

05 수공간Water. 중랑천, 백석천, 부용천

의정부의 시계 내에서는 중랑천을 중심으로 동쪽엔 부용천, 서쪽엔 백석천이 자리 잡고 있습니다. 그런데 시계 내의 하천들을 보면 몇 군데는 정비가 잘 되어 있는 반면 몇 군데는 심각하게 방치되어 있음을 알 수 있습니다. 아래의 사진은 의정부 시청사 앞의 백석천인데 상부를 공영주차장으로 복개해서 사용하고 있습니다.

백석천 공영주차장 Waterway covered by parking area

다음 페이지의 좌측 사진은 백석천 상부의 모습인데, 보를 설치한 후의 지형 변화를 여실히 알 수 있습니다. 상부의 퇴적된 흙과 하부의 흙의 레벨이 완전히 다릅니다. 어차피 건천화가 되어 많은 물이 흐르지도 않은 상황인데도 왜 이러한 보를 설치했는지 의문이 듭니다. 물고기도 생태계도 이 보에 의해 완전히 끊겨 있습니다.

백석천 보 Damaged Beam in water

중랑천 Water way

우측 사진은 중랑천의 모습입니다. 둑길이 형성되어 있고, 이렇게 정비공사가 진행 중입니다. 또한 천변 주위로 노후 주거지가 밀집되어 있음을 볼 수 있습니다.

다음 사진은 부용천의 모습입니다. 경기도 제2청사로 가는 신 43번 국도가 이 천을 따라 갑니다. 아무래도 최근 개발이 완료된 모습이라 그런지 깨끗합니다. 천변의 정비현황과 주변지역 간의 관계가 매우 극명하게 다르게 나타납니다.

부용천

06 도시조직Urban fabric : 구획정리조직Old plot readjustment area

●

의정부 구시가지에는 오래된 구획정리조직의 도시들이 말 그대로 쫙 펼쳐져 있습니다. 비교적 도시의 틀이 대략 500×500 정도의 바둑판 형태로 정리된 광로체계를 기본으로 그 하위단계의 도로들이 100×50 정도의 크기로 형성되어 있습니다. 그 정도가 되는 도시조직은 걷기에 지루하지 않습니다. 그리고 노선상가가 광로에서 접근로, 소로까지 고르게 분포되어 있었습니다. 필자가 보기엔 매우 건강한 구획정리 조직이더군요.

의정부의 구획정리도시 Old plot readjustment area

07 취약지역Urban fracture

●

의정부 지도를 살펴보다가 깜짝 놀란 것이 있었습니다. 바로 도시 한복판에 비행장 자국이 선명한 것입니다. 주위를 보니 이미 사용하지 않는 폐점부지였습니다. 이렇게 미군이 점유한 곳들은 대부분의 지역들이 넘어설 수 없는 '도시의 끝'을 만듭니다. 이 말은 그곳의 경계는 도시의 끝이요, 더는 나아갈 수 없기에 그 주변지역들은 서로가 이어지지 못하고, 단절된 채로 몇 십년의 시간이 흘렀다는 것이지요. 이러한 도시의 끝은 의외로 많습니다. 좀 있다 이야기할 철도변이 그렇고, 수변이 그렇습니다. 공장지역도 그렇지요. 이렇게 도시성이 빈약한 도시의 취약한 공간을 필자는 "도시취약지역 Urban fracture"7)이라고 부릅니다.

폐 미군 비행장 부지 주변과 내부 Abandoned US air base, surrounding area and inside

이러한 도시취약지역은 도시에 있어서는 새로운 '기회의 땅' 이기도 합니다. 여기서도 미군 측으로부터 이미 소유권은 이전된 상태이고, 시는 이미 공원화 계획을 가지고 있다고 하던데, 아마도 경전철의 예산이 워낙 방대해 여기까지는 손을 쓸 수는 없었던 모양입니다.

의정부는 또 다른 도시의 끝을 보여줍니다. 다름 아닌 철도 주변지역이었습니다. 제가 본 곳은 경원선에서 갈라져 나와 경의선과 연결되는 지선 부근이었는데, 참으로 흥미로운 도시의 끝을 보여줍니다.

먼저 철도와 마주하여 주거지가 나란히 배치되어 안쪽의 주거지에서는 가까

---

7) 여기서 "fracture"의 의미는 골절, 부러짐의 의미임

이에 철도가 있는지 전혀 알 수가 없습니다. 철도라는 곳을 은폐하려는 도시계획적 시도였을까요. 그것은 위성사진에서도 드러납니다.

철로변과 주거조직Railway and surrounding area

사진을 보면 철로가 세워진 이후 주거지가 계획적으로 조성되었음을 알 수 있습니다.

철로변 주거Housing close to railway

은폐된 것 같은 철도의 영역 바깥으로 나가면 이런 풍경이 펼쳐집니다. 바로 경작지입니다. 이들은 서로의 경계를 돌 또는 자갈 등으로 영역을 그어놓고 그들만의 경작을 하고 있었습니다. 간간히 보이는 표지판에는 이들의 땅들이 코레일의 소유임을 보여주지만, 이들은 쉽게 그들의 터를 포기할 것 같지는 않아 보입니다.

또한 이들 철도와 도시의 방벽역할을 하는 주거지는 지층(1층)이 세입자의 공간이었습니다. 철도변과 가장 닿아 있는 곳은 세입자에게 임대하고 주인집은 2층부터 사용하는 것이지요. 분위기가 좀 스산하여 필자가 혹 봉변이라도 당하지 않을까 조심하면서 답사를 하고 있는데, 1층에서 세입자 한분이 철제 담장을 슬그머니 열면서 경작일을 보시더군요. 이들은 이렇게 이들만의 시타델 cittadel을 구축하고 있었습니다.

자갈로 표시된 이들의 경작지의 영역과 철도 Small agriculture plot near railway

철로변의 "시타델" "Cittadell" near railway

08 취약지역 Urban fracture, 사회성 Sociality

도시 외곽 Urban fringes. "애초부터 변두리"

의정부의 구 43번 도로의 모습은 매우 혼합된 풍경을 보여줍니다. 불쑥불쑥 솟아 있는 아파트의 모습을 보고 아, 저곳은 신개발지구나 하는 인상을 주지만, 조금 더 걸어가면 느닷없이 산업단지가 나옵니다.(용현산업단지) 이 산업단지는 그래도 비교적 최근에 조성된 것으로 보여집니다. 그리고 이 산업단지를 지나면 바로 옆에 아파트의 근생시설과 롯데마트가 상업의 도시성을 보여줍니다.

그런데 이곳을 지나 한 블록도 못 가서 아주 느슨한 도시의 공장지대, 산재된 생산지역이 나옵니다. 건물은 무너지기 일보 직전입니다. 그런데 위는 또 최신의 아파트들입니다. 조금 더 가니 306보충대가 나옵니다. 이렇게 복잡한 풍경을 가진 곳이 바로 도시의 주변지역입니다. "애초부터 변두리"에서만 나오는 풍경일 것입니다.

이곳이 왜 이러한 풍경을 가지고 있을까. 필자가 여느 곳을 지나가더라도 가장 궁금해 하는 것 입니다. 그럴 때 이러한 풍경을 시간을 가정하여 해석해 보면 매우 흥미롭습니다. 먼저 이곳은 구 43번 도로가 지나가는 의정부의 도시의 변두리였습니다. 도시의 변두리에는 당연히 저부가가치의 산업, 비교적 넓은 대지가 필요한 산업들이 위치합니다. 소규모 생산시설, 화훼단지, 건자재업부터 고깃집까지. 그러니 안 그래도 자생적, 지형적 도시조직을 가졌을(대부분은 산비탈 혹은 산에 가까운 지역일 것이므로) 이곳에 그러한 산업들이 아주 느슨하게 점유하고 있었을 것입니다.

이후에 신 43번 도로가 뚫리면서 경기도 제2청사가 들어오고, 많은 공공시설들이 들어옵니다. 공공시설이 들어 올 때는 그냥 들어오지 않습니다. 주거지역과 상업지역들이 '꾸러미 bundle' 로 들어옵니다.(혁신도시, 기업도시의 패키지 프로그램들을 생각해 보세요) 그렇기에 근교의 부지인 이 곳 "애초부터 변두리"인 이곳까지 아파트들이 밀려오게 된 것이지요. 그 이후에 롯데마트가 들어오고, 기존의 수용된 땅주인들, 생산업 종사자들을 위해 조그만 산업단지를 조성해 주는 것입니다. 이는 철저한 필자의 가설이지만, 그리 틀리지 않을 것으로 생각합니다. 이렇게 외곽의 도시, "애초부터 변두리"인 도시들은 지리적으로, 태생적으로 혼합의 풍경을 가지고 있는 것입니다.

도시 외곽, 기능혼합지의 롯데마트 Urban fringe scenery, Mixed function area

도시 외곽, 기능혼합지, 아파트, 공장 Mixed function area, Apartment, factory

도시 외곽, 경공업 공장 Light industry

여기서 우리는 무엇을 말할 수 있어야 할까요. 혼합의 풍경이 경관상 좋지 않다고 느슨한 공장조직을 밀어버려야 하는 것일까요. 그래서 공원이라도 조성해야 하는 걸까요. 그것은 다분히 "기존의 도시계획적 마인드"일 것입니다. "건축-도시계획의 종합적 마인드"로 보면 이러한 혼합의 풍경을 어떻게든 가꾸고 보살펴야 한다고 생각합니다.

느슨한 조직에는 그에 맞게 업종변경을 유도한다든지, 환경개선 등을 유도하여 경관적으로 이들이 기여할 수 있게 도와 주어야 하고, 새로운 소비문화, 주거문화와의 교류를 위한 공적 공간들. 커뮤니티센터, 녹지 등등을 부여하여 진정한 혼합성을 부여해 주어야 한다고 생각합니다. 주거지역만이 "social mix"가 있는 것이 아닙니다. 정주환경이 다른 것은 다른 사회적 계층들이 존재함을 증명하는 것입니다. 우리 도시의 주변, 변두리 지역에는 이렇게 다른 사회적 계층들이 서로의 다른 공간성을 가지면서 살고 있는 것입니다.

09 제언 : 다공성의 도시, 의정부

●

- 수공간의 복원 : 복개천 정비, 수변 공공공간 확충
- 생태축 및 공원조성 : 구획정리조직의 공공공간 확충
- 철도변 정비 : 철도변 띠녹지 조성
- 트램 설치: 기존 경전철 활성화
- 혼합지역 지정 : 도시 주변부 혼합지역의 공공성 제고
- 역세권 조성 : 의정부역 중심

Porous city, Yeo-Jung-Bu

The city locates in north direction of Seoul, functioned as "north gateway of Seoul". Population is 400,028. In terms of urban fabric, most part of the city occupied by old plot readjustment area. It means poor quality and quantity of publicity.

Making porous this city could take some project. One is isotopically dispersed bike park and path construction. Along the railway, penetrates the city center, Green strip could be inserted. Abandoned US air base also could be transformed a large park.

Bonus Photo

COMMON CITY

SURVEY ON SMALL CITIES OF SOUTH KOREA

STORY

06

AN-DONG

인구 17만의 도시, 안동입니다.

안동 安東

《면적》_1,520.91㎢

《세대》_65,849가구(2008년 12월 31일)

《총인구》_174,596명(2011년)

《등급》_경기도 이천, 포천, 안성과 동급, 52위

《행정동》_읍 1개, 면 13개, 행정동 10개

안동시(安東市)는 대한민국 경상북도 북부에 있는 시이다. 행정, 교통, 문화, 교육, 경제 등 경상북도 북부 지역의 중심 도시이다. 조선시대에는 경상도에서 2번째로 큰 도시였으며 안동대도호부로 지정되어 있었다. 경상북도에서 면적이 가장 넓은 도시로 서울의 면적의 2.5배에 이른다. 사찰, 서원과 같은 많은 문화재들이 보존되어 있다.

선조들은 오래 전부터 도시를 형성했습니다. 마을과 대비되는 개념인 도시는 그저 생산의 집결지만을 의미하지 않았습니다. 오히려 지배권력의 이데올로기를 강화하여 통치를 합법화 시키는 실질적인 권력의 근간이었습니다.

읍치는 조선시대에 지방관이 파견된 부목군현의 고을 중심지이며, 지방통치를 위한 정치, 행정, 제사의 장소가 집중된 지방도시를 의미합니다. 읍성은 이러한 읍치에 방어를 목적으로 하는 성을 쌓아 성곽도시를 이룬 것을 말합니다.

읍치의 가장 중요한 건물은 동헌과 객사입니다. 동헌은 지방관의 근무처이며, 지방도시의 경관상 최고의 위치를 차지합니다. 객사는 왕에게 충성을 상징하는 건물로서 동헌보다 건물의 크기를 크게 하는 수법으로 권위를 표현하였다고 합니다.[8)]

가장 아쉬운 것은 이러한 한국의 읍치가 일제 강점기를 비롯한 격렬한 근대화과정을 겪으면서 거의 사라져 버렸다는 것입니다. 이는 실로 안타까운 일입니다. 필자와 같이 유럽에서 공부한 사람들, 아니 해외여행이 일반화 된 요즘, 일반인들조차 유럽의 소도시가 주는 옛 도시구조의 아름다움과 공간의 느낌을 잘 알고 있습니다. 읍치의 공간구조가 복원될 수 있다면 얼마나 좋겠습니까. 안동은 이러한 읍치, 그것도 성곽이 있었던 읍성을 가졌던 대표적인 도시입니다.

안동읍성에 대한 글은 다음을 참조하십시오.

---

8) 「조선의 도시, 권위와 상징의 공간」, 이기봉

안동읍성은 정치 · 경제 · 문화 · 군사 등의 기능을 아우른 경상북도 북부 지역의 중심 거점으로 1380년(우왕 6년) 왜구의 침입을 막기 위해 처음 축조되었다. 이 후 1592년 임진왜란이 발생하자 전쟁에 대비해 보축을 하였고, 1606년 을사(乙巳) 대홍수 때 성첩(城堞)이 무너져 다시 보축하였는데, 1910년대 일제에 의해 강제로 철거되었다. 읍성의 구체적인 위치를 알려 주는 자료는 남아 있지 않으나 안동과 관련된 고지도(古地圖)나 문헌 기록, 그리고 현재까지의 연구 성과를 통해 볼 때 안동읍성은 영남산(映南山)의 끝자락과 낙동강 사이의 평지인 현재 안동시의 중심지에 축성되었음을 알 수 있다. - 향토문화대전, 안동시

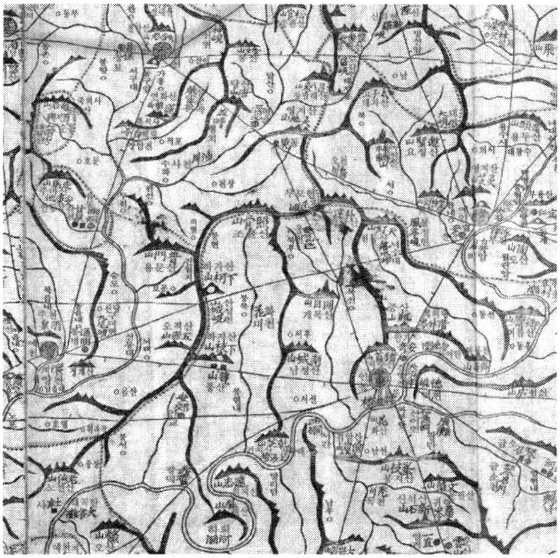

안동, 대동여지도 Old map

안동 가는 길 Way to An-Dong – 땅의 랜드스케이프 Landscape of the earth

고속버스를 타다 보면 멀리서 본 큰 풍경을 볼 수 있습니다. 또 네덜란드 이야기부터 해야겠군요. 네덜란드는 국토에 비해 경작지가 매우 넓은 나라입니다. 그런데 그때 느꼈던 것은 어떻게 그렇게 다양한 경작들이 한 장소에서 같이 일어나고 있었는지가 매우 궁금했었습니다.

경작지의 다양한 작물에 따른 땅의 색채의 다양함. 네덜란드 Land of color Variety, Netherlands

다양한 경작지의 땅의 점유방식 Various color indicates variety of crops, 경북

경작의 종류를 결정하는 것은 매우 다양한 요인들이 있을 것입니다. 먼저 한국에서의 대표적 경작인 논농사를 보면 토질이 먼저 물을 머금을 수 있어야 합니다. 물이 금방 배수가 되어버리는 성긴 토질에는 벼농사가 안 될 것입니다. 또한 용수가 확보되어야 합니다. 우리가 농어촌공사에 관리하는 각종 저수지와 관개시설(수로, 펌프장)들은 대부분 논농사를 위한 것입니다.

여기에 가장 중요한 사항이 또 있습니다. 바로 경작지를 평평하게 만들어야 한다는 것이지요. 우리가 보는 지리산의 다랭이논이 나오는 이유도 대지가 평평해서 물을 가둘 수 있어야 하는 것이지요. 그렇기에 옛날엔 쟁기질을 해서 경작지를 다지고, 모양을 만들고, 물이 넘치지 않게 둑을 만들고 하는 이른바 땅을 "만드는" 일을 우리 조상님들이 하셨던 것이고, 이러한 대대로의 손길이 이렇게 한국적 랜드스케이프로 표출되는 것입니다.

또한 논농사가 산세가 험해 경사도가 있는 곳 보다는 비교적 평지에, 강 하류나 천변의 충적지에서 잘 되는 것은 땅이 평평해야 한다는 이유가 있겠지요. 여기에 벼농사의 특성인 집단으로 해야 하는 노동의 성격 때문에 모여 살아 마을을 형성하게 되는 아주 중요한 이유가 되기도 합니다.

밭은 논과는 좀 다릅니다. 일단 밭은 땅이 평평하지 않아도 됩니다. 물을 담아 놓지 않아도 되기에 말입니다. 또한 토양의 물을 머금는 정도가 논과 같이 세밀하지 않아도 됩니다. 그리고 밭은 대규모의 노동력이 필요하지 않은 것이 많아(물론 인삼, 사과 등의 집단적 농업인 경우는 제외) 가족단위의 작은 노동력으로도 될 것입니다. 그리고 충적지 같은 너른 들판이 아니어도 괜찮기에 예로부터 논에 비한다면 산간에서 작은 노동력의 산촌을 형성하게 될 경우가 많았을 것입니다.

물론 최근에는 UR 이후의 논농사의 생산성 저하 이후 논에서도 다양한 작물을 심는 것을 볼 수 있습니다. 마치 주식투자할 때 분산투자하듯이 다양한 작물을 동시에 경작하게 되고, 이렇게 다양한 땅의 랜드스케이프로 나타나는 것이지요. 이것은 우리 한국의 경작지의 랜드스케이프를 반드시 알고 넘어가야 할 지리적 지식입니다.(이런 이야기를 하니 미국조경설계가가 행복도시 현상설계에서 보여주었던 경관의 랜드스케이프가 떠오릅니다. 경관에 대한 인위적 개념설정 이전에 이러한 기초적 경관적 지식이 선행되어야 할 것입니다.)

논에 물을 대어 '땅심'을 주는 시간 Contained water gives power to land

경북 원경 Distant view – 경북지방은 산세가 깊고 험준합니다. 이를 타고 흐르는 물줄기를 따라 다양한 경작이 일어나고, 정주지가 형성되었습니다.

01 도시형태 Shape of the city

●

먼저 안동의 도시의 형태를 봅니다. 안동은 낙동강 변을 따라 선형으로 조직된 도시임이 파악됩니다. 물론 이러한 도시의 형태는 초기에는 읍치를 가지는 점적 도시에서 일제에 의해 철도역이 생긴 이후 점차 선형으로 도시가 확장된 것으로 보입니다. 선형도시는 대구와 같은 면적도시에 비해 산세나 지형 등의 한계로 인한 도시가 면적으로 등방적으로 확장되지 못하고 도시의 세가 가능한 영역을 따라 선처럼 흐른 도시입니다. 지도를 보아도 안동의 도시영역(시계)을 안동터미널로부터 본다면 용정교까지 도시가 선형으로 조직되어 있음이 확인이 됩니다.

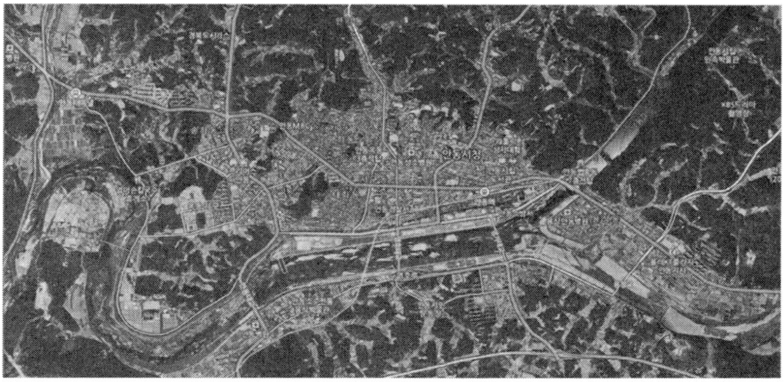

02 도시조직(도시기본판) Urban fabric : 읍치의 흔적? Trace of old city?

●

안동의 도시기본판을 잘 살펴보면 시간의 흐름을 느낄 수 있습니다. 먼저 철도역 근방은 일제강점기에 조성된 구획정리조직의 형상이 보입니다. 그래서 직교그리드가 나타나는 것이지요. 반면, 구도심을 보면 지형적 조직 특유의 자유분방한 곡선형 길이 나옵니다. 그러나 안동과 같은 읍치를 가진 도시에서의 자유분방한 길이 지형적 길이다라고 하는 것은 문제가 있습니다. 왜냐면 보기에는 지형적 흐름을 따른 것이 사실이지만, 그 안에는 절묘한 경관적 계산이 있었기 때문입니다. 아쉬운 것은 흔적이 남아있지 않아 그 선조의 치밀했을 도시계획을 확인할 수가 없다는 것입니다.

이러한 도시기본판에는 한옥식 건물들이 많이 남겨져 있습니다. 대로변을 면해서는 이렇게 음식점기능도 수용하고 있습니다.

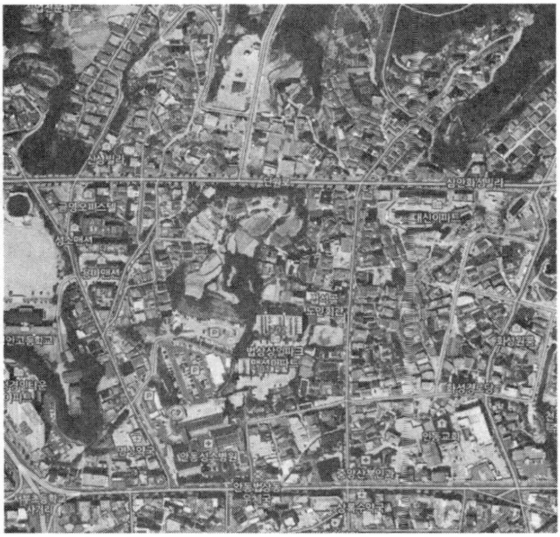

안동 구시가지의 지형적 조직 Urban fabric of Old city area

안동역 주변의 구획정리조직(일제강점기 추정) Fabric of old plot readjustment area (Japan's colonization periods)

그러나 그중에는 모양만 한옥이지, "철제-한식-금속-기와모양-지붕틀"을 지고 있는 건물이 상당수 있었습니다.[9] 특히 중심지와 떨어진 곳에서는 더욱 그런 현상이 강했습니다. 아마도, 대부분 오래된 건물에서 방수 등이 문제가 되었을 때, 콘크리트 건물을 제대로 시공하는 것보다 한식모양의 금속지붕틀을 시공하는 것이 훨씬 저렴하였을 것입니다. 아무튼 이러한 "철제-한식-금속-기와모양-지붕틀"은 안동 이외의 많은 도시에서도 나타나는 건축유형입니다.

대로변의 이면에 있는 한옥식당 Restaurant, Traditional Korean housing shape

철제 - 한식 - 금속 - 기와모양 - 지붕틀 Steel-Korean-metal tile roof

일제, 근대화의 흔적-한 번만 지나가도 자국을 남긴다. Even short period of event make trace of urban fabric

위성사진을 보면 매우 흥미로운 선이 나타납니다. 물론 도로로 남은 부분도 있고, 아닌 부분도 있지만, 어떤 선이 확연히 드러납니다. 또한 이 선의 종국점은 안동역을 향하고 있습니다. 기록을 확인해 보고 흥미로운 것을 발견합니다.

9) 필자가 처음 안동시 위성사진을 보았을 때 왜 푸른색 경량지붕들이 많은가에 대한 이유로 "여기는 공장지역들이 주거지와 함께 있는 모양이다." 착각을 하기도 하였음

철도의 흔적 Trace of railway

경북선

경북선은 일제강점기 조선철도주식회사가 경상북도 내륙지방을 개발하여 자원 등을 수탈하고자 건립하였다. 1922년에 경북선 개설공사를 착공하였으며, 1924년 10월 1일에 김천지역에서 상주지역 구간까지 완공하였다. 1924년 12월 25일에는 상주지역에서 점촌지역 구간이 완공되었으며, 1928년 11월 1일에는 점촌지역에서 예천지역 구간이 개통되었다. 1931년 10월 11일에는 예천지역에서 안동지역 구간이 완공되었으며, 1931년 10월 15일에는 경북선 전 구간이 완전히 개통되었다.

1930년대의 경북선 철도노선은 김천역, 아천역, 옥산역, 청리역, 상주역, 백원역, 함창역, 점촌역, 용궁역, 개포역, 유천(가동)역, 안동역까지였다. 전 구간이 완전 개통된 1931년부터 운행되어 안동~예천 구간은 1944년까지 13년간 운행되었다. 당시 안동 구간은 안동역을 출발하여 송야천을 건너서 서후면 교리와 풍산읍을 지나 예천으로 향하였다.

그러나 1943년부터 1944년 9월 30일까지 일본은 태평양전쟁을 수행하는데 필요한 물자를 조달하고자 점촌역에서 안동역까지의 구간을 철거하여 경북선은 김천~점촌을 잇는 구간으로 단축되었다.

찾으셨습니까? 이 선은 옛 철도선이었던 것입니다. 13년간 철도가 지나다니던 길은 철거된 후 60년이 지나도 이렇게 아직도 도시에 자국을 남깁니다. 도시의 기본판을 보는 것은 이렇게 퇴적된 도시의 역사를 추적하는 것이기도 합니다.

철도가 가로막은 도시와 물Railway blocks water area from city

안동은 낙동강의 도시입니다. 그런데, 철도가 천변을 따라 구축되어 안동의 시가지 내부에 있으면 강의 존재 자체를 못 느끼게 합니다. 또한 일제가 그렇게 해놓았겠지만, 도시의 교통시설을 천변 등과 같은 비거주지역을 따라 설치하였습니다. 이렇게 철도가 도시의 수공간을 가로막은 예는 암스테르담도 그렇습니다. 철도역이 워낙 크고 방대해 경관적으로 도시를 압도하고 있을 정도니까요.

아무튼 낙동강변이 안동시민에게 활짝 열려 시민 누구라도 쉽게 천변에 접근할 수 있었으면 좋겠지만, 현실은 그렇지 않은 것 같습니다. 최근에야 천변에 청소년 수련관, 체육관 등등의 공공시설 등이 입지하여 천변의 활용을 유도하는 듯 보입니다. 앞으로도 철도로 막힌 이 곳에 대한 접근적 배려가 잘 고려되어야 할 것으로 보입니다. 그렇다고 철도를 지하로 묻자느니 이런 허황된 꿈을 꾸어서는 안 되겠지요. 도시계획은 현실에 근거해야 하니까요.

반변천 부근입니다. 저 멀리 낙동강변의 은색 체육관 지붕이 보입니다.

안동댐An-Dong Dam

우측 사진은 안동댐의 풍경입니다. 안동댐은 두 개의 댐으로 구성되어 있다는군요. 하나는 본류를 막고, 또 하나가 밑에 있어 필요시 밑의 물을 위로 올릴 수도 있게 처리했다 합니다.

04 사회성Sociality

●

안동 역시 가로를 따라 조성된 재래시장을 가지고 있습니다. 재래시장의 품목들을 보면 주로 농산품들이 많더군요. 이를 보면 안동시는 분명히 경북 산간지역의 농산물의 유통과 분배에 있어 매우 큰 역할을 하는 듯 보입니다. 또한 노상에서는 직접 기른 농산물을 보따리로 이고 와서 살림에 도움이 되고자 하는, 많은 보따리 아주머니들이 계셨습니다. 예나 지금이나, 서울이나 안동이나 이런 풍경은 주로 교통의 밀집장소인 버스터미널이나 지하철역을 중심으로 일어나는 것을 볼 수 있습니다. 만약 도시가 이런 분들에게 공적인 장소를 신경써서 마련해 주었다면 이 분들이 이렇게 길바닥, 노상에서 어렵게 행위를 하지는 않겠지요. 다시 로테르담의 블락Blaak시장의 모습이 떠올랐습니다.

안동터미널 근처의 행상Street parlor near bus terminal

로테르담 블락시장Blaak market, Rotterdam

나이 드신 분들이 이렇게 전통시장과 노상에서의 상행위에 익숙하시다면, 젊은이들은 어디로 갈까가 궁금해 졌습니다. 여기 안동도 이른바 '문화의 거리'가 있더군요. 이곳에는 한국 어느 도시의 중심지에 가도 있을 법한 분위기가 다 있었습니다. 메이커들의 상표들. 플래카드들. 그런데 좀 안동만의 분위기가 있었으니, 바로 폭이 좁아 바닥디자인, 즉 바닥에 대한 연출이 없었습니다. 그것은 이곳은 있는 그대로의 도시조직에 들어서다 보니 아무래도 물리적 한계가 있었던 것이지요. 아무튼 좁아도 이곳은 분명 안동 젊은이들의 소비 및 "소비문화" 공간임에 분명했습니다.

중앙로 Central pedestrian street

05 교통 Transportation : 순환버스, private 버스

●

안동의 시내를 돌다 보니 순환버스 체계가 있었습니다. 시내를 순환한다는 의미는 버스가 시내의 중요 지점들을 고루 훑어주면서 거주민들을 고루 뿌려 준다는 의미가 있겠지요. 그런데 순환교통이 중요한 것은 도시의 교통취약지역에 대해 강점이 있기 때문입니다. 물론 순환형이다 보니 중심으로의 빠른 접근은 어려움

아파트단지 전용버스 Private bus of Apartment complex

이 있겠지요. 순환형의 반대는 방사형입니다. 방사형은 주변과 중심을 빠르게 이어줄 수 있는 효과적인 교통선형입니다. 하지만, 중심과 주변을 낳지요. 이 둘이 적절히 조합될 때, 둘의 장단점이 서로 보완될 때 교통은 편리해 지며, 도시는 등방성의 도시가 될 것입니다. 그것은 대중교통도 마찬가지입니다.

안동에서도 최근 신도시들이 들어섰습니다. 터미널 근처의 송하동, 동쪽의 용상동이 그쪽일 텐데, 문화의 거리를 지나가는데 아파트단지 주민을 위한 전용버스가 운행되고 있더군요. 물론 건설업체로서는 분양증진을 목적으로 하는 눈요깃거리 만들기가 더 큰 이유일 수도 있겠지만, 실제로 이주민들이 전용버스 없이 생활의 불편을 느낀다면 그건 큰 문제일 것입니다. 어쩌면 신도시, 아니 신개발지와 도시교통의 문제는 뗄레야 뗄 수 없는 아주 중요한 이슈임에 틀림없습니다.

06 제언 : 다공성의 도시, 안동

●

- 읍성의 복원
- 낙동강변으로의 생태축의 조성, 접근성 개선
- 안동역 중심의 소규모 역세권 조성
- 띠녹지와 결합한 자전거 도로 및 공원 조성

●

Porous city, An-Dong

An-Dong is very famous tourist attraction for Korean traditional culture and building. But in terms of urbanism, the city An-Dong lost it's originality so much, due to the old city structure distruction through "modernization" period. Population is 174,596 (2011).

Restoration of the old city structure is the first thing to do for making the city porous. The other thing is that giving easy access to the water, it's blocked by railway. Isotopically seated bike park could provide new urbanity for An-Dong citizen.

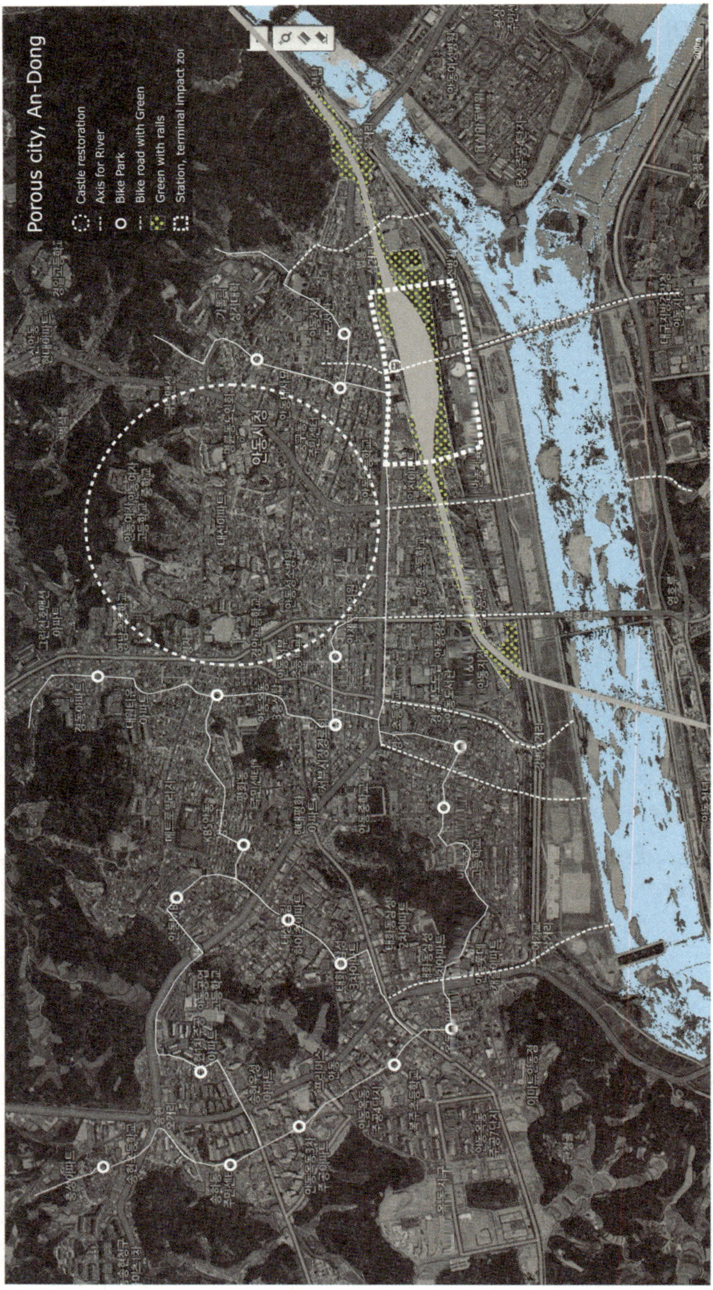
Porous city, An-Dong
Castle restoration
Axis for River
Bike Park
Bike road with Green
Green with rails
Station, terminal impact zo
안동시청

참고자료

안동부 - 해동지도

안동부는 지금의 안동시 안동시내, 풍산읍, 길안면, 남선면, 북후면, 서후면, 예안면 남부, 와룡면, 일직면, 임동면, 임하면, 풍천면, 예천군 감천면, 봉화군 봉화읍 남부, 재산면, 소천면, 법전면 일부, 춘양면 남부, 물야면 개단리를 포함하는 지역이었고, 읍치는 안동시내 동부동 일대에 있었다. 북쪽 태백산에서 남하하는 산줄기가 읍치 북쪽까지 면면히 이어지는 것으로 표현하고 있으며, 낙동강의 근원이라고 일컫는 黃池를 노랗게 표시하여 근원이 깊음을 강조하고 있다. 읍성 안에 위치한 太師廟는 고려 때 공신 金宣平, 權幸, 張吉 세 태사의 사당이다. 후에 이들 세 명은 각각 안동김씨, 안동권씨, 안동장씨의 시조가 되었다. 읍성 남문 밖 낙동강가에 위치한 映湖樓는 고려 때 공민왕이 친히 현액을 내린 것으로 유명하다. 1488년(성종 19년)에 안동부사 김질이 중수하였는데, 그 후 몇 차례에 걸쳐 중건하였다. 1934년 장마에 떠내려가서 영호루 현판은 안동시청에 보관하고, 전 영호루 맞은편에 새로 세웠다. 읍치 좌측에 보이는 關王廟는 1598년(선조 31년)에 명나라 장수 설호신이 세운 것이다. 安奇驛은 찰방역으로서 10개의 속역을 거느리고 있었다. 지도에 표시된 屛山書院, 虎溪書院, 三溪書院 등은 모두 사액서원이다.(金在完)

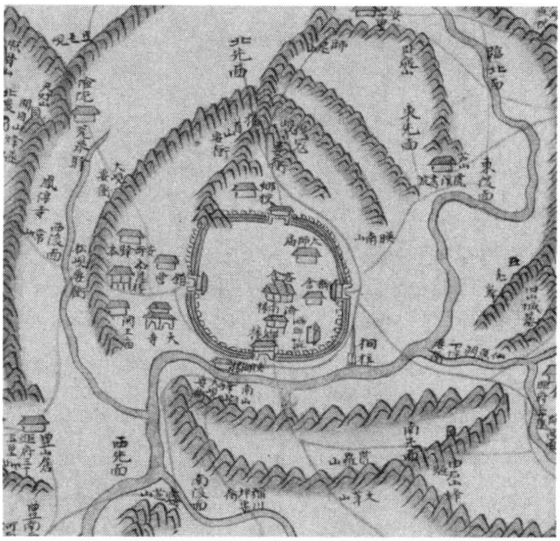

해동지도, 안동부 - 이상, 규장각 한국학연구원

COMMON CITY

SURVEY ON SMALL CITIES
OF SOUTH KOREA

STORY

07

YOUNG-JU

인구 12만의 도시, 영동선과 태백선이
교차하는 철도교통의 요충지입니다.

영주 榮州

《면적》_669.05㎢

《세대》_45,397가구(2009.12.31)

《총인구》_121,908명(2011)

《등급》_경기도 오산, 경남 밀양과 동급, 68위

《행정동》_읍 1개, 면 9개, 행정동 9개

경상북도에 있는 시. 중앙선, 경북선이 이어지는 교통의 요충지이다. 영동지역의 광산물과 수산물의 중계지이며 농산물의 집산지이다. 부석사, 소수서원, 희방사 따위의 명승고적이 있다. 1995년 1월 행정구역 개편 때 영풍군을 통합하여 도농 복합형태의 시를 이루었다.

01 도시형태 Shape of the city

영주는 소백산 줄기와 청량산 줄기의 가운데에 들어가 있는 산세로 둘러싸인 조용한 도시입니다. 시의 형상을 보면 시가지의 양 옆으로 서천과 원당천의 하천이 흐르고 있습니다. 자연스럽게 하천을 경계로 도시의 경계가 결정되는 소분지형의 도시입니다.

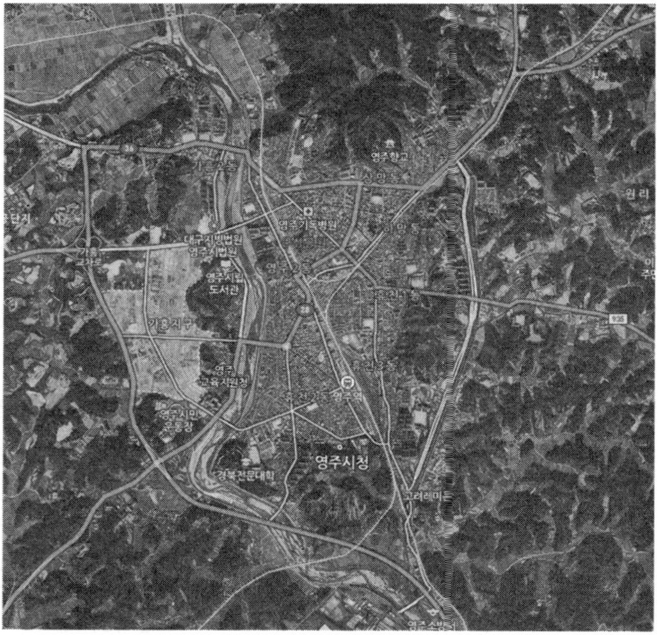

도시영역의 역사를 보면 상망, 하망동의 시의 북부지역이 원原 영주가 되고, 휴천동이라 불리는 시의 남쪽 및 중앙지역은 대홍수 이후 조성된 신시가지입니다.

02 도시조직Urban fabric : 홍수에 의한 신시가지의 탄생Birth of new city by big flood

먼저 시가지지도를 보면 매우 특이한 선형을 보게 됩니다. 시의 중심인 시청과 역을 구성하는 가로체계가 매우 "바로크 Baroque" 적임을 알 수 있습니다. 이는 분명한 도시계획에 의한 의도된 체계임에 틀림없는데 누가 이러한 과감한 도시의 선을 만들었을까 몹시 궁금했습니다. 이러한 선은 구획정리로 대표되는 일제강점기의 선은 분명히 아니었기 때문입니다. 아래의 글에 답이 있습니다.

> 62년의 대홍수. 더욱이 이 하천은 강바닥이 주변보다 높은 천정천이어서 비가 조금만 내려도 물이 주택가로 역류하기 일쑤였다. 대홍수를 계기로 남원천의 흐름을 외곽으로 돌리는 대역사가 펼쳐졌다. 산자락을 잘라 물줄기를 인위적으로 돌리는 한편, 제방을 단단히 쌓았다. 이로 인해 도심을 지나던 하천은 시가지 서쪽을 비켜가게 바뀌고, 원래의 물줄기 자리는 새로운 신시가지가 탄생했다.
> 현재 시청과 역, 철도청 등이 들어선 휴천동의 신영주는 이로 인해 생겨단 곳으로 休川이란 지명이 말해주고 있다. 또 하나의 하천인 원당천의 물줄기를 바꾸는 작업은 23년이 흐른 84년에야 완성되었다. 도심을 동서로 가로지르는 이 하천을 변두리로 우회시키는 공사는 서천에 비해 비용과 노력이 훨씬 많이 드는 작업이었다. - 경향신문 1987.8.11

그렇습니다. 홍수가 도시를 완전히 바꾸어 놓은 것입니다. 두 줄기의 물길을 우회시키고, 제방을 쌓았습니다. 그렇게 해서 형성된 새 땅에 이러한 힘있는 바로크의 도시가로망이 새겨진 것입니다. 영주는 참으로 우리 어르신들의 피와 땀이 새겨진 도시였습니다.[10)]

10) 개인적 경험을 덧붙이면, 과연 누가 이런 도시를 계획했을까를 몹시 궁금해 하면서 영주 시내를 지나는데 문득 '영주1동'이라는 표지판을 보았음. 그 영주1동은 영주의 북부지역을 나타내고 있었고, 확연히 영주동과 휴천동과의 도시조직이 확연히 다르기에 짐작을 했음. 옛 영주는 영주동이고, 이 곳 휴천동은 나중에 건설된 것이다. 라는 확신이 들었음. 아무튼 이 기사를 보고는 정말 아찔했음. - 필자주

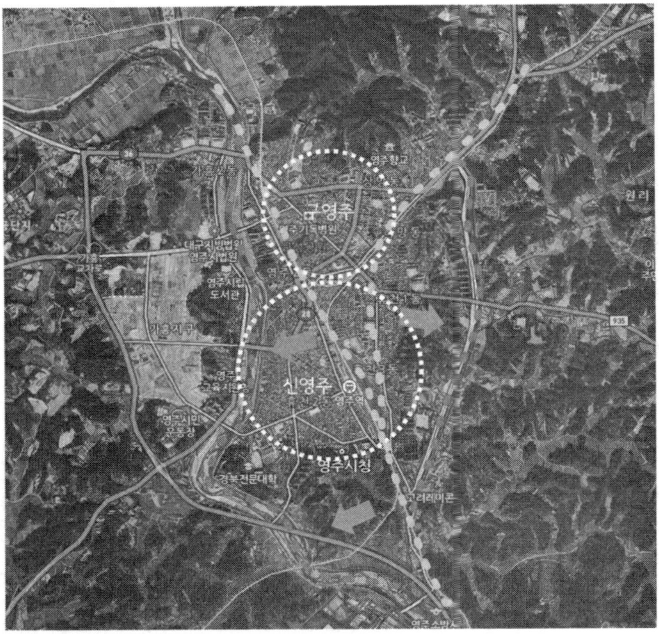

물길에 의한 영주의 변화[11)]

바로크형 도시가로 Baroque style street

바로크형 도시가로는 매우 힘있는 경관을 연출할 수 있습니다. 유럽의 파리, 벨기에의 브뤼셀과 같은 대표적 바로크 도시들은 매우 강한 시각적 회랑vista을 연출하고 그것이 도시의 이미지에 강하게 자리 잡습니다.

영주 또한 지도를 보면 매우 강한 느낌을 예상할 수 있었습니다. 그러나 좀

11) *필자가 작성한 그림에서 옛 물길은 문헌에 의하여 본인의 추정에 의해 작성한 것임*

영주시청을 향한 vista

아쉽더군요. 어떤 힘있는 시각적 초점이 건축물로서 잘 매듭지어지지 못해 이렇게 강한 선들의 공간감이 잘 살아나지 못했습니다. 시선 및 동선이 집중되는 노드점들에 어떤 강한 상징공간이나 상징물들이 들어가 있었다면, 지금보다는 훨씬 강한 바로크의 도시 영주를 만들 수 있었을 것입니다.

03 도시조직 Urban fabric, 사회성 sociality

●

시의 남쪽 지역인 바로크 도시 휴천동 지역 말고 영주1동, 영주의 구 시가지가 있습니다. 이 곳에는 단일 길이 400m의 매우 강한 선형의 재래시장이 있습니다. 끊기지 않는 보행인의 거리가 만들어낸 영주 특유의 상가입니다. 이 초대형 장거리의 재래시장이 끝날 무렵 영주 젊은이들의 공간인 "문화의 거리"가 연속됩니다. 그 흐름이 아주 부드럽게 연계가 되어 매우 자연스럽습니다.

재래시장의 상인들이 어슬렁거리면서 젊은이의 풍경을 구경하며, 반대로 젊은이들도 자연스럽게 재래시장의 분위기가 익숙해집니다. 전혀 다른 이용 주체

재래시장 Old market

문화의 거리 Pedestrian street

들로 이루어진 또 다른 성격의 공간이지만, 연속되는 보행인 가로 덕에 이렇게 서로 교류하고 있습니다. 매우 흥미로운 혼합성 mixite의 양상입니다.

필자가 방문했을 때는 라디오가 틀어져 있더군요. MBC FM을 듣는 것 보다는 영주시민의 발자국 소리와 삶의 소리를 듣는 게 더 좋을 텐데 말입니다.

04 취약지역 Urban fracture : 철도변 낙후지역 Railway area

●

영주지도를 보면 태백선과 영동선이 ×자 형상으로 만나면서 생긴 삼각형의 공

낙후주거지 Decayed housing near railway

낙후주거지와 경작지 Small agriculture land

간이 존재함을 발견할 수 있습니다. 태생적으로 시가지 형성이 불리하겠거니 했는데 예상에서 크게 빗나가지 않습니다. 매우 낙후된 주거지들로 구성되며, 이들은 자신들의 경작지를 가지고 있었습니다. 이곳에 들어서니 마치 시간이 멈춰져 버린 듯한 정적마저 흐르더군요. 그러나 조성 당시였던 1962년에는 〈씨멘트-브록〉의 신식 문화주택으로 선전되었다는 군요.

05 수공간Water : 서천

●

서천의 본래 이름은 남원천이었고, 홍수 이후의 시가지에서 물을 우회시키면서 조성된 천이라는 것은 언급했습니다. 이렇게 시의 역사를 알고 보니 이곳의 둑이 왜 이리 잘 조성되었는지, 또 이곳의 천변의 주거지들이 하나같이 반듯한 구획정리를 가지는지 이유가 명확해집니다. 둑 및 하천유역변으로 정비가 잘 되어 있어 낮 시간인데도 운동하는 사람들이 꽤 많습니다.

서천과 둑 Waterway & bank

다음 페이지의 사진은 천변의 모습인데 도시 중심부에 이렇게 낙후된 주거지역이 존재한다면, 저 멀리 보이는 아파트는 신도시의 고밀도를 지향합니다.

서천둑에서 본 시가지 전경 Distant view from bank

고밀도의 신도시들이 저밀도의 도시중심을 에워싸는 풍경입니다.

06 제언 1. 경북권 소도시 연합 City alliance of small cities

●

안동(18만명), 영주(11만명), 상주(10만명), 예천(5만명), 문경(8만명), 의성(6만명), 단양(4만명).(인구수들을 보니 네덜란드의 라이든 Leiden이 11만, 델프트 Delft가 10만, 이태리의 트레비소 Treviso가 8만, 비첸자 Vicenza가 11만명이네요. 다들 유럽의 쟁쟁한 소도시들입니다.) 이 모두의 공통점은 경북권 소도시들로서 경부축에서 비껴나 있다는 것입니다. 서울부산의 경부축은 대한민국의 대동맥입니다. 그렇기에 이 축에 있는 많은 도시들은 혜택을 은연중에 봅니다. 이 축에서 비껴나 있다는 것은 전국토의 총 생산량 51%를 담당하는 수도권의 혜택에서 좀 떨어져 있다는 말이지요.

그렇기에 필자는 도시연합을 꿈꿔 봅니다. 이렇게 조그마한 소도시들이 연합되어 대도시에 못지않은 파워와 특색을 가진다면 얼마나 좋은 일일까요.

1995년에 도농 복합도시의 형태로 지방의 도시들은 권역이 커집니다. 이는 도회지와 농경지역을 묶어 중심으로서의 도회지와 그것의 배후지로서의 농촌지역을 상정하여 서로의 상생을 추구하는 목적으로 했습니다.

여기서 생각을 한 발짝 진전시켜 도회지들의 연합을 추구한다면 각 지방도시의 특색을 살리면서 다양한 도시연합의 가치들을 생산할 수 있습니다. 물론 도시연합의 기본인 소도시간의 원활한 교통네트워크는 기본입니다. 이러한 도시연합은 서울이나 대구같이 베드타운들을 몇 개 거느린 일핵도시가 아닌, 소도시들이 연합하여 하나의 거대 도시가치를 만들고, 이들의 특색을 드러내는 다핵도시입니다.

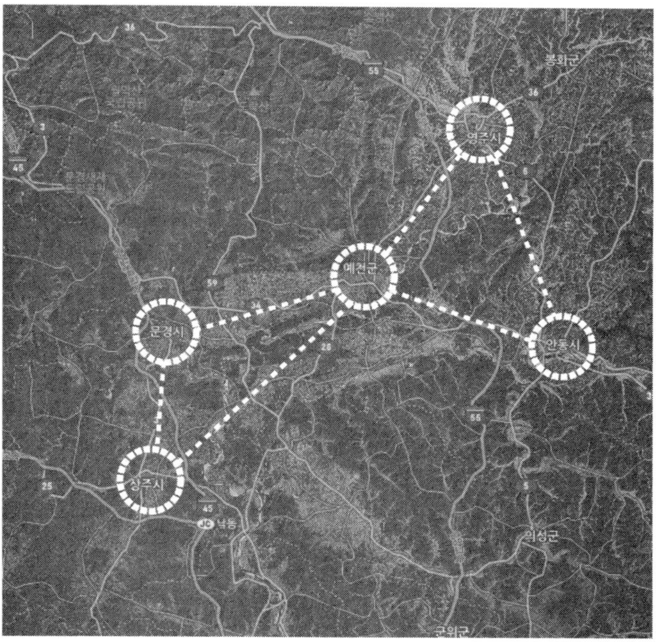

경북권 소도시 연합 Small city alliance of Gyoung-Buk province

07 제언 2. 다공성의 도시, 영주

●

- 읍치에 대한 구도심의 보호
- 바로크 축성의 강조(랜드마크 포함)
- 소규모 역세권 조성
- 자전거공원과 자전거 도로

●

Porous city, Young-Ju

Young-Ju is rail city, with 2 major railway crossing in city area. Population is 121,908(2011). Most impressive thing of this city is water issues. Massive destruction of flooding (1962) made total change of the city range. After the disaster, water way was detoured and new city range emerged. That's why the powerful 'Baroque style' road shape is possible.

Using this powerful street shape, some landmark project could be inserted at the cross point of the road. Equallyy dispersed bike park also make the city porous. Along the railway, green strip could be inserted.

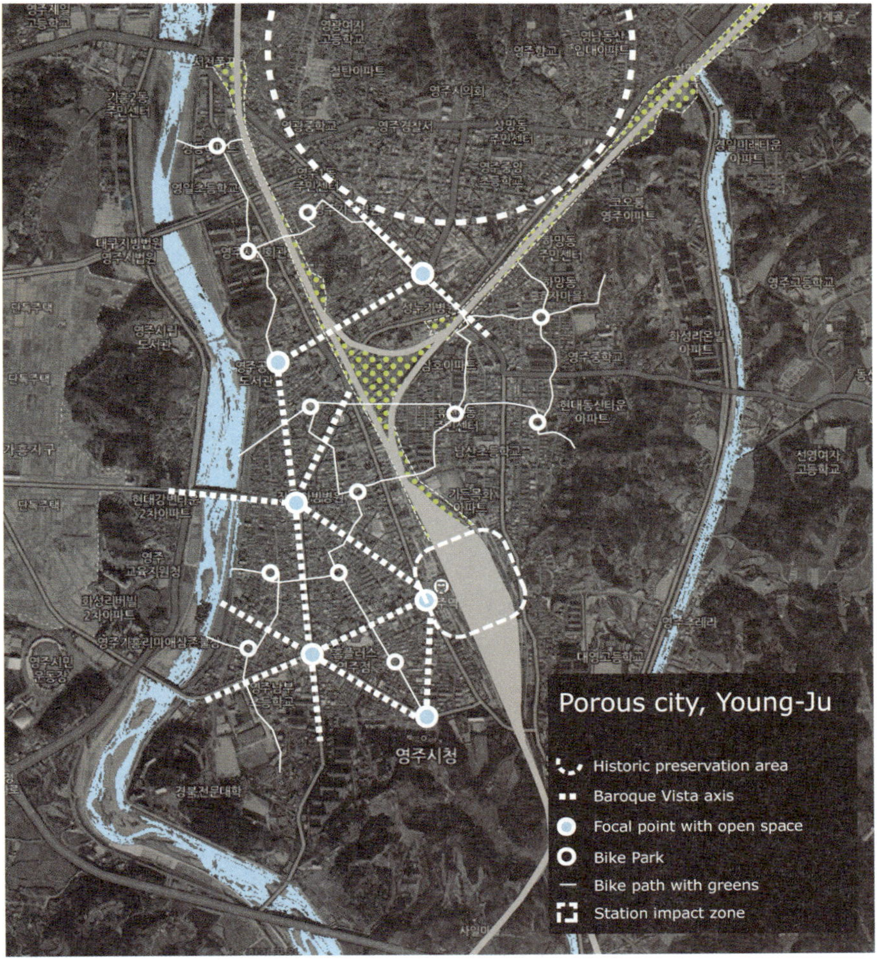
Porous city, Young-Ju
Historic preservation area
Baroque Vista axis
Focal point with open space
Bike Park
Bike path with greens
Station impact zone
영주시청
경북전문대학

참고자료

영천군 - 해동지도

榮川郡은 지금의 경상북도 영주시 영주시내, 장수면, 문수면, 이산면, 평은면, 봉화군 상운면 일부를 포함하는 지역이었고, 읍치는 영주시 영주동 일대에 있었다. 이 고을의 鎭山은 읍치 북쪽에 위치한 鐵呑山이다. 산세가 남향으로 달리는 형세가 마치 달리는 말과 같아서 철탄으로 이름을 지었다고 한다. 전체적으로 여러 겹의 산줄기가 명당인 읍치를 포근히 감싸 안은 형국이다. 읍치에 있는 字民樓는 1427년(세종 9년)에 郡守 權詳이 세운 것이고, 雙淸堂은 객사 동쪽에 있는데, 郡守 金世勳이 지은 것이다. 지도에는 없지만, 雙淸堂의 남북에 蓮池가 위치하고 있다. 迎薰亭은 郡守 鄭從韶가 지은 것으로 이황이 손수 迎薰이라는 글자를 써서 걸었다. 읍치 좌측에 東龜臺, 龜鶴亭이 나타나 있다. 구학정이 있는 서구대는 모양이 거북처럼 생겼고, 동쪽에 있는 동구대와 쌍으로 솟아 있고, 그 가운데로 西川이 흘러서 경치가 매우 아름답다. 龜鶴亭은 1603년(선조 36년)에 이조판서 김륵이 세운 정자이다. 경치가 아름답고 류성룡 등의 詩가 있어서 더욱 유명하다. 읍치 우측에 보이는 伊山書院은 1558년(명종 13년)에 군수 안상이 세워, 이황을 배향하였고, 1572년(선조 5년)에 사액되었다.(金在完)

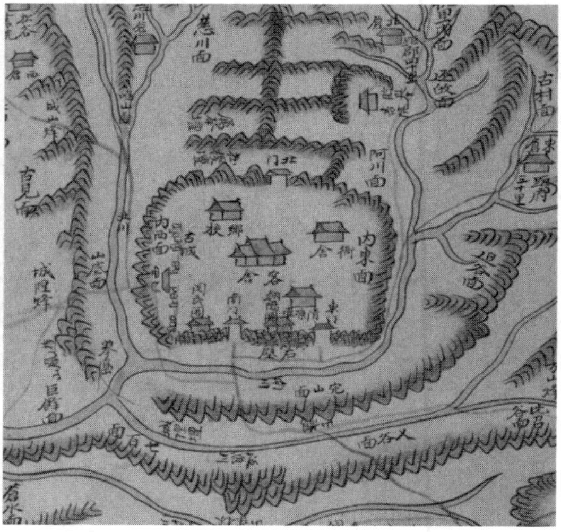

영천군. 해동지도 – 규장각 한국학연구원

Bonus Photo

영주 버스터미널 Bus terminal

"장기 두기" Play "go" in small shadow

찜질방 수건 세탁소 Bath towel laundry

COMMON CITY

SURVEY ON SMALL CITIES OF SOUTH KOREA

STORY

08

PA-JU

인구 25만, 통일의 길목이라는
파주입니다.

파주 坡州

면적_672.42km²

세대_122,528가구(2008.7.31)

총인구_252,700명(2011)

등급_강원도 춘천, 전남 목포와 동급, 40위

행정동_읍 5개, 면 9개, 행정동 2개

법정동_6개

파주시(坡州市)는 대한민국 경기도의 서북부에 있는 시이다. 흔히 통일의 길목이라 불리는데, 이에 걸맞게 통일로 · 자유로와 같이 남북통일과 연관된 이름을 지닌 도로가 있다. 서쪽으로는 한강을 경계로 김포시가 있고, 남쪽으로는 고양시, 동쪽으로는 양주시, 동북쪽으로는 연천군과 경계를 이룬다.

2009년 7월 1일에 기존 경의선 선로를 활용한 수도권 전철 경의선이 개통되었다.

대동여지도를 보면, 파주와 교하 모두 읍치를 가지고 있었으나, 현재의 파주시계의 중심인 금촌지역과는 조금 떨어져 있습니다. 향교의 위치로 미루어 보건데, 파주읍치는 현 파주읍, 교하읍치는 현 교하읍에 위치한 것으로 파악됩니다. 그러니, 현 파주시계인 금촌 일대는 일제이후 경의선이 부설되면서 형성된 도시라 보아도 무방할 것으로 생각됩니다.

금촌역에 걸려 있는 금촌역 지명의 역사를 이렇게 설명합니다.

> 일제침략으로 말미암아 한일합방이 될 무렵 일본인들이 광무9년(1905년)1월 5일에 경의선(499km) 개통 당시, 이곳에 역명을 결하고자 40여 호가 살고 있는 역 건너편 새마을(新村)에 살고 있는 촌로에게 이 브락명을 물으니 새마을이라 하자 새(新)를 쇠(金)로 알고 쇠마을(金村)역으로 칭하게 되었다고 한다. - 금촌역 현판

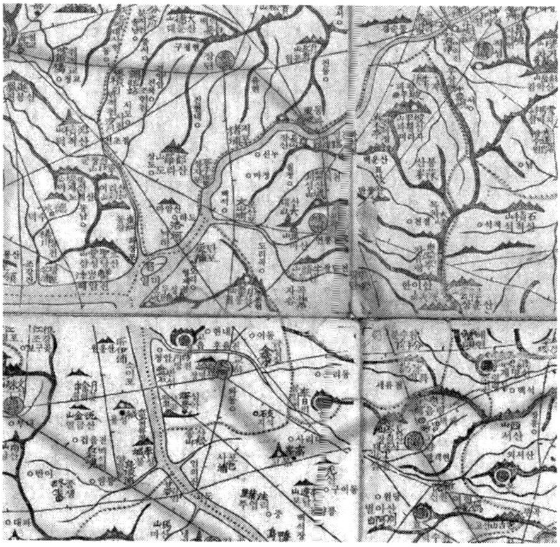

파주, 대동여지도 Old map

01 도시형태 Shape of the city

먼저 도시의 형태를 살펴봅니다. 이곳의 주요 교통축은 자유로 축과 일산 신도시개발 이후 경의선이 전철화 되면서 나타나는 경의선 축이 있습니다. 자유로는 경기도 서북부와 서울의 연결이라는 주요 기능을 담당하고 있지만 파주시계의 팽창에는 그다지 기여했다고 볼 수는 없으나, 2009년 개통된 경의선 축은 그야말로 파주팽창의 기폭제 역할을 하고 있다고 보여집니다. 이러한 도시팽창은 운정 신도시 등의 조성 등으로 현재도 진행형이며, 급속한 도시화에 따른 원주민과 이주민들의 세대교체 등도 대폭적일 것으로 예상됩니다. 이렇게 철도라는 일반교통이 전철화 되어 대중교통화 되었을 때 도시에 미치는 파급력은 실로 대단합니다. 한 가지 걱정되는 것은 이곳 또한 서울-분당-용인과 같은 연담도시화의 전철을 밟지는 않을까 걱정이 앞섭니다.

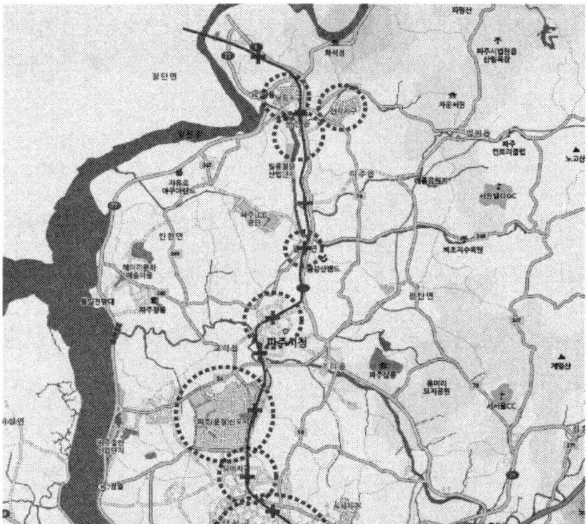

파주 시계

제가 주로 본 것은 파주시청이 자리 잡은 금촌과 운정역 주변의 도시변두리 지역입니다. 금촌만 하면 인구 10만 정도의 인구를 가진 작은 도시였습니다.

파주-금촌 시계(市界)

시가지는 완만한 산세를 통과하는 공릉천에 면한 충적지에 자리 잡고 있습니다. 지도를 보면, 먼저 경의선이 통과하는 금촌역 주변으로 시가지가 형성되었고, 이후 금촌2동 지역인 아파트 지역으로 도시가 팽창된 것으로 파악됩니다. 다분히 시간의 차이가 지도상에서도 확연히 느껴집니다.

02 교통 Transportation

금촌역, 100m의 오픈 스페이스가 주는 개방감 Train station with 100m long open space

금촌역 앞에는 이렇게 크진 않지만, 오픈 스페이스가 조성되어 있습니다. 그런데 좀 아쉬운 것은 이렇게 역 앞의 오픈 스페이스가 마치 역 앞의 공터처럼 보이는 현실입니다. 왜 그럴까요. 역 앞에 잘 조성된 상업이 이 오픈 스페이스와 어울리게 조성되었다면 분위기는 지금보다는 많이 달라졌을텐데 말입니다.

금촌역 앞 광장 Urban square in front of station

03 도시조직 Urban fabric : 조밀한 전면의 소비공간, 낙후된 뒷면 Dense front, loose backyards

파주(금촌) 중앙로의 이면도로의 모습입니다. 중앙로가 자동차를 위한 도로였다면, 이 이면도로에는 노선상가들이 밀집하여 있습니다. 이면도로 전면으로 상업의 밀도가 매우 높고, 조밀합니다.

조밀한 전면Dense front

낙후된 배면Loose backyard

그러나 바로 뒷면의 모습을 보면 사뭇 다릅니다. 이렇게 전면도로에 면한 건물들은 간판만 떼서 놓고 본다면 누구 말처럼 한번 "톡"건드리면 무너질 듯한 건물들입니다. 또한 대부분의 건물들이 1962년 건축법, 도시계획법이 제정되기 이전의 건물이기에 건폐율, 용적률 등에서 현재의 기준으로 보면 대부분 불법이지요. 그래서 집주인들은 현재의 임대료수입을 포기하지 않은 채, 이러한 노후건물을 당연하게 받아들입니다. 서울의 대표적 상업보행자 공간인 명동, 종각 같은 건물들도 사정은 마찬가지입니다. 요사이는 지구단위계획들이 이러한 불법 노후건물들에 대한 특별한 경우에 대하여 세밀한 정비절차들을 제시하고 있습니다.

신도시의 단독주택지 10×20m가 주는 도시성 Individual housing urban plot in New city, unique urbanity

어떤 신도시라도 단독주택지역들이 있습니다. 아파트만으로 가득 채워졌을 것 같은 신도시에서 단독주택지역이 있는 이유는 환지(換地)에 불응하는 원주민에 대한 대비이기도 하고, 또한 아파트에 살지 않아도 되는 비교적 여유 있는 실수요자를 위한 것이기도 합니다. 물론 다양한 구획의 크기가 있습니다. 20×10m, 15×15, 20×20 등.

이들의 도시조직은 대부분 6m도로를 원칙으로 합니다. 6m는 대지의 끝단에서 자동차가 90도를 유지한 채로 빠져 나올 수 있는 최소한의 기준이지요. 그 6m의 이용실상을 보면 자동차가 한 대 슬그머니 一자로 대고 남은 3-4m의 폭으로 차는 통행합니다. 물론 차가 마주치면 수신호가 필요하지요.

1층은 대부분 상가를 짓습니다. 1층의 상가는 대부분 근린생활시설업종에 해당합니다. 물론 업종의 선택은 집주인 자유지만, 부동산관계자의 말을 들어두는 것이 좋겠지요. 2-3층을 주거로 사용하는데 2층은 주로 세로 돌리고 집주인은 3층(3층집의 경우가 많으므로 최상층)을 쓰는 경우가 많습니다. 이러한 단독주택지역의 거주민들은 어떤 이들이 살까요. 예상하기는 여유가 있는, 노년층의 분들이 많을 거라 예상하지만, 인터뷰 결과는 필자와 같은 장년층도 여럿 있다고 합니다. 신도시의 단독주택지는 아파트와는 완전히 다른 특유의 도시성을 나타냅니다.

신도시 단독필지의 경관 Scenry of new solo housing district

이러한 풍경은 여느 신도시에서도 다 느껴질 수 있는 다분히 한국식 풍경이고, 나름대로 잘 정착된 한국의 전형성이라 볼 수 있겠지만, 서구의 선진국들의 다양한 주거유형이 개발된 신도시 사례와 비교해 보면 참으로 단순하기 그지없는 모습들입니다.

가장 아쉬운 것은 바로 공공영역입니다. 주거유형이야 개별 건축가들이 다르니까 다양성을 담아낼 수 있어도, 공공영역에 대한 배려와 여유, 디자인이 매우 부실합니다. 특히 녹지와 같은 공공시설 등은 그저 200-400m 간격의 법적으로 설치해 주는 어린이공원 밖에는 없는 경우가 허다합니다. 이는 천편일률적인 6m도로 체계에서 벗어나 다양한 가로들을 구성하고 그것에서 많은 공공적 배려를 할 수 있다면 얼마나 좋을까 생각해 봅니다. 필자가 보고 왔던 네덜란드의 많은 신도시들의 시도들은 좋은 사례가 될 것입니다.

네덜란드의 신도시 이펜버그 Ipenburg의 다양한 주거의 형태 Variety of Housing type in Ipenburg, Netherlands

네덜란드 Ipenburg에서 보이는 다양한 거주도시를 만드는 법

1. 개발단위를 sector별로, block별로 나누어 소형화 한다.
2. 개발단위별로 차별화 된 디자인을 유도한다.
3. 공공공간의 공간적 배려를 위해 마스터플랜 당시 건축가를 반드시 초빙한다. (도시계획은 선긋기가 아니다)

단독주택지역을 지나니 바로 아파트단지가 들어서 있습니다. 다양한 주거형식의 개발. 정말 절실해 보입니다.

금촌의 아파트단지 경관 Apartment area

04 도시조직 Urban fabric, 사회성 sociality

●

다시 시가지의 중심으로 들어옵니다. 역시 낙후된 도심의 현재 모습은 여느 소도시와 비슷한 상황입니다.

파주, 낙후도시 이미지 Imges of decayed city

다음의 사진은 지방도시의 낙후양상을 그대로 드러냅니다. 필자는 이런 낙후된 주택지역에서도 이렇게 월세방이 필요한 사람이 있다는 것을 알게 됩니다. 비스듬히 열려진 문으로 들어가 봅니다. 낙후된 외부의 분위기와는 사뭇 다르게 안에는 사람 사는 냄새가 여실히 느껴집니다. 걸려진 빨래 하며, 심지어 '브로꾸'를 몇 개 쌓아 만든 화단까지 있는 삶의 숨소리가 담겨 있습니다. 그리고 이러한 집들조차 서로 공유share하는 서민의 삶을 느낍니다.

파주–재래시장Old market

좀 지나니 이렇게 파주도 재래시장이 있습니다. 재래시장들은 이렇게 아트리움을 형성하기 위해 2층에 가벽을 세운 경우가 대부분입니다. 실제로는 이들 상가는 전부 단층입니다. 또한 한국도시에서의 재래시장은 정주의 역사를 말해주는 산증인입니다. 그렇기에 매우 소중한 지역정주의 근거지이기도 하지요.

또한 파주에는 속칭 '문화의 거리'가 없습니다. 영주에서, 안동에서 발견되었던 문화의 거리가 말입니다. 필자로서는 처음 소도시의 문화의 거리를 보고 왜 '문화'의 거리일까 이른바 네이밍에 불만이 많았습니다. 대체 무슨 '문화'일까. 그것은 알고 보니 서울권에 대도시권에 세력을 빼앗기고 점점 쇠퇴해 가는 소도시들에 젊은이들을 끌어 모으기 위한 고육지책이란 생각이 들더군요. 이젠 어느 문화의 거리라도 소중하게 생각을 해야겠습니다.

05 수공간Water, 취약지역Urban fracture : 금촌천

●

파주-금촌에는 금촌천이라는 조그만 하천이 흐릅니다. 그런데 경의선과 나란히 흐르는 이 하천은 아쉽게도 앞동네 뒷동네를 완전히 다르게 만들어 놓습니다. 앞동네는 전면광장이 설치된 나름대로 도시의 정면 같은 느낌을 주지만, 뒷동네는 접근조차 다리 하나로 밖에 안 되는 철저한 도시의 후면이었습니다.

경의선과 나란하게 금촌천이 흐르고 있습니다. 수질이 좋지 않은 것을 보면 낙후된 하수처리시설이 아직 제대로 정비가 안 된 채로 그대로 유입되는 듯 보입니다. 그곳에 이렇게 있던 왜가리는 조금 후 모습을 보이지 않았습니다.

우측 사진은 이른바 '뒷도시'의 분위기입니다. 낙후된 지형적 도시 후면에 또 아파트를 지었습니다. 혼합된 경관이 나타납니다.

금촌천

후면도시의 경관

운정신도시로 이동합니다.

06 도시조직Urban fabric, 교통Transportation, 사회성Sociality

운정 신도시와 원주민의 도시Old and new city

운정(교하) 신도시입니다. 이곳을 지나칠 때 정말 참 많이도 지었구나 싶습니다. 도시개요를 살펴보니 대략 20만의 규모입니다. 20만이면 일산, 분당급입니다. 그 많은 인구들을 과연 어떻게 수용할 수 있을지 정말 의문입니다. 이런 생각을 하니, LH나 기타 공기관들이 과연 한국의 국가재화 총량과 인구에 대한 고려가 있는지에 대한 의문이 듭니다. 자고로 부동산은 재화의 잉여가 부동산으로 전이될 때 활력을 받을 수 있다고 배웠는데 그러한 국가 총량의 자본의 증가가 과연 최근에 이렇게 인구 20만의 도시를 뚝딱 만족시킬 수 있도록 늘었느냐는 것이지요. 아니나 다를까 미분양이 많은 곳이었습니다.

운정역에서 본 운정 신도시New city, Un-Jung

파주-운정지역은 이렇게 신도시 지역 말고도 기존 경의선 일반철도 시절부터 형성되어 있던 원주민의 도시가 있습니다. 이곳은 또한 많은 것을 필자에게 보여줍니다.

운정역 부근의 원주민의 도시 Old city,Un-Jung

마을의 초입길에 들어서는 농촌과 같은 풍경입니다. 경작지가 있고, 한옥식 지붕의 건물들이 있습니다.

파주, 원주민의 도시 Agricultural Working place

이렇게 작업장도 갖추고 있습니다. 주민 여럿이 모여 담소를 나누고 있습니다.

파주, 간이골프장 Small Golf course

조금 더 가니까 이렇게 간이골프장이 나옵니다. 매우 놀랍습니다. 방금 전까진 농촌이었습니다. 어떤 분들이 이곳에서 이렇게 이 시간에 골프를 즐길까 매우 궁금했습니다.

파주, 산업단지 Industrial area

파주, 산업단지 Good Housing near plant

조금 더 가니까 산업단지가 나옵니다. 물론 안산 등과 같은 계획적 산업단지가 아닌, 자생적 산업단지였습니다. 플라스틱 냄새가 조금씩 납니다.

우측 사진은 이러한 산업단지 옆에 있는 사장님 댁인 모양입니다. 바로 옆에 이렇게 근사한 정원을 두고 있습니다.

파주, 경작지Small cropping land

다시 나오면서 보여지는 것은 그야말로 원주민의 주거지입니다.

그렇습니다. 이곳은 이렇게 극도의 혼합성을 보여주고 있었습니다. 신도시가 들어서기 이전, 경의선이 전철화 되기 이전부터 이곳에 존재했던 자생적 산

파주, 변두리지역Urban fabric of fringe area, Paju

업단지(어떤 집적의 이득이 있었기에 이렇게 정착했겠지요)와 주거지, 그리고 산재적 경작지로 이루어진 애초부터 혼합적인 변두리였던 것입니다. 제가 의정부 쪽에서 언급했던 것과 같이 이런 지역, 즉 '애초부터 변두리'는 애초부터 극도의 혼합성이 배여 있는 곳입니다.

07 취약지역Urban fracture : 자생적 산업단지Spontaneous plant complex

●

산업단지 이야기 좀 더 해야겠습니다. 필자가 이전에 경험했던 산업단지들이 몇 군데 있었습니다. 안산과 인천의 남동공단과 같은 대표적인 이른바 "도시계획"이 들어간 산업단지들입니다. 그런데 이곳의 자생적 산업단지를 보니 도시계획 무용론이 느껴집니다.

이전 사진들에서 보았듯이 이곳의 산단은 어떤 체계가 없는 듯 보입니다. 그러나 공장 사이 사이에 빈 휴식의 공간들, 그리고 잘 지어놓은 종업원의 사택들

이태리 베네토 지방의 피옴비노데제Piombino des 의 산업단지 중간의 녹지구역
Green area between factory, Italy

을 보면 정말 이들 이른바 "선 쭉쭉 그려놓은" 산업단지에서는 찾아볼 수 없는 쾌적함이 있습니다. 사실 이런 자생적 산업단지의 사례를 이태리 베네토Veneto 지방에서 경험한 적이 있습니다. 그곳 또한 이 곳과 비슷하게 생산지역과 주거지역이 혼합된 양상이 보입니다. 이 곳에서도 몇몇 외국인 노동자들을 지하철역에서 볼 수 있었는데, 이들은 인천과 안산에 종사하는 사람들보다 몇 배는 행복한 사람들일 것입니다.

08 도시조직Urban fabric

●

신도시 이후의 변화 – 쪼개진 필지와 늘어선 간이사무실New city making splits urban plot in old city

파주, 간이건물들Instant office

조금 더 가니까 이런 식의 간이건물이 눈에 들어옵니다. 왜 이런 건물들이 이곳에 집단으로 있을까 매우 궁금했습니다. 근처의 부동산사무실에 인터뷰를 시도합니다.

Qus: 이곳의 땅값이 어때요? 왜 이런 건물들이 이렇게 있는 거죠?
Ans: 그냥 사무실들입니다. 사실 이곳 주민들 많이 속상해 있어요. 운정지구 개발 보고 대출받아 땅사신 분들이 많은데 경기가 좋지 않아 이러지도 저러지도 못하는 분들이 많습니다. 사실 외지분들, 특히 서울분들이 많이 이곳에 투자들을 하셨어요. 여기 이곳을 보면 땅이 많이 쪼개져 있죠? 이미 십년 전에 이렇게 투자들을 했는데 경기가 이 모양이니 이렇게 땅을 놀릴 수도 없고, 간이건물이라도 지어서 임대수입이라도 올리려는 겁니다.

Qus: 어떤 사무실들입니까?
Ans: 지금은 운정 신도시에 들어간 건설업체들이 쓰고 있습니다. 어차피 현장에 들어가면 이러 저리 옮겨 다녀야 하고, 이곳 회사들이 대기업들이 많아 가급적 쾌적하게 쓰려고 하는 것이겠지요.

운정역 주변의 필지 Splited urban plot

교외지역임에도 불구하고 운정역 주변에는 필지구획이 정말 세밀합니다. 그것이 서울 사람들의 지분쪼개기의 결과라는 말.

다양한 재질의 간이건물들 Variey of exterior material of instant office

간이건물을 보니, 어떤 것에는 돌도 붙이고, 또 어떤 것은 나무도 붙였습니다. 모두 다 화장실까지 UBR(Unit Bathroom)로 설치된 완전한 사무실 공간들이었습니다. 컨테이너 박스보다 한 단계 발전한 양식인 것 같습니다.

살펴보니 이런 식의 간이건물의 유형이 이른바 prototype이 되어 있었습니다. 어쩌면 이런 것은 한국의 부동산정책과 그것에 대한 대응이 만들어낸 그야말로 "간이풍경 Instant landscape"이라 할 만 합니다.

09 제언 : 다공성의 도시, 파주

●

- 철도변 주변의 녹화
- 소역세권의 조성
- 자전거 공원 및 녹색 자전거길 조성 : 공공성 강화에 따른 삶의 질 개선, 자구적 재건축의 유도, 녹색교통의 중추

Porous city, Pa-Ju

Pa-Ju is very near to the north Korean border, so it's been called as 'reunification-camp-city". Population is 252,700 (2011). Construction boom is very strong in this city. Many new cities are supposed to be built, but currently economic depression makes the housing market unstable.

Old Pa-Ju area has very different form between plot-readjustment area and apartment housing area. The former has very weak publicity, lack of green and public space, the latter usually isolated from the exiting surround area.

Bike park and it's connecting are the key solutions for regeneration of the old city. Also it could ease the tension between 2 different urban form. Those are the main things for making porous city, Pa-Ju

파주, 변두리지역 Urban fabric of fringe area, Paju

참고자료

파주목 - 해동지도

파주는 坡平縣과 瑞原縣을 합한 것으로 현재 경기도 파주시 광탄면, 문산읍, 월롱면, 조리면, 법원읍, 파주읍, 파평면 일대에 해당하며 그 중심지는 파주시 파주읍 파주리이다. 임진강의 남쪽에 있는 지역으로 臨津渡를 비롯한 나루터가 발달하였고 임진강을 따라 花石亭(파평면 율곡리) 등 亭子들이 연이어 있음을 지도에서 확인할 수 있다. 읍치 안의 건물들을 상세히 그렸으며 다른 경기도 군현지도에 잘 나타나지 않는 軍器(庫)가 이 지도에는 등장하고 있다. 지도에 나타난 坡山書院(파평면 눌로리)은 1568년(선조 원년)에 세워져 1650년(효종 원년)에 사액된 것으로 聽松 成守琛과 그의 아들 牛溪 成渾 등을 배향하였다. 파주읍 향양리에 성혼의 墓가 있는데 지도에 표시되어 있다. 紫雲書院(법원읍 동문리)은 1615년(광해군 7년)에 창건하여 栗谷 李珥를 배향하였으며 주위에 이율곡 묘와 신사임당 묘가 있다. 長陵(이 지도에서는 문산읍 운천리에 해당하며 현재는 탄현면 갈현리로 이장된 상태)은 조선 인조와 인현왕후 청주 한씨의 능이며 恭陵(조리면 장곡리)은 조선 예종의 계비 장순왕후의 능이며 順陵(조리면 봉일천리)은 성종의 비 공혜왕후 한씨의 능이다. 이 밖에 恭肅公墓, 孝章墓 등이 있다.(이현균)

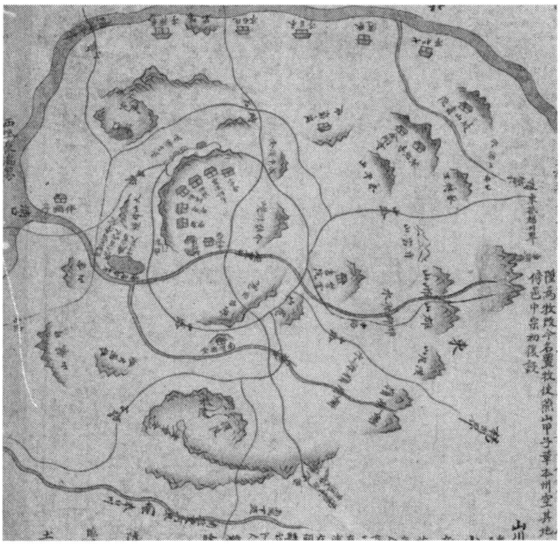

파주목 지도 - 해동지도, 규장각 한국학연구원

COMMON CITY

SURVEY ON SMALL CITIES OF SOUTH KOREA

STORY

09

NA-JU, YOUNG-SAN-PO

인구 10만, 전남의 관문도시, 나주입니다.

나주 羅州, 영산포 榮山浦

《면적》_608.16㎢

《세대》_41,284가구(2010.12.31)

《총인구》_100,054명(2011)

《등급》_강원도 동해, 전북 남원과 동급, 76위

《행정동》_읍 1개, 면 12개, 행정동 6개

《법정동》 33개

전라남도 중서부에 있는 시. 전남평야 농산물의 집산지이다. 특산물로는 죽세공품, 목세공품, 배, 복숭아 따위가 유명하며, 명승지로는 덕룡산(德龍山), 정렬사(旌烈祠) 등이 있다.

나주

먼저, 나주는 읍성을 가졌던 도시였습니다. 대동여지도를 보면 그 존재가 확인됩니다. 연혁은 다음 글을 참조하십시오.

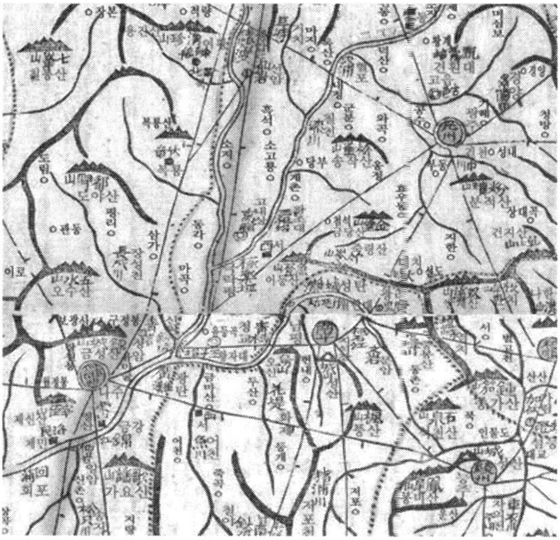

나주, 대동여지도 Old map

나주읍성(羅州邑城)은 사적 제337호로, 나주시 성북동 · 교동 일대에 있다. 나주읍성은 보성읍성과 함께 읍성 축조론이 본격화되기 이전인 태종 4년(1404년)에 긴급 수축(修築)되었다. 이는 동년 7월에 왜선 33척이 전라도로 침입해 오자 수군지휘관인 김영렬(金英烈)을 보내 격퇴한 뒤에 왜구의 침입에 대비하기 위한 것으로서 불과 3개월 만인 동년 10월에 완성을 보았다. 따라서 이 때의 나주읍성 수축은 계획적인 읍성 축조였다기 보다는 기왕의 토축(土築) 부분을 석축화 하는 정도에 만족했을 것으로 여겨진다. 따라서 이후에도 나주읍성에 대한 본격적인 수축 논의는 계속되었다.

이처럼 조선시대에 들어 세 차례에 걸쳐 중 · 개축이 이루어진 나주읍성은 한말에까지 그 골격을 유지해 오다가 1910~1920년 사이에 일제에 의해 4대문과 성벽에 대한 훼철작업이 빠른 속도로 행해졌고, 그 읍성터는 식민통치 건물지, 일반대지, 혹은 도로망 등으로 전용되었다. 해방 이후 나주의 도시화가 촉진되면서 훼손이 더욱 격심해져서 오늘에 이르렀다. – 위키백과, 나주읍성

관문의 도시Gate city, 나주

거리상으로는 광주와 가깝습니다. 나주는 전남의 일핵도시인 광주에서 전남의 주요 하부도시들을 연결시키는 관문도시의 성격을 가집니다. 광주에서 전남의 각 남부지역을 가려면 꼭 나주를 통해야 합니다.

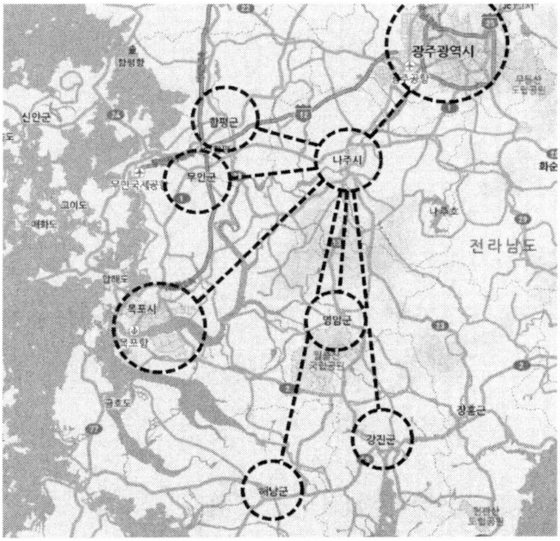

나주, 전남의 관문Gate of Jun-Nam province

호남고속도로의 보완 : 천안-논산선Alternative road for Na-Ju

호남선 축은 예로부터 대전이 분기점으로 알고 있었습니다만, 최근 천안-논산선이 뚫리면서 시간이 많이 단축된 듯 보입니다. 대전에서 갈라져야 할 분기가 이미 천안에서 이루어져 있었습니다. 자동차의 이용객이 많을수록, 도로체계는 점점 더 복잡해지고, 빨라집니다. 이를 두고 Network urbanism의 명저를 쓴 프랑스의 도시-교통계획가 Gabriel Dupuy는 그의 책에서 “아스팔트의 요술체계magic circle of the asphalt”를 설파합니다. 이는 다음과 같습니다.

- 좀 더 좋은 도로환경은 교통을 유발시키고, 접근성을 향상시킨다.
- 교통량이 증가하면 석유소비가 많아지고, 이는 다시 세수를 증가시킨다.
- 세수가 증가하면 더 많은 도로를 만들어 낼 수 있다.

천안–논산선은 비교적 최근에 만들어진 도로이므로 아직 정주환경과의 연계가 많이 이루어지지 않았습니다. 즉, 이러한 교통은 통과만을 위한 교통이지, 정주환경과 연계되는 교통이 아닙니다. 필자의 은사인 P. Vigano교수는 전자를 'Tube', 후자를 'Sponge' 라는 용어로 구분합니다. 이 도로는 그 정의에 의한다면, 전형적 Tube입니다.

경부선 축과 마찬가지로 이곳 호남선 축도 환승정류장이 있습니다. 정안휴게소에서 이루어졌는데, 그 의미와 목적은 〈포항–구룡포〉편에서 언술한 바와 같습니다. 많은 소도시들의 연결을 굳이 서울이나 광주 등의 대도시까지 올라가서 타지 않고 바로 연계해서 목적지까지 갈 수 있도록 하는 시스템입니다.

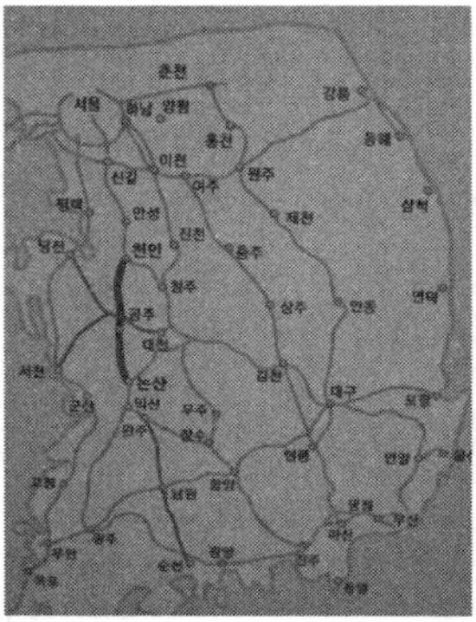
천안–논산선

환승휴게소

경작지의 랜드스케이프

경작지를 지나가고 있습니다. 한반도의 서부인 전라지역은 하천의 하류를 지나는 평지가 많습니다. 그래서 이곳은 산이 수평선 뒤에 배경으로 자리 잡아 널지막하게 물러나 있고 그 전면에 넓디 너른 충적평야가 펼쳐져 있습니다. 전라도 특유의 랜드스케이프라 할 만합니다.

눈길이 가는대로 보고 있는데 어느 곳은 물이 차 있고, 어느 곳은 물이 안 차 있습니다. 이렇게 서로 근접해 있는 경작지라도 물의 치수의 양태에 따라 매우 다양한 경관을 보여줍니다. 치수에 따른 경관의 조절은 논농사를 주로 하는 우리나라 특유의 경작풍경인데, 필자가 공부했던 네덜란드 간척지의 원리도 이와 동일합니다. 그곳 또한 물이 경관을 결정하는 가장 중요한 요소입니다.[12)]

전라도, 경작지의 랜드스케이프

전남의 파리 Paris, 광주

차가 광주를 지나고 있습니다. 광주는 누가 뭐래도 전라도 제일의 도시, 전라도의 파리 Paris 입니다.

---

12) 좀 더 자세한 연구는 필자의 "네덜란드 간척지 경관개발과 '간척지이론", 국토연구원, 국토, 2010. 1월호를 참조할 것

나주의 시계는 몇 개로 나뉘어져 있습니다. 예로부터 읍치였던 고풍스러운 나주와 LG화학 근처의 아파트로 이루어진 교외의 나주, 영산포라는 또 하나의 도시, 그리고 그 중간 영역에 있는 나주역과 택지개발지역입니다. 물론 행정구역상의 시계는 이것보다 훨씬 넓겠지만, 대략적 도시권역은 그렇습니다.

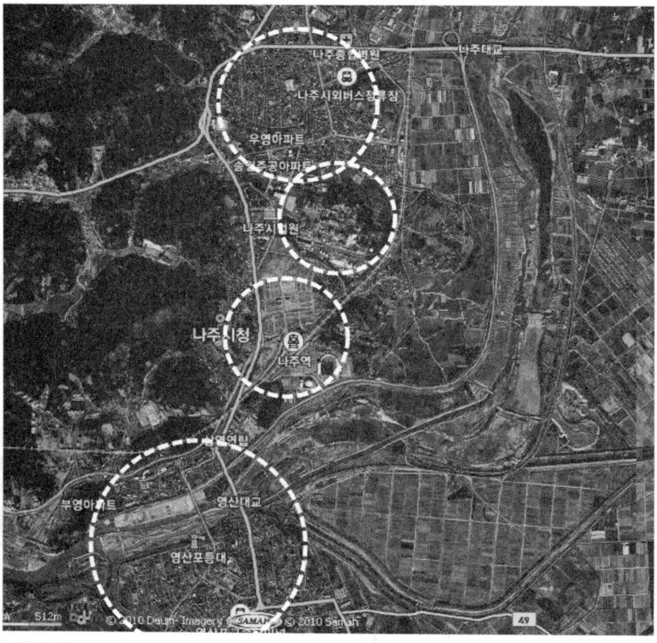

나주 시계

02 수공간Water : 나주천과 한수제

나주의 자연을 한마디로 말하면 참으로 '인간적이다' 라고 말하고 싶습니다. 뜻은 나주의 산세와 수계가 매우 인간적인 스케일을 가지고 있다는 말이지요. 자연이 도시를 위압하지 않고, 함께 합니다. 도심을 관통하는 나주천의 너비는 크지도, 좁지도 않으면서 이쪽에서 저쪽으로 이야기를 할 수 있을 정도로 살갑습니다.

나주천은 나주를 가로지르고 있습니다. 치수공사를 했는지 하천 중간 중간에 자연형, 인공형 보들이 설치되어 있습니다. 하천을 따라서 보차혼용의 도로가 설치되어 수경관 쪽으로 보행이 가능한 것은 아주 다행스러운 일이지만, 천변 중간 중간에 조금 넉넉한 휴식공간이나 도시광장과 같은 오픈 스페이스를 부여하여 조금 더 천변공간에 활력을 부여하였으면 좋았겠다 싶었습니다. 필자가 본 네덜란드의 아름다운 소도시 라이든Leiden은 그러한 천변의 공간활용을 통해 매우 활기차고 매력적인 도시로 인식되었습니다. 물론 나주천은 그 하천 자체로 매우 아름다운 하천이지만 말입니다.

나주천

나주천

네덜란드 라이든Leiden의 수공간

내친김에 조금 더 상류로 올라가 봅니다. 나주천의 상류는 한수제라고 하는 인공 저수지였습니다. 저수지 쪽으로 거슬러 올라가는 물길은 도심부를 지나 시의 변두리, 주택가를 지납니다. 매우 다양한 풍경이 물길과 함께 펼쳐집니다. 종국의 끝은 이렇게 넓디 넓은 저수지입니다.

한수제

한수제에서 본 나주 전경
남도의 푸근한 산세를 느껴 보십시오.

이렇게 나주는 하천의 상류부터 하류까지의 다양한 풍경과 그것에 연접되는 도시의 모습을 비교적 힘 안들이고 볼 수 있게 해 줍니다. 나주천은 분명 나주시민의 축복입니다.

03 도시조직Urban fabric : 읍성과 도시Ancient city wall

나주는 예로부터 읍성이 있는 고도시였습니다. 남고문부터 시작되는 역사적인 축이 매우 강력하고, 또한 읍치의 흔적이 도시 곳곳에 남아 있습니다. 그러나 아쉽게도 일제가 너무나 많은 읍성 도시조직을 훼철하였음을 나주 관아에서 확인한 후, 그나마 지금 있는 것은 많이 복원한 결과임을 알 수 있었습니다. 참으로 안타깝지요.

나주 중심부의 도시기본판 – 역사적인 건물들을 중심으로 옛 읍성의 흔적을 추정해 볼 수 있습니다.

나주 관아의 정비 전후의 모습 : 일제는 객사터에 버젓이 건물을 지어 그 터를 완전히 짓밟고 있음을 보여주고 있습니다.

나주관아의 정문의 vista

남고문 전경

남고문을 보면서 옛 읍성이 제대로 복원될 수는 없을까를 생각해 봅니다. 만약 복원된다면, 이태리 소도시가 가졌던 로마의 문을 부러워하지 않아도 될 텐데요.

04 도시조직 Urban fabric, 사회성 Sociality : 느슨한 반농半農, 반도半都의 도시

●

처음 나주의 도시조직을 인터넷 지도에서 살펴볼 때 매우 놀랐던 것이 반은 건물지로, 반은 경작지로 쓰이고 있었다는 것이었습니다. 다분히 반농, 반도의 도시라 할만했습니다. 마을의 구성은 매우 느슨합니다. 전체적으로 도로의 체계가 광로(주요 교통로)를 제외하면 꽉 짜여 있지 못합니다. 건물 또한 입지 측면에서 대지를 효율적으로 아껴 쓰겠다는 느낌을 주지 않습니다. 마을 곳곳은 폐허로 남아 있는 곳도 있고, 중간 중간에는 건물이 들어설 자리에 잡초만 무성한 곳도 있었습니다.

필자는 이를 두고 느슨한 "노인의 도시"라 부르고 싶습니다. 이런 곳에는 젊은이들의 모습을 찾아보기 힘듭니다. 마치 활력 없이 늙어가는 노인처럼 도시도

반농반도의 풍경들, 나주

그렇게 나이만 먹고 있습니다. 공간적으로는 옛 조직이 남아 있어 아름답고 무척 고마운 일이지만, 이렇게 도시가 활력이 없다는 것, 생동감이 없다는 것은 그만큼 도시경제가 피폐해 있다는 증거가 아닐까요. 어떤 generator가 절실해 보였습니다. 그나마 시가지 바깥으로 LG화학이 있다는 것은 시로서는 다행스러운 일입니다.

05 취약지구 Urban fracture : LG화학과 송월지구

●

LG 화학공장이 눈에 들어옵니다. 매우 큰 규모의 공장이지만, 도시와 공간적으로 만나는데 그리 큰 영향을 주는 것 같지는 않습니다. 특히 경관적으로도 우뚝하게 솟은 굴뚝들의 모습은 그야말로 강한 생산의 경관, 장소성을 부여하고 있었습니다. 지도로 보면 적절한 녹지공간이 둘러싸고 있고, 그 안으로 LG사원들의 사택을 지었군요. 아쉬운 점이 있다면, 녹지공간이 좀 더 지역주민들에게 배려되어 지역과 기업이 같이 사용할 수 있었다면 더욱 좋았을 텐데 말입니다.

이곳의 풍경을 보니, 네덜란드 로테르담에서 얼마 안 떨어진 Hogvillet이라는 곳이 생각나더군요. 그곳 또한 이렇게 석유화학의 경관을 그대로 경관적으로 살려 놓으면서 도시계획적 실험을 추구한 장소였습니다.

LG화학 나주공장

06 도시교통Transportation : 역사의 이전과 도시Moving station & city

●

기사를 보니 현재의 나주역은 2001년 7월 10일 호남선 복선화 부분 개통으로 인해 영산포역과 통합되면서 중간지점인 나주시청 앞으로 이전했다 합니다. 이렇게 이전되는 나주역 앞에는 송월지구라고 하는 택지개발지구가 있었습니다.

송월지구 공터의 필지와 나주역

영산포역 폐선부지

땅을 보니 건물이 들어설 구획과 기초 인프라는 깔려 있으나 아직 본격적인 분양이 이루어진 것 같진 않아 보였습니다. 이렇게 역과 같은 도시교통의 기반시설이 이전하게 되면 그 곳에는 새로운 도시개발이 들어가게 됩니다.

반대로 기존의 영산포 북쪽에 있던 영산포역은 폐선부지로 남아 지역민을 위한 녹지로서 대체됩니다. 이는 서울의 경우 경춘천, 경의선 폐선부지가 공원화되는 것과 동일한 것입니다.

07 수공간Water : 영산강

●

영산강을 드디어 봅니다. 나주 시내에 있으면 아쉽게도 영산강을 볼 수가 없습니다. 그 이유는 바로 철도가 가로막고, 그 이면에는 비교적 넓은 경작지가 있기 때문입니다. 지금이라도 영산강과의 접근성을 원활하게 만들어야 할 필요가 있어 보입니다. 그런데 아쉬운 것은 4대강사업이 워낙 활발하게 일어나다 보니 이렇게 같이 있어야 할 생태습지들이 전혀 보이지 않는 하천이 되어 있습니다.

영산강

영산포

영산포는 본래 1960년대까지만 하더라도 영산강의 마지막 포구자락이었다 합니다. 그래서 비록 크진 않지만 나름대로 선창가가 조성되어 있었고, 이를 통해 도시는 활력을 부여받았을 것입니다. 그런데 도로교통의 발달 및 하천정비를 하면서 포구기능을 잃었다고 합니다. 그렇다면 이번 기회에 가능한 부분에서 조운漕運을 일으키는 것은 어떨까 생각해 봅니다. 아니나 다를까 이곳 주민들이 모여서 포구기능을 되살려달라는 단합대회를 하고 있더군요.

식당 담장에 그려진 벽화

낡은 건물에 들어간 다양한 도시기능

영산포 북쪽의 모습입니다. 아주 낡은 건물이고, 경사지붕의 창고 같은 건물이지만, 다분히 도시의 필요기능을 수용하고 있습니다. 이렇게 건물이 오래되더라도 도시는 기능을 담아냅니다. 경사지붕 창고건물의 노래방과 식당, 게임방의 혼합성을 보시기 바랍니다.

옛 영산포역 앞에는 이러한 창고건물들이 많이 있습니다. 이것을 보면 이 역의 기능에는 산업역사의 기능도 강했으리라 추측해 봅니다. 이렇게 창고건물들이 전면 가벽과 함께 새로운 도시기능을 받아들입니다.

낡은 건물들과 다양한 도시기능

홍어의 거리

우측 사진의 곳은 "홍어의 거리"라 하는데 옛 선창가의 조직이 남겨진 듯 보이진 않습니다. 아무래도 선창가라 하면 큰 작업장과 하역에 관한 부대시설과 공간이 있어야 할 텐데 아마도 그 공간들이 지금은 건물들로 채워져 있는 듯 보입니다.

08 제언 : 다공성의 도시, 나주

●

- 수공간
  - 나주천변 주위로 공공적 이벤트 공간을 마련, 활력을 부여
  - 영산강과 나주 시계와의 접근성을 강화
- 도시조직
  - 사적지들의 역사적인 축선을 더욱 강화
  - 선창가의 복원 등 영산포의 대표공간의 공공성을 강화
- 취약지역
  - LG화학 주변의 녹지를 시민에 개방, 기업과 도시의 공간 공유를 추구함과 동시에 사회적 교류를 추구

Porous city, Na-Ju

City locates in the southern part of Korean peninsula. Population is 100,054 (2011). From the past, it's locational importance is enough to build the city wall.

Na-Ju's natural image is somewhat 'mild'. it means that Mt. and water scope is not that tough, but humane. Especially, waterway, Najuchun is making beautiful harmony with it's urban structures, road and buildings' scenery.

Along the Najuchun, some public space could be set on for strengthening publicity and accessibility for this river. Ancient urban structure could be restored for city's identity. Urban fracture space like railway or industrial plant, surrounding area could be modified a great ecological area, and also some community facilities to interact with existing local people. Those efforts could make the city porous.

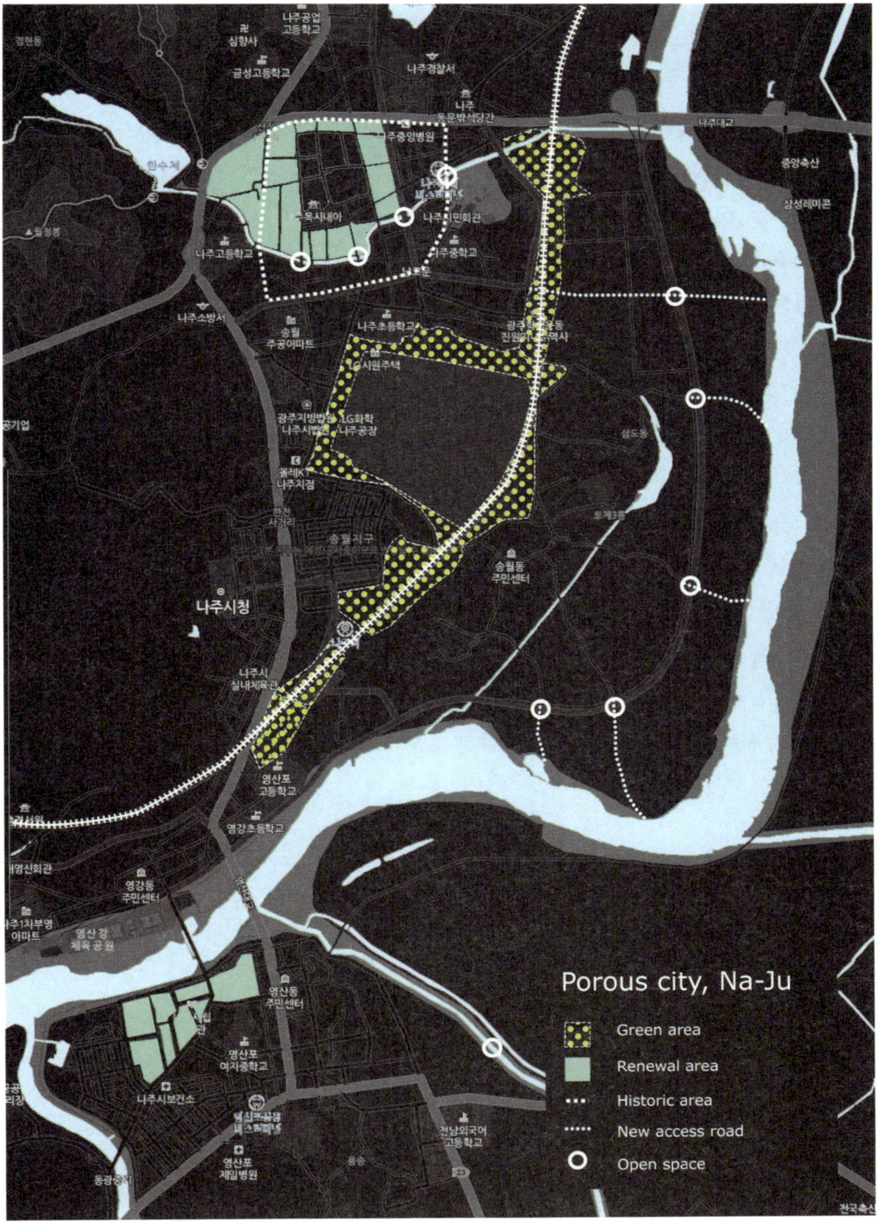
Porous city, Na-Ju
Green area
Renewal area
Historic area
New access road
Open space
나주공업 고등학교
심향사
금성고등학교
나주경찰서
나주대교
한수제
중앙축산
삼성레미콘
나주고등학교
나주소방서
나주초등학교
송월 주공아파트
삼도동
송월동 주민센터
나주시청
영산포 고등학교
영강초등학교
영강동 주민센터
영산동 주민센터
영산포 여자중학교
나주시보건소
영산포 제일병원
전남외국어 고등학교

참고자료

나주목 지도 - 1872 지방도

나주지도羅州地圖, 羅州牧은 지금의 전남 나주시의 시내를 포함하여 나주시 공산면, 노안면, 다시면, 동강면, 문평면, 반남면, 세지면, 왕곡면과 영암군 금정면, 시종면 북부, 신안군 지도읍, 압해면, 자은면, 암태면, 안좌면, 비금면, 흑산면, 도초면, 장산면, 장성군 대화면, 광주광역시 광산구 북부, 삼도면, 평동면, 무안군 삼향면 일대에 해당하는 큰 고을이었다. 읍치는 금성산 동남쪽의 경현동과 교동지역에 있었다. 羅州牧은 인근 務安縣의 地界를 넘어 서쪽 해안의 도서를 越境地로 소유하고 있었는데, 이로 인해 지도에도 해안의 섬들이 자세히 그려져 있다. 또한 당시 무안현 境內에 있던 三鄕面도 나주의 월경지였는데 지도에는 경계의 표시가 없다. 이들 월경지는 1906년 월경지 정리에 의해 비로소 인근 지역으로 편입되었다. 지도는 다양한 색채를 사용하여 고을의 모습을 아름답게 묘사하였다. 성곽이 있었던 읍치에는 주변의 산을 환포형으로 그려 중심 공간임을 부각시켰으며 각종 관청 건물을 자세히 그려 넣었다. 읍성의 동문 근처에는 당간인 木檣과 石檣의 모습까지 그려 넣은 점이 이채롭다. 이들 당간은 나주의 지형이 行舟形이기 때문에 이의 안정을 취하기 위해 만들어진 것이라 전해진다. 현재에도 석당간은 그대로 남아 있다. 각 성문은 방어에 용이한 甕城의 형태로 이루어져 있고 당시 右營에 해당하는 鎭營은 남문 바깥쪽에 위치하고 있다. 영산강에는 戰船, 商船, 그리고 나룻배의 모습까지 세밀하게 그려 넣었다.

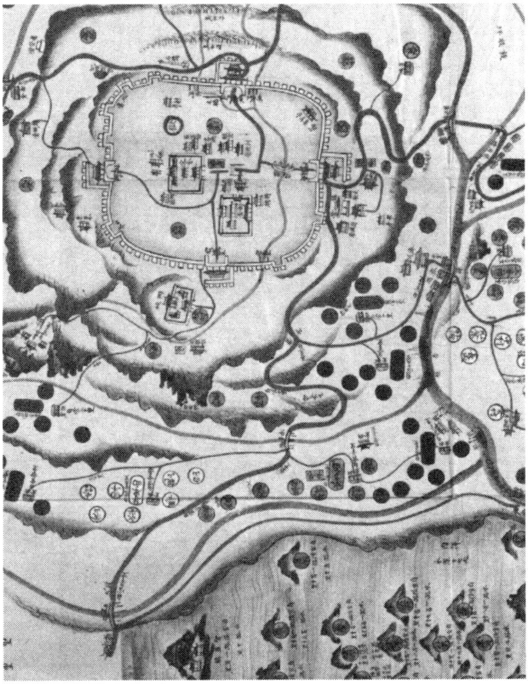

나주목 지도, 1872년 지방도 - 규장각 한국학연구원

COMMON CITY

SURVEY ON SMALL CITIES
OF SOUTH KOREA

STORY

10

GWANG-JU

인구 150만, 전라도의 메트로폴리스,
광주입니다.

광주 光州

인구 150만 전라도의 메트로폴리스, 광주입니다. 광주는 광역시입니다. 소도시가 아니지요. 그래서 짧은 답사의 대상은 아닙니다. 제대로 광주에 대해 기술하려면 한도 끝도 없을 것입니다. 예전에 소쇄원을 들를 때의 도시기억이 있었지만, 그래도 현재의 도시를 보는 시각으로 광주를 다시 보고 싶었습니다. 비록 짧은 구간일지라도.

01 도시형태 Shape of the city, 도시전략 Urban strategy

광주의 도시형태를 보면 경북권의 대구처럼 파리Paris형의 단핵도시의 전형을 보여줍니다. 서해안으로 향하는 대평원지역이 내장산자락을 맞아 한번 에워싸인 자리에 자리 잡은 곳이지요. 일찍부터 거대도시로 자리 잡을 수 있는 기반이 있었던 것입니다.

그런데 그림을 조금 크게 해서 보면 무등산이 있는 동측보다는 광주공항이 있고, 전남권 공항인 무안공항이 있는 서쪽으로 신도시가 조성되어 왔음을 볼 수 있습니다. 아무래도 산자락보다는 평지가, 내륙보다는 바다를 향하는 것이 산업육성의 측면에서 월등히 우수하기 때문이었겠지요. 그렇기에 첨단, 상무지구 같은 신도시가 서쪽에서 형성되어 왔고, 그것이 도시발전에 견인차 노릇을 했을 것입니다.

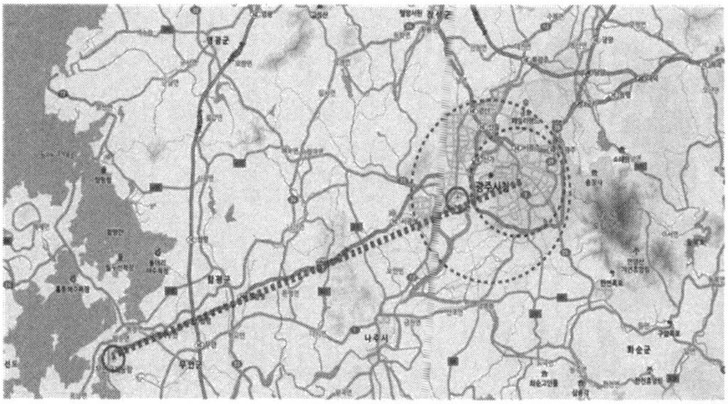

광주와 무안공항 City & Airport

물론 어디를 가나 신도시의 함정은 존재합니다. 즉, 정해진 자본의 총량, 인구의 총량, 재화의 생산, 소비가능 총량이 어느 정도 정해져 있는 마당에 새로운 신도시 등의 정주기반을 만들면 마치 풍선의 바람이 한쪽으로 쏠리면 다른 쪽은 쭈그러들듯이 기존의 도심은 영향을 받게 마련입니다. 이곳 광주도 도심공동화에 대하여 언급한 기사들을 많이 찾아볼 수 있습니다.

02 도시조직Urban fabric : 도심, 충장로와 금남로

●

광주의 시작은 역시 광주의 상징인 옛 도청부터 시작합니다. 으레 광주를 갈 때마다 코스가 되었습니다. 이곳은 재미건축가의 당선안을 기본으로 아시아 문화의 전당으로 바뀌게 됩니다. 이곳 도청의 입면과 분수대가 문화의 전당으로 승화되는 것을 보게 될 날이 얼마 남지 않았습니다.

이곳, 한국 현대사의 대표공간인 이 도청은 다시 문화적 메카로서 정신적으로, 공간적으로 광주시민의 "정신적 지주공간spiritual place"이 될 것입니다.

도청 앞 분수 Old provincial office

금남로가 교통의 공간이라면, 그 옆의 충장로는 보행의 공간이었습니다. 그래서 금남로에는 지하상가가 개발되어 보행인의 흐름을 지하에서 소통시켰고, 이와는 대비적으로 충장로에서는 지상에서의 차량 접근이 불가합니다. 공간의 질은 어떨까요. 극단적으로 이야기해서 금남로의 지상은 서울의 영등포요, 충장로는 서울의 명동 분위기였습니다.

한 1년간을 지하공간을 연구했던 필자의 경험으로는 금남로의 지하공간이 보다 활성화되기 위해선 공공공간의 적극적 투입 없이는 불가능하다고 봅니다. 한국의 지하상가는 공공성에 있어서 가장 열악한 공간임에 틀림없습니다. 여기에 지상과 과감한 연계를 통한 끊기지 않는 seamless한 연결 또한 필수적입니다. 보행인의 흐름, 특히 지하공간은 막히면 죽습니다. 지하공간에서의 공간 연속성은 그렇기에 활성화에 성패가 달려 있는 가장 중요한 사항입니다. 최근엔 지하철이 들어와서 활성화의 기회를 가지게 된 것처럼 보이지만, 지하의 낙후된 분위기는 그대로 지상에도 노출됩니다.

영등포 같은 금남로 옆길과 명동 같은 충장로

03 수공간Water : 광주천

광주천은 정비가 된지 얼마 안 된 것 같이 보입니다. 수면과 지표의 경계에는 여지없이 박석이 놓여 있고, 복개도로들 하부에는 보행인을 위한 조깅트랙이 깔려 있습니다. 앞서 나주천의 분위기처럼 그리 좁지도, 너무 넓지도 않는 매우 매력적인 수공간의 크기를 가지고 있습니다.

광주천

한 가지 매우 흥미로운 것이 광주천의 주변 분위기가 꼭 서울 청계천의 분위기와 흡사했다는 것입니다. 이곳도 공구상들이 천변을 따라 밀집해 있습니다. 각종 도시의 생산시설들이 그 당시 지대가 쌌을 천변 주변으로 모여들었을 것이고, 이렇게 형성된 공구상, 기계상들이 정비가 완료된 광주천 주변에 아직도 아주 건강하게 모여 있습니다. 이들도 시간이 지나면 개발지로 바뀔지는 모르겠으나, 현재 보이는 활력을 보건데 절대 금방 사라지지 않을 것입니다.

수공간의 형태를 비교해 보면 청계천에 비해 훨씬 양호한 듯 보입니다. 청계천이 매우 좁고 높은 지붕 없는 단면을 가지고 있다면, 이곳 광주천은 청계천보다는 폭에서 훨씬 여유롭습니다. 또한 일부분에서 복개도로를 지붕으로 가지고 있어 더 아늑한 느낌까지 줍니다.

광주천

각종 공구상이 밀집한 하천 주변의 모습 Machine shops near water

조금 더 가다 보니 양동 복개시장이 나옵니다. 연혁을 보니 1970년대 초반에 개설된 시장이라고 합니다. 그 당시 옆의 매우 큰 양동시장의 부족분을 이렇게 천변 상부로 받아낸 것이 아닌가 싶습니다. 당시에는 천변 상부에 이렇게 거대한 인공대지를 만든다는 것부터가 화젯거리였을 듯합니다. 현재와 같이 친환경이 대세인 관점에서 보면 받아들이기 힘든 이야기입니다. 아무튼 이 시장은 기존 전남권 최대의 상설시장이라는 양동시장과 함께 오래도록 명물로 남아야

양동 복개시장 Market on the covered-water

할 것입니다. 현 시대의 패러다임에는 맞지 않지만, 정주민인 광주시민의 기억이 퇴적되어 있는 곳이기 때문입니다.

이곳을 지나면서 이런 생각이 들었습니다. 파리Paris도 그렇고 서울도 그렇고 이곳 광주도 공통된 것이 있습니다. 단핵도시에서 눈 여겨 보아야 할 지역은 바로 도심과 도심사이의 "중간영역"이라는 것입니다.

대부분의 단핵도시는 구도심을 가지고 있습니다. 그리고 구도심과 일정간격이 떨어져 신도심이 나타납니다. 이 두 개의 도심의 중간영역이 소위 말하는 "점이漸移지대", 즉 중간영역인데 도시성이 변하는 곳이기도 하고, 도심의 활력사이에서 상대적으로 낙후된 지역이기도 합니다.

이곳 광주는 이러한 점이지대로 광주천이 흐르고 있습니다. 그렇기에 공구상 같은 저지가 산업지대와 그를 보조하는 부수적 상업, 업무기능들 그리고 구획정리의 주거지역으로 채워진 것처럼 보입니다. 그런데 시간이 지나 광주천이 정비되어 제 모습, 제 역할을 하는 것으로 보아 자칫 낙후될 수 있는 이러한 점

점이지대의 구획정리도시, 주거지역, 대략 30–40년 전의 도시인 것으로 파악
Existing residential area in transitional zone

이지대로서의 중간영역이 새롭게 활력을 받을 수 있는 지역으로 거듭나지 않을까 기대됩니다. 그런 점에서 이렇게 정비된 광주천은 활력의 기반입니다.

04 교통 : 두 개의 링과 한 개의 지하철 Transportation : 2 rings, 1 metro

광주의 지도모습을 보면 두 개의 간선도로 링ring이 있음을 확인할 수 있습니다. 그런데 내측의 링은 완전하지가 않군요. 그렇다면 내측의 링을 복합화(직진통과 도로만을 지하화 하는 등) 하여 일단 완전한 링의 형태를 만들어 주는 것이 필요해 보입니다. 그리고 두 개의 링을 지하철의 一자가 횡단하고 있습니다. 보기에는 대중교통의 주축으로 자리 잡을 이 지하철의 한 축과 개인교통의 주축인 두 개의 링이 그런대로 조화로워 보입니다. 물론 무안과 목포의 축이 있는 서측으로의 치우침은 그대로 드러납니다.

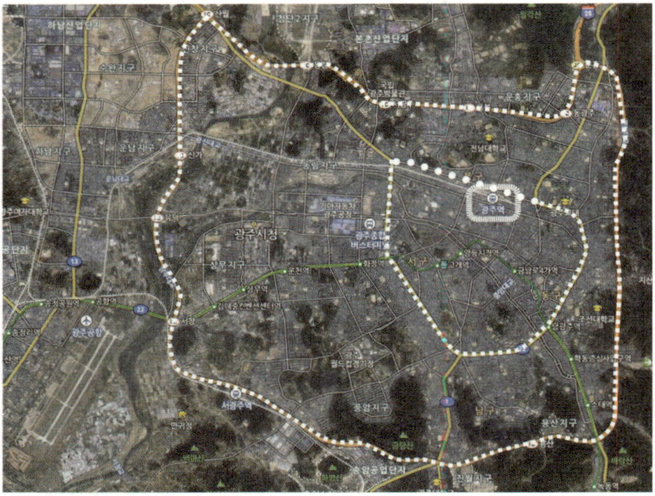

두 개의 링과 지하철 – 도심부의 점선부근에서 링의 형성이 불완전함 Imperfect ring road

광주역은 종착역의 형태를 가지고 있어 현재는 다른 철도노선이 도시를 통과하지 않지만, 처음 일제가 부설할 때만 하더라도 이렇지 않았습니다. 경전선이 도시를 가로지르며 횡단하고 있었지요. 거의 2000년이 다 되어서야 경전선이 도심철도부지 이설로 비로소 도시는 철도로부터 해방됩니다. 철도가 도시에 있던 당시 도로와의 건널목이 27군데나 있었다고 하니 그 불편은 이루 말할 수 없었을 것입니다.[13)]

05 취약지역Urban fracture

●

기아자동차 공장이 이곳으로 들어오면서 화정동과 광천동이 형성된 듯 보입니다. 그런데 매우 특이한 것은 필자가 경험했던 여느 도시들과는 다르게 큰 자동차 공장이 주변 도시들과 별다른 무리 없이 그냥 만나고 있다는 것입니다. 그냥 담 하나로 만나는 공장과 도시. 물론 혼합성mixite의 입장에서 보면 바람직한 현

기아자동차 공장KIA Motors

자동차 공장 옆의 도시City near factory

13) 한국의 발견, 광주편, p 168

상이나, 그래도 거주민의 삶의 질의 측면에서는 공장과 도시가 그냥 만나는 것보다는 공원과 같은 완충영역이 있어 거주민에게도 공유될 수 있었다면 더 좋았을 것입니다.

자동차 공장 바로 옆에 이런 아파트, 도시성이 밀집해 있는 것을 보면 유럽인들은 희한하게 보겠지만, 필자의 눈으로 보면 바람직하게 보입니다. 자동차 공장 같은 시설들이 주민들과 함께 있어야 감시의 효율도, 일의 능률도 오를 것입니다.

06 도시조직, 사회성 : 응축된 도시성의 내부화 - 신도심 고속터미널 Urban fabric, Sociality : Internalization of condensed urbanity - New city hub

●

기아자동차 공장 부지 바로 맞은편에 고속터미널 부지가 있습니다. 이곳이 처음 조성되었을 때만 하더라도 부근에는 아직 개발이 이루어지지 않아 매우 한산한 주변을 가지고 있었던 것으로 기억합니다. 그런데 이곳이 이젠 터미널과 함께 복합개발되어 이 지역을 대표하는 젊은이의 거리가 되어 있었습니다. 충장로에서 보이는 도시성urbanity이 이젠 복합건축물이라는 하나의 건물 안으로 들어와 있는 것입니다.

이렇게 도시공간에 있어야 할 도시성urbanity이 건물 안으로 들어오면 더욱 더 자본에 의해 기획되어 증폭된 '상품의 기만적 외양phatansmagoria'을 느낄 수 있게 됩니다. 이는 양면이 있습니다. 내부로 응축되는 도시성은 폐쇄성, 주변도시와 조응하지 않는 공간에 대한 부정적 측면이 분명히 있습니다. 그러나 이러한 것들이 기존 도시에서는 주지 못하는 새로운 도시경험을 제공할 수도 있습니다.

그래서 이곳이 활력을 받을 수 있는 것이지요. 그렇기에 이러한 도시의 대형 복합건축물은 꼭 필요한 지역에 "약방의 감초"처럼 써야 효과적이며, 기존 도시에 해를 끼치지 않습니다.

터미널의 "스펙터클"한 내부공간 Spectacular inside

07 도시전략 Urban strategy : 혁신도시 Enterprise city

●

광주편을 짧게 마치면서 혁신도시에 대해 서술하고자 합니다.

혁신도시는 노무현 정부 때 서울 중심의 편중된 공간구조를 지방에 분산시키고자 기획된 일종의 '토건土建패키지' 입니다. 그 밑에는 자본의 생산을 담당하는 도시를, 먼저 정부가 기획해 주어 낙후된 지방의 난관을 돌파해 보겠다는 다분히 "top-down"적 시각입니다.

사실 군사독재 시절의 경제개발 5개년계획이라는 관주도의 경제는 김영삼 때의 UR을 필두로 민주도로 넘어가게 됩니다.(민주도로 넘어간 것은 세계자본의, 세계국가들의 압력이 있던 것은 주지의 사실이지요. 케인즈주의를 필두로 한 신자유주의. "모든 것은 시장에 맡겨라. 그렇지 않으면 한국은 안끼워 주겠다" 식이었습니다. 그러니 어쩔 수 없이 포기한 부분도 있었다 합니다.) 그런 분위기가 김대중정부 때도 지속이 되다가 노무현정부가 되면서 소위 그분 특유의 '자주적' 분위기와 '지방 균형'의 가치가 만나면서 정부가 좀 주도적으로 경제 공간구조를 좀 뜯어 고쳐야겠다 해서 등장한 것이 행복도시, 기업도시, 혁신도시인 것입니다.

사실 이 흐름은 좀 거꾸로 된 흐름이란 것은 직감하셨겠지요. 본래 부동산은 자본의 활동에 의한 이윤축적이 넘쳐 부동자금쪽으로 이동하게 되었을 때 활황을 이루고, 이를 바탕으로 더욱 더 자본의 활동을 증진시키는 자본의 선순환적 흐름이 전제되어야 했는데 노무현정부의 흐름은 그렇지 않았습니다. 먼저 자본의 기초, 토대인 건조환경을 조성해 놓고 자본의 흐름을 기다리는 꼴이 되었기 때문입니다. 가장 좋은 자본의 활동을 보장해 주는 것은 수출주도형 나라의 경우 기술혁신, 품질향상이 기본이지요.

그러한 "돌파 breakthrough"가 일어나지 않은 한 자본의 잉여의 축적은 계속해서 이윤율 저하를 맞이하게 됩니다. 다분히 맑스적 이야기가 되었습니다. 최근에 미분양으로, 빚으로 나라가 온통 난리입니다. 자 이 정도로 기업도시의 배경은 말씀을 드렸고요. 가장 건축-도시적 관점에서 말하고 싶은 것이 있습니다.

그것은 바로 공공기관의 이전을 전제로 한 도시라는 것이지요. 나주편에서 이야기 했던 것처럼 하다 못해 역 하나가 움직여도 도시는 기반을 필요로 합니다. 수많은 공기업들이 지방으로 이전계획을 가지고 있습니다. 저는 그 현실이 안타깝습니다. 혁신도시의 취지, 즉, 서울 집중을 분산하겠다는 큰 뜻은 충분히 공감하는 대목입니다. 그러나 건축인이 생각해 보아야 하는 것은 우리 사회의 인식이 건축물의 이전을 무슨 "벽돌 놓기" 정도로 생각한다는 것입니다.

벽돌은 여기 쌓은 것을 저기로 옮길 수 있습니다. 그러나 건물은 그렇지 않아야 합니다. 도시의 건축물은 퇴적된 시간, 기억, 정주의식 등이 고스란히 담긴 도시정신의 총화입니다. 한국에서 건물은 그리고 가장 격이 있어야 할 공공건축물조차 이렇게 무슨 경제를 살리는 당근 취급을 한다는 것에 참 동의하기 힘든 부분이 있습니다. 그러한 도시에는 시간이 쌓일 수 없습니다. 최근까지 LH가 진주로 갈지 전주로 갈지를 가지고 서로 싸우는 형국에 건축가가 설자리는 없습니다. 그것이 한국의 현실입니다.

그러면 혁신도시의 대안으로는 무엇이 있었겠는가. 이렇게 토건사업쪽으로 몽땅 올인하는 것 말고 기술혁신에 더 지방기업들에 직접적으로 지원을 해 주었으면 어땠는가 생각해 봅니다. 지방도시의 재생이 문제라면, 지방도시의 외곽에 또 다른 신도시를 지을게 아니라, 기존의 도시를 개량해야 할 것입니다. 참으로 생각해 보아야 할 대목이 많은 한국의 현실입니다.

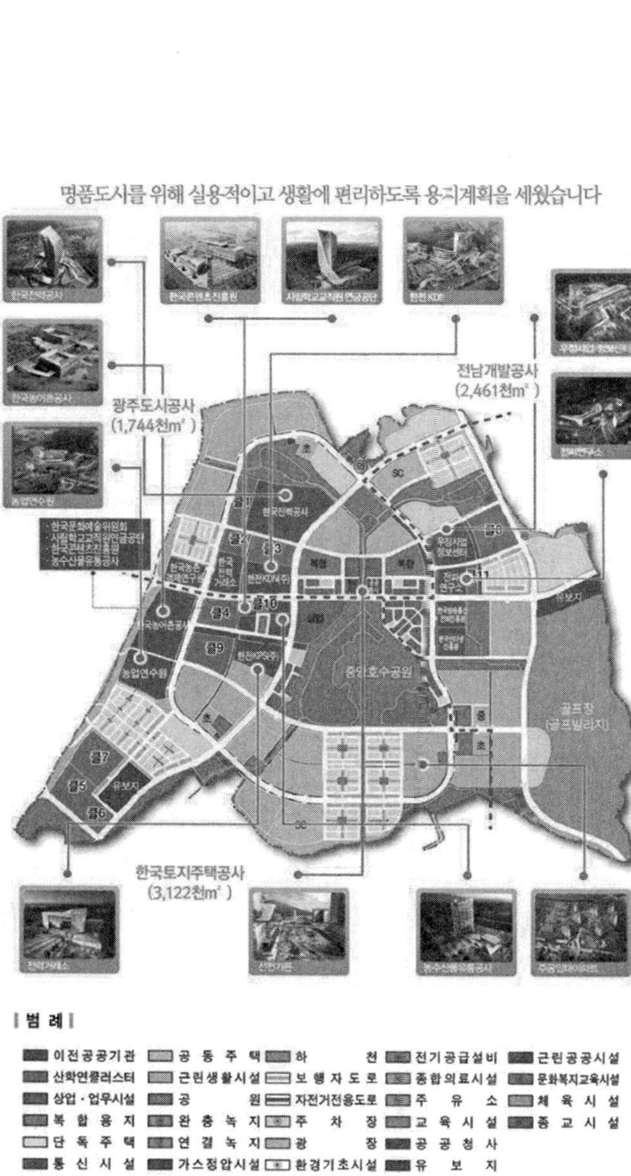
명품도시를 위해 실용적이고 생활에 편리하도록 용지계획을 세웠습니다
광주도시공사
(1,744천㎡)
전남개발공사
(2,461천㎡)
한국토지주택공사
(3,122천㎡)
한국문화예술위원회
사립학교교직원연금공단
한국콘텐츠진흥원
농수산물유통공사
중앙호수공원
골프장
(골프빌리지)
유보지
범례
이전공공기관
산학연클러스터
상업 · 업무시설
복합용지
단독주택
통신시설
공동주택
근린생활시설
공원
완충녹지
연결녹지
가스정압시설
하천
보행자도로
자전거전용도로
주차장
광장
환경기초시설
전기공급설비
종합의료시설
주유소
교육시설
공공청사
유보지
근린공공시설
문화복지교육시설
체육시설
종교시설

나주 혁신도시

참고자료

광주목 - 해동지도

광산구의 황룡강 서쪽 부분을 제외한 광주광역시 전역과 담양군의 대전면에 해당하며 읍치는 충장로, 장동, 금남로 1 · 2가, 광산동, 궁동 일대에 있었다. 지도에는 1601년(선조 34년)에 임진왜란 때 금산전투에서 사망한 高敬命과 아들 因厚를 배향한 褒忠祠, 1604년(선조 37년)에 임진왜란 때 의병장이었던 김덕령을 배향한 義烈祠, 1646년(인조 24년)에 名儒 奇大升과 金長生을 배향한 月峯書院이 보이는데 모두 사액서원으로 호남에서 이름난 양반고을임을 보여주고 있다. 이 가운데 포충사만이 홍선대원군의 서원철폐령 속에서도 살아 남았다. 읍치 밑에 보이는 景烈祠는 고려말 왜적의 침입 때 전공을 세웠으며 위화도 회군에서 태조 이성계를 도운 鄭地 장군의 영정을 모신 곳이다. 읍성 남쪽에는 신라 때는 小祀를, 고려 때는 國祭를, 조선 초에도 無等山神祠를 세워 제사를 지냈던 고을의 鎭山 無等山이 보이

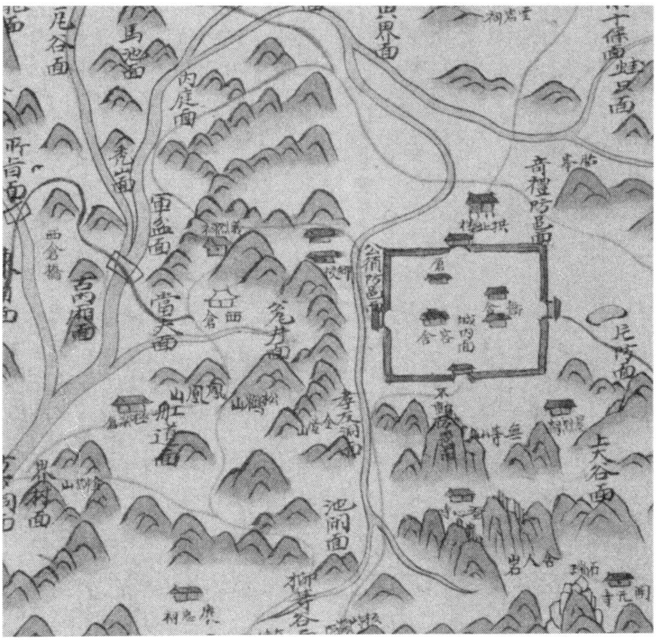

광주목, 해동지도 - 이상, 규장각 한국학연구원

고 아래쪽에 신라 경문왕 때 澈鑒禪師 道允이 세웠다는 證心寺가 登心寺로 표시되어 있다. 더 밑쪽에는 기둥 같은 바위들이 병풍처럼 둘러쳐 있는 瑞石臺가 그려져 있다. 읍치 서쪽의 景陽驛은 덕기, 가림, 인물, 검부, 창신, 대부 등 여섯 개의 屬驛을 거느린 察訪驛이었다.(이기봉)

Bonus Photo

Metro

Bus terminal

COMMON CITY

SURVEY ON SMALL CITIES OF SOUTH KOREA

STORY

11

KIM-PO

인구 22만의 도농복합도시, 김포입니다.

김포 金浦

《면적》_276.64㎢

《세대》_88,611가구(2010.7)

《총인구》_216,689명(2011)

《동급》_경북 경산, 경기도 광주와 동급, 44위

《행정동》_읍 2개, 면 4개, 행정동 4개

"김포백구두" 라는 말을 들어보셨지요? 어렸을 때 보았던 '대추나무 사랑걸렸네'의 노 연기자가 생각나는 도시입니다. 이런 말이 나온 것을 보면 김포는 예로부터 한강의 충적지의 영양분이 퇴적된 김포평야를 가진 매우 풍요로운 읍치의 도시였을 것입니다.

01 도시형태 Shape of the city, 도시전략 Urban strategy

행정구역상의 김포시는 굉장히 넓은 영역을 차지합니다. 그러나 통상적 김포 시계를 생각하면 위의 사진 정도가 됩니다. 먼저 김포시장, 김포초등학교, 김포 향교가 있는 오래된 도심지역이 있고, 구도심의 왼편과 한강쪽으로 면해서 사우동이 택지개발지구로 개발되어 있습니다. 이곳은 김포시청이 자리 잡은 곳이기도 합니다. 그리고 풍무지구가 남쪽으로 위치하고 그 사이에 변두리 지역이 있습니다.

크게 보면 한강이라는 큰 강을 앞에 두고 걸포하천의 안쪽, 장릉이 있는 구릉지 사이부터 점유가 시작되었고, 이후 굴포하천 쪽과 동서로 뻗어나간 형국입니다.

02 교통 Transportation : 서울에서 김포 가는 길 Way to Kim-Po

●

먼저 서울에서 김포 가는 길은 처음엔 매우 당황스러웠습니다. 무조건 서쪽으로 가다 보면 김포 가는 버스가 있을 것이니 생각했는데 막상 찾기가 무척 어려웠습니다. 처음엔 김포공항에서 버스를 타고 들어가려 했습니다. 그런데 쉽게 찾아지지 않더군요. 서울의 서남권에서 김포로 가는 길은 주요 환승점이 김포공항이 아니라 지하철 5호선 송정역이었습니다. 버스도 많았고, 종류도 많더군요. 이같이 환승거점이 편리하게 시민들에게 각인되려면 그 거점의 세기가 충분하여 인지도가 있어야 할 것입니다. 서쪽 사정을 잘 모르는 서울시민의 대부분은 김포공항이 서쪽으로 가는 환승점일 것이라는 막연한 추측을 필자처럼 할 것입니다. 환승거점으로서의 송정역의 인지도가 좀 더 필요해 보입니다.

또한 요새 네이버 Naver니 다음 Daum이니 많은 포털에서 길안내 서비스를 하고 있는데, 아무래도 사기업이 공짜로 하다 보니 한계가 많습니다. 국토부의 "타고 tago" 등도 있지만, 그것보다 좀 더 세밀하고 모든 대중교통이 통합된 체계는 없을까요. 몹시 아쉬웠습니다.

김포-강남, 광역버스 Kim-Po to Gang-Nam

구도심에 내렸는데 버스를 보니 김포에서 강남까지 가는 광역버스도 있더군요. 이런 버스는 모르면 절대 못 탑니다

03 김포 시계의 서울 편입과 터미널 부지 Kim-Po as Seoul metropolitan & Old terminal site

●

사실 이곳엔 어떤 시외버스 정류장 같은 것이 있을 줄 알았습니다. 당연히 서울에서는 떨어진 지역이고, 나름대로 김포라는 어떤 도시의 존재감이 머릿속에 있었기 때문이죠. 알고 보니 터미널이 사실 있었는데, 한 2년 전에 문을 닫았다 하는군요. 또한 김포 경전철계획이 세워져 있어 서울의 시계 내에 이미 김포의 영역까지가 편입이 된 상황이었습니다. 이렇게 교통의 변화는 도시의 변화와 직결되며, 김포와 서울간의 많은 신도시들은 다시 연담화로 치닫는 것 같아 걱정되는 대목입니다. 경전철까지 들어서면 더욱 더 가속화 되겠지요.

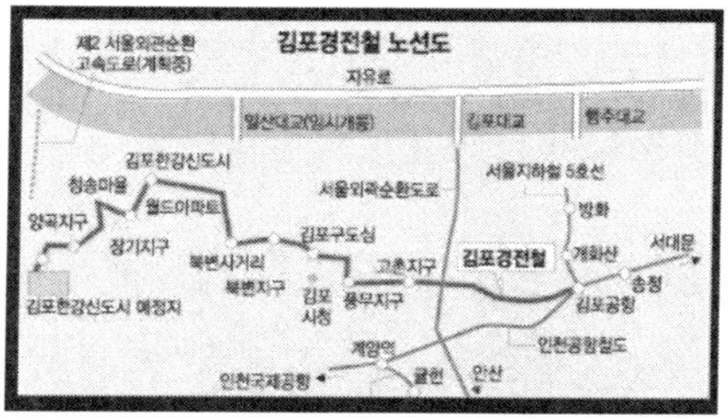

김포경전철 노선도 Kim-Po light rail route

아무튼 이제는 역할이 사라진 교통시설이지만 그 흔적 만큼은 이렇게 도시에 번듯하게 남아 있습니다. 옛 김포터미널 부지 옆엔 아직도 김포시장이 위치하고 있습니다.

구 김포터미널과 주변 상가 Old terminal and neighboring buildings

04 도시조직(도시기본판) Urban fabric

구도심

김포의 구도심의 도시조직은 전형적인 지형적 조직(나뭇가지)입니다. 왜냐면 농경지를 기본으로 하는 대부분의 한국 소도시들의 특성이 평지는 농경지로 내어주고, 산과 만나는 산등성이에 도시를 형성하였기에 본래부터 경사지에 도시가 형성된 이유입니다. 이후 도시들이 확장되면서 평지로 도시화가 진행되면서 구획정리조직과 단지화 조직들이 나타나는 것이지요.

구 도시조직Old urban fabric, 김포

김포의 도심은 매우 낙후되어 있습니다. 현재까지 한 번도 어떤 도시계획적 시도가 없었던 그야말로 자생적 조직이 그대로 남아 있는 듯 보입니다. 그나마 전면에 면하는 건물들은 많이 신축이 이루어졌지만, 이면에는 아직도 슬레이트, 기와가 얹혀진 "브로꾸" 주택이 태반이었습니다.

구 도심부의 전면부는 상업들로 꽉 들어차 있습니다. 후면부로 조금만 들어가면 이렇게 낙후된 주거지가 붙어 있습니다. 문이 열려 있길래 슬그머니 들어가 보니 무려 몇 개의 신발이 놓여 있는지... 아직도 많은 사람들이 이곳에 살고 있다는 말입니다. 왜 그럴까 생각해 보니 이곳 역시 김포 뉴타운지구였습니다.

구 도심부, 김포 Urban fabric, front side

구 도심부의 후면, 김포 Urban fabric, backside

뉴타운은 이렇게 지정과 함께 죽음의 도시를 만들어 버립니다.

구 도심부 Briquette store, 김포

김포 향교를 올라 가는 길에 이렇게 연탄가게가 있더군요. 이 말은 아직도 연탄아궁이를 사용하는 사람들이 많이 있다는 말입니다.

향교 Old Confucian temple

김포초등학교 옆에는 김포 향교가 있습니다. 그런데 이곳에서 어떤 의식을 하고 있습니다. 궁금해서 옆에 계신 분들에게 인터뷰를 시도합니다.

김포 향교 Old Confucian temple

> **Qus:** 어떤 의식인가요?
> **Ans:** 지금 하고 있는 것은 일종의 유교의 제사의식인데요. '석전'이라고 합니다. 봄, 가을에 한 번씩 하지요. 공자와 그 밑의 4제자, 그리고 우리나라에도 18현이 계십니다. 그 분들을 모시는 것입니다.

필자는 그 말을 들으면서, 아직도 한국에는 참으로 많은 다양한 사회적 계층이 존재하는구나를 느낍니다. 버젓이 남들은 직장 가서 일하느라 여념이 없을 때 이곳에서는 유림의 갓을 쓰고 공자를 모시는 사람들(물론 노년층이 많았습니다)이 있습니다.

●

신도심 New city

다음 사진을 보면 김포 시계의 비교적 신도심지역인 사우지구의 아파트와 단독필지지역, 그리고 구도심의 도시조직이 차례로 병렬해 있음을 볼 수 있습니다. 참으로 흥미로운 공간의 전개이지요. 여기서는 시간성을 읽어야 합니다. 사우지구는 걸포하천 쪽으로 도시가 팽창하면서 조성된 지역입니다. 구도심 시절에는 사람들이 물가에는 되도록 집을 짓지 않으려 했던 것입니다. 이러한 지리적 이치가 그대로 도시조직에, 도시가로에 나타납니다.

도시조직(사우지구), 김포

매우 느슨한 지형적 도시의 필지. 무계획적 도로의 선형에 건물들이 각자 다른 향을 가지고 있습니다.

사우지구, 김포

사우지구, 김포

일렬로 배열된 사우지구 단독필지지역. 만사드 지붕들이 연속되어 있습니다. 그 당시의 유행이었는가 보네요. 이 두 개의 도시가, 도시 분위기가 길 하나를 사이에 두고 나타나고 있습니다. 도시의 기본판만 보면 하나는 몇 백년의 도시, 하나는 20-30년 전의 도시가 될 듯 합니다.

05 공공건물 Public building

●

사우지구에 들어서면 강한 비스타vista를 가진 김포시청과 그 비스타의 초입에 위치한 김포운동장이 있습니다. 특히 운동장은 그 앞에 비교적 너른 공터와 같이 있어 도시의 광장으로 불러주기에 손색이 없는 위치와 분위기였습니다. 도시의 초입에 이렇게 운동장이 있는 것을 보면 이태리의 도시 베로나Verona가 떠오릅니다. 물론 베로나는 운동장이 아닌 역사유적이었지만요. 김포의 운동장은 베로나의 stadium에 다름 아닙니다. 단, 조금 더 이방인에게도 개방적이었으면 좋겠군요.

김포운동장 Kim-Po stadium

06 도시조직 Urban fabric : 물길이 만드는 한국의 경작지 풍경 Agricultural plot controlled by waterway

●

이번 김포의 답사는 일부러 김포평야를 보기 위해 나왔고, 그곳에서 나름대로 거시적 경작지 풍경의 전형을 보았습니다. 원리라고나 할까요. 이렇게 땅을 돌아다니면서 그곳의 땅의 이치, 점유의 이치를 알고 나는 것처럼 즐거운 것은 없습니다.

한국의 경작지, 특히 논은 관개가 필수라고 일전에 말했습니다. 그렇습니다. 물은 농업의 생명입니다. 물은 급수가 있고, 배수가 필요합니다. 그렇다면, 이 사진을 보고 도수로(급수로지만, 도수라는 표현을 쓰겠습니다. 좀 더 일반적이니까요)와 배수로를 맞추어 보십시오.

간파를 하셨나요. 저는 발품을 팔고 나서야 깨달았습니다. 지도에서 보기에 하얗게 보이는 길이 바로 도수로입니다.(물론 아닌 경우도 일부 있습니다. 다음

김포평야의 조직(땅의 기본판) Kim-Po plain

사진에 나옵니다) 그리고, 배수로는 이 지도에서는 잘 보이지 않는 군요. 도수로 사이 사이에 농경지 필지를 구분하는 선이 바로 배수로입니다.

도수로는 콘크리트로 측구를 만들어 형태가 매우 좁게 나오는 경우가 대부분입니다. 이와 반대로 배수로는 자연형으로 조성하여 둑을 쌓고 그 위에 잡초들이 자랍니다. 또 하나. 도수로는 경작지보다 최소한 높습니다. 반대로 배수로는 물이 흘러내려야 하니 당연히 경작지 보다 낮지요. 그리고 이러한 도수로와 배수로는 농로에 연결되어 있는 경우가 많습니다. 당연히 경작지의 이동성과 관개의 두 마리의 토끼를 잡기 위해선 도로와 수로가 결합되어야 했겠지요.

도수로로는 물이 굉장히 빨리 흐릅니다. 높이는 경작지와 비슷하지만, 물의 레벨에서는 더 높습니다.

김포평야 도수로 Water supply channel

김포평야 배수로 Water drain channel

반면 배수로는 자연형이면서 지대가 낮습니다. 물도 천천히 흐릅니다. 약간의 하수냄새가 느껴집니다.(이 사진을 보면 배수로이면서 도로가 났습니다. 이전의 지도에서 예상해 보십시오)

필자가 여기서 왜 이렇게 남들은 관심도 없을 농로에 대해 이야기 하는지 궁금할 것입니다. 경작지에서 나타나는 대지에 대한 지식, 인간의 점유에 대한 이해, 뭐 이런 것을 지리적 이치라고 한다면, 우리의 땅에는 그것이 그대로 담겨져 있습니다. 그리고 그것은 매우 소중한 지리적 유산이 아닐까요?

그렇기에 그것을 건축을 하는, 더군다나 도시계획을 한다는 사람들이 먼저 알아야 한다는 것이지요. 필자가 잠깐 공부했었던 네덜란드는 그들의 관개의 풍경, 이러한 땅에 대한 점유의 이론을 '간척지 이론 polder theory' 이라 칭하고 그것을 경관적 토대로 다룹니다. 그렇게 되면 이후의 도시계획이 들어갈 때 이러한 땅의 이론을 최소한이라도 존중하게 되는 것입니다.[14]

---

14) 상세한 설명은 필자의 「해외리포트 : 네덜란드 간척지 경관개발과 '간척지이론'」, 2010.01, 국토연구원 「국토」지를 참조할 것

자. 김포평야의 모습입니다.

김포평야의 랜드스케이프 Landscape of Kim-Po plain

간만에 느껴보는 수평선의 랜드스케이프입니다. 네덜란드의 그것과 비교해 보시지요.

네덜란드의 랜드스케이프

07 취약지역 Urban fracture, 도시조직 Urban fabric, 사회성 Sociality : 농지 내 공업지역
Industrial area in agricultural plane

●

둑길을 지나 조금 더 들어가 보니 공업지역이 나옵니다. 살펴보니 굉장히 오래된 지역이더군요. 경작지를 기본판으로 깔고, 경작지의 농로를 도로로 삼아 형성된 자생적 단지로 보여집니다. 이들이 만들어내는 도로의 패턴과 경작지의 필지와의 관계들을 살펴보면, 경작지의 패턴과 거의 일치하고 있습니다. 이렇게 자생적 조직들은 산업단지와 같은 도시기능과 무관하게, 점유에 있어서는 기존의 조직을 존중하고, 따르고 있음을 확인할 수 있습니다.

김포평야 내의 공업지역

김포평야 내의 공업지역

농로가 곧 산업단지의 도로가 되었습니다. 도로가 옆 토지보다 좀 낮은 것을 보니 옆의 물길이 배수로임을 이젠 아시겠지요?

이곳에서는 '00자원' 이라는 이름의 회사들이 많습니다. 이들은 주로 도시에서 사용되다 용도폐기된 물건들이 최종적으로 도착하는 곳들입니다. 한 쪽은 은행인출기의 종착, 다른 한 쪽은 비디오테이프의 종착지입니다. 그 만큼 저지대, 저부가가치의 산업들이 이곳, 그것도 농토 한가운데 존재하게 된 것입니다.

그래도 이곳은 이렇게 훌륭한 교회도 있고, 식당과 매점이 있는 어엿한 "홍도평 마을"로 불립니다. 어느 분께 인터뷰를 시도합니다.

김포평야 내의 공업지역, '홍도평' 마을 Old industrial town in agricultural land

Qus: 이곳은 언제부터 공장이었어요?
Ans: 오래 되었지. 굉장히 오래 되었어.

Qus: 여기에 그럼 외국인 친구들도 많겠네요?
Ans: 그럼. 베트남, 필리핀, 중국... 많아. 천지지. 그런데 여기 다 불법이야. 다 나라 땅인데 그냥 쓰고 있는 거야.

의문은 곧 풀립니다.

김포평야 내의 공업지역

이곳은 이미 '한강 시네폴리스'라는 이름으로 도시개발구역이 지정된 곳이었습니다. 이미 땅주인에게는 대금이 치러졌는지도 모르겠더군요. 그래도 이렇게 아직도 이들은 이곳에서 작업을 하고 있습니다. 연신 들리는 프레스 소리. 지나다니는 차. 도시개발이 아이러니하게 이곳을 죽여 놓았지만, 아직도 도시는 생생하게 살아 있습니다.

08 도시전략Urban strategy : 김포-project atlas

00도시공사에서 분양하는 모델하우스에 들러봅니다. 참으로 많은 곳들이 개발되고 있더군요. 김포 한강신도시라고 하는 일산급의 도시가 이곳에 들어오고, 김포 시네폴리스가 있습니다. 그 외에도 많습니다. 김포는 수도권의 욕망으로 넘쳐나는 "프로젝트 아틀라스Project Atlas"라고 부르고 싶습니다.

김포 project atlas

물어보니 이미 분양을 시도했는데, 많은 곳에서 미분양이 났고, 그것을 처분하기 위해 재분양 중이라고 합니다. 부동산의 나라, 자본을 빨리 회전시켜야 사는 나라, 국민을 빚의 노예로 만들어야 살 수 있는 나라. 도대체 언제 빚 다 갚고, 발 뻗고 잘 수 있는 나라가 될까요.

09 제언 : 다공성의 도시, 김포

다음 사진은 어디일까요?

수로와 아파트Water channel & apartment, 김포

네. 바로 김포입니다. 사우지구의 끝자락에 있는 아파트단지입니다. 처음에 이 장면을 보고 정말 놀랬습니다. 아니 이건 네덜란드의 운하canal로군. 언제 이런 도시계획적 실험이 일어났을까. 네덜란드식 풍경이 아파트와 만났군. 더 희한한 사진이 있습니다.

수로와 아파트, 김포

이것은 또 무엇인가. 한쪽은 운하이고, 한쪽은 자연형 하천이네... 별의별 감탄과 의문을 가졌는데, 이젠 확실히 알게 되었습니다. 아파트 바로 옆의 운하는 대보하천이라는 도수로이고, 그 옆의 자연하천은 걸포하천이라는 배수로인 것입니다. 그러니 운하는 지대가 높고, 배수로는 지대가 낮지요? 물론 두 하천은 이렇게 양옆에서 사이좋게 평행하게 흐르지만, 흐르는 방향도 다르고, 유역도 완전히 다릅니다. 매우 흥미롭죠?

여기에 더 흥미로운 상상을 해 봅니다. 이 아파트단지가 이러한 농로의 조직 옆에 지어져서 입주민에게 알게 모르게 수공간을 선사했다면, 이러한 아이디어를 본받아 농촌과 도시의 경계부에서 기존의 물의 치수체계를 다 뭉개버릴 것이 아니라 서로가 서로를 이용하는 경작지 주거방식의 새로운 전형을 개발하면 어떨까요. 농로는 농로대로, 물길은 물길대로 흐르고 도시는 그 자연성을 공유합니다. 경작지는 바로 옆에서 보여지는 새로운 도시성에 활력을 느낍니다. 도시와 농촌의 경계. 이러한 경작지 도시가 새로운 가능성을 보여주진 않을까요?

한국도 이젠 우리의 땅의 이론에 관심을 가져야 할 때입니다. 여기 다음의 한강 시네폴리스의 "캐널도시"를 보십시오. 여기에 땅의 이론, 지리적 이치가 담겨져 있는지 잘 모르겠습니다. 제게는 그저 작위적 디자인과 공학적 해결만이 담겨져 있는 듯 보입니다. 자본의 기획과 허상만이 가득한 천박한 '그림'. 저에겐 이런 그림보다는 비록 낙후되어 있고, 더군다나 불법지역이지만, 지역의 도시조직에 순응한 기존의 "홍도평 마을"이 훨씬 "윤리적"으로 보입니다.

김포 한강 시네폴리스 Kim-Po Cinepolis

제안

- 경작지 치수조직을 따르는 도시화 : "시네폴리스대지", 공업지역의 보존. 기존 치수개념의 유지
- 공공성이 부족한 도심 전체의 자전거 공원 및 녹지 자전거 도로체계 조성
- 소규모 역세권 개발

Porous city, Kim-Po

Historically, the city is famous for agriculture based city. But parallelling with Seoul metropolitan area expanding, the urbanization process has been continued. If the light rail constructs, the city area should be more urbanized. Population is 216,689(2011)

In Korea, many new city has been planned on the rice field, it means there is clear water supply and drain system before urbanization. Unfortunately, no city has ever used this existing waterway system, but it's a very good infrastructure we have to consider.

Making a porous city, I dream of alternative water control in the city. Using agricultural water system, new city could have plenty of waterway when it used to be. The other one is also bike park and road. It could be joined the train impact zone.

Porous city, Kim-Po
Farmers' Water way as new urban structure
New urban lots with water
Industrial area preservation
Bike Park
Bike path with greens
Station impact zone

참고자료

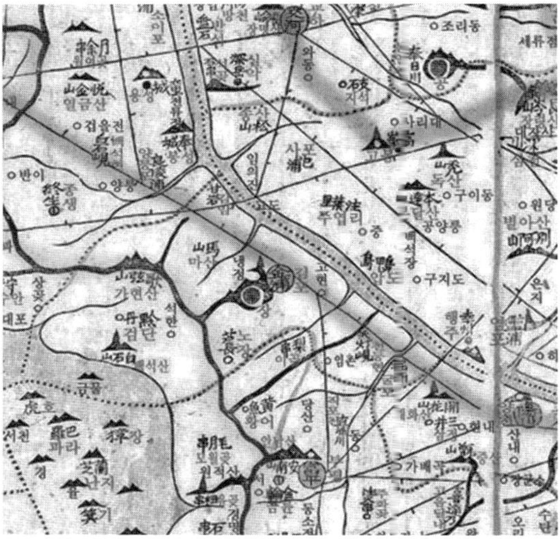

대동여지도, 김포 Old map

김포부 - 광여도

김포군은 지금의 김포군 김포읍, 고촌면, 양촌면과 인천광역시 서구의 검단동(옛 검단면) 일대에 해당한다. 읍치는 김포읍 북변리 일대에 있었다 지도는 서쪽을 위로 향해 그렸다. 지도의 위쪽이 서해이고, 아래쪽이 한강이다. 지도는 대체적으로 간략하게 그렸는데 김포 지역이 높은 산이 거의 없는 고을임에도 불구하고 산을 봉긋 봉긋 그려 넣은 것이 재미있다. 지도의 한가운데 있는 章島는 章陵으로서 인조의 아버지이기 때문에 元宗으로 추증된 李 부부의 무덤이다. 읍치 왼쪽에 있는 忠簡公墓는 병자호란 때 勤王兵을 모집하던 중 청나라 병사에게 잡혀 죽음을 당한 斥和臣 尹棨(1583-1636)의 무덤이다. 牛渚書院은 임진왜란 때 금산전투에서 殉節한 조헌(1544-1592)을 배향하여 1671년(현종 12년)에 賜額받은 서원이다. 기타 3개의 堤堰이 표시되어 있어 수리시설에 더한 관심이 많았음도 짐작할 수 있다.(이기봉)

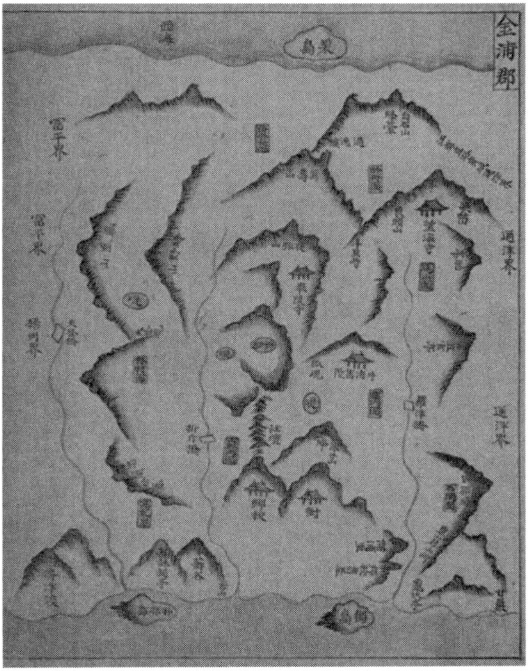

김포부 – 광여도, 규장각 한국학연구원

광여도의 가치

19세기에 만들어진 전국 군현지도집. 광여도는 해동지도와 유사한 18세기 군현지도집이 민간에 유출되면서 만들어진 지도집이다. 상당수의 군현지도들은 지도의 윤곽이 해동지도와 유사성을 보이고 있으며, 18세기 전반기의 사정이 군현지도에 반영되어 있는 것도 해동지도와 유사하다. 해동지도와는 달리 安陰縣이 수록되어 있는 것, 마테오리치의 「산해여지전도」 계열의 지도가 「천하도」라는 이름으로 실려 있는 점 등은 해동지도와는 다른 양상이다. 도로를 표시하고 있지 않으나, 주요 교통로상의 역원과 고개 등을 표시했다. 특히 함경도 등에서는 고개, 비탈, 덕 등 한글식 표현들이 등장하고 있는 것을 볼 수 있다. 형식면에서 보이는 진전된 측면은 지도와 설명문이 분리되고 있다는 점이다. 도면과 별도로 쓰인 설명문에는 호구, 전결, 부세, 군정 등 군현의 사회경제적 사정을 알려주는 항목들이 주로 설명되고 있다. 해동지도 등 다른 군현지도집의 도면 및 설명문과 대조해 가면서 살펴볼 필요가 있는 자료이다.(배우성, 이상, 규장각 한국학연구원)

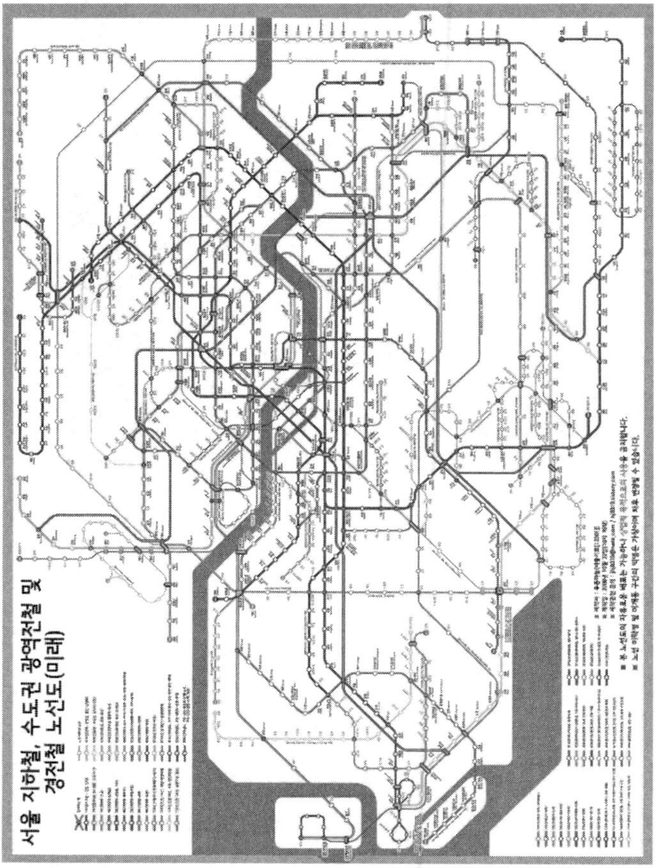

서울 광역전철의 미래 Future of Seoul metropolitan rail

Bonus Photo

Area near Confucian temple

Rice field puppet

COMMON CITY

SURVEY ON SMALL CITIES OF SOUTH KOREA

STORY

12

KIM-JE

인구 10만의 '조용한' 도시, 김제입니다.

김제 金堤

《면적》_545.06km^2

《세대》_40,606가구(2005)

《총인구》_105,900명(2011)

《등급》_충남 보령, 강원도 동해, 전남 나주와동급, 74위

《행정동》_읍 1개, 면 14개, 행정동 4개

《법정동》_30개

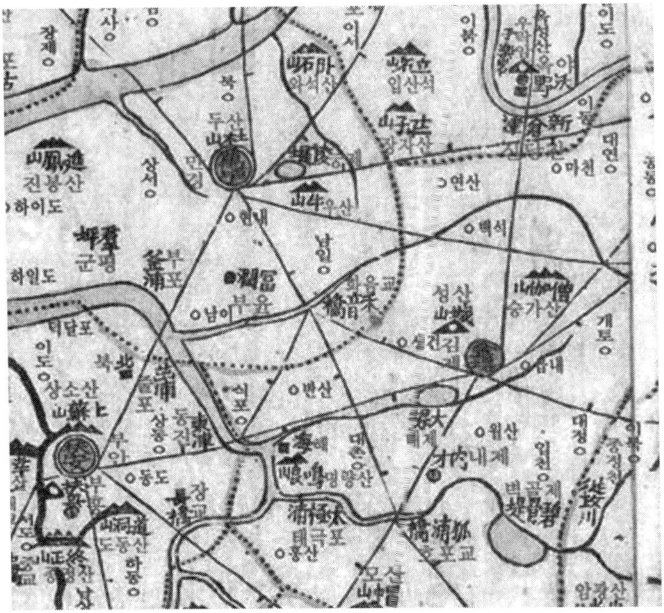

김제를 보니 읍성이 없는 읍치입니다. 읍성은 주로 해안가나 전략요충지로서 외적의 침입가능성이 농후한 곳에 설치하였습니다. 특히 왜구의 피해가 기승을 부린 조선 중기에 많이 설치되었다고 하지요

그래도 김제는 김제 관아가 격렬한 근대사를 잘 넘어 살아 있는 도시입니다. 특히 수령의 집무실이었던 외관아의 동헌과 함께 지방관의 살림거처였던 내관아(내아)는 유일하게 남아 있는 곳입니다.

01 도시형태 Shape of the city, 도시조직 Urban fabric

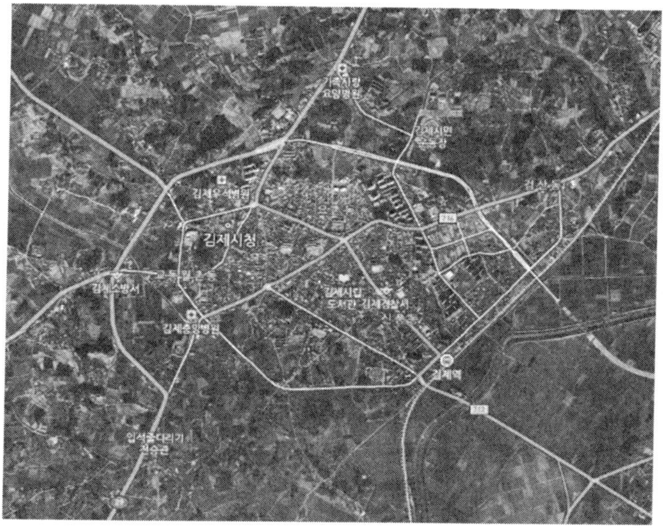

김제의 도시형태는 사진에서 보여지듯이 대체적으로 타원을 이룹니다. 김제의 역사를 보면 향교가 있는 교동이 오래된 도시일 것이고, 그 이후 일제가 철도를 놓으면서 김제역 부근이 개발되었을 것입니다. 그 이후 교통축이 발달하면서 현재의 고속터미널이 있는 요촌동 부근이 개발된 것으로 보여집니다. 이렇게 지도 하나를 놓고 도시의 연대기를 훑어 보면 대충의 도시조직의 역사를 파악할 수 있습니다.

시가지를 횡단하는 도로의 정면부분을 제외하고는 그 배후의 도시는 매우 느슨합니다. 그것은 지방 소도시들 대부분의 특색인 듯 보입니다. 주요 도로를 중심으로 도시상업기능이 배치되고, 이를 통해 지방의 농촌들은 필요한 도시수요를 해결할 수 있을 것입니다.

이와는 반대로 이면의 도시는 말 그대로 정주민의 도시입니다. 굳이 인구수요가 많지 않은 곳에서 어떤 계획적, 도시계획적 시도가 필요하지 않은 것이지요. 그래서 이곳의 도시조직은 물길 흐르는 대로, 옛 읍치의 도로형태 그대로 토지의 점유가 일어났고, 이는 현재까지 매우 불규칙한 도시조직의 형상으로 나타난 듯 보입니다. 전형적인 제2기의 도시조직(지형적 조직+도시계획도로)입니다.

2기의 도시조직Fabric of 2nd phase, 김제

이곳들의 지붕이 한식인 것은 이 건물이 한옥이어서가 아니라 건물이 낙후되어 지붕에 문제가 있어 비교적 간단하게 제작, 설치한 "금속기와 지붕틀"이라는 것은 이미 앞서 안동편에서 언급하였습니다. 즉, 지붕개량의 결과인 것이지요.

낙후된 배후도시Decayed backyard city, 김제

방치된 폐허Abandoned buildings, 김제

여긴 큰 길가인데도 이렇게 폐허가 그대로 남아 있습니다. 서울 같으면 어땠을까요. 폐허가 그대로 남아 있는 도시입니다

현대사회가 요구하는 어떤 도시성을 갖추려면 도시의 변화는 반드시 필요할 것입니다. 여기 김제는 어쩌면 지형적 도시가 보여주는 느슨함이 있지만, 이는 어떤 현대의 도시성에는 잘 어울리지 못할 것입니다. 한마디로 대도시 인구집중으로 인해 비효율적인 지형적 도시를 고쳐볼 여력이 나지 않았겠지요.(인구 유출이 해마다 증가한다는 군요) 이런 지방도시의 현황을 극복하고자 이곳 김제는 이렇게 불편한 도로를 개선하는 것부터 시작하고 있습니다. 그렇지만 분명히

전면도로 이면에 놓이는 도로Road first for regeneration

'한삽' 으로 몽땅 떠서 한 번에 내다버리고 다시 짓는 "tabula rasa"의 형식이 되어서는 안 될 것입니다.

02 사회성Sociality

●

김제의 거리가 너무 조용해 김제역 부근의 택시기사들에게 인터뷰를 시도합니다.

> Qus: 여기는 '문화의 거리' 같은 거 없습니까? 젊은 애들 많이 가는 곳?
> Ans: 여긴 없어요. 그런 거는 익산이나 군산에 가야 합니다. 여긴 전부 노인들이예요. 그것도 아마 논두렁 가면 더 많이 볼 수 있을 것입니다.

〈김제시의 인구 구성에서 특히 주목되는 점은 노년 인구[21,960명]가 차지하는 비중이 23%가 넘고 있어 김제시가 초고령 사회의 길목에 놓여 있다는 것이다. 또한 노년 인구의 성비[남자를 100으로 하였을 때 나타나는 여성 인구의 비율]는 159로 여초 현상이 극심하게 나타나고 있어 대비책이 있어야 할 것으로 보인다. http://gimje.grandculture.net〉

어디서 함성소리가 들립니다. 학생들이 체육대회를 하고 있군요. 안 그래도 인적이 드문 느슨한 거리를 걷고 있는데 매우 반가운 도시의 소음이었습니다.

학교 운동장Playground of school, 김제

아파트와 학교Apartment & school, 김제

그런데, 가만히 생각해보니 이곳은 시가지 크기에 비해 학교가 참 많다는 생각을 하게 됩니다. 조금만 걸어도 다른 학교가 나옵니다. 그런 생각에 이릅니다. 이는 분명히 김제시라는 도농통합시의 학교이지, 김제의 시계내의 학교만은 아니라는 것입니다. 즉, 농촌에서 농사를 짓는 대부분의 주민들이 이렇게 자식들을 김제시내로 보내고 당신들은 지역에 남아 농사일을 할 것입니다.(시 인구의 64%가 농작민이라고 합니다.)

여기서 생각이 더 나아갑니다. 이들 중에는 분명히 다문화 가정들이 있을 것이고, 이들의 자녀가 이들 중에 있을 것이다 싶더군요. 학교 주위로 몇몇이서 패거리를 지어 돌아다니는 학생들이 보이던데 이러한 다문화자녀들에게 이 패거리 학생들이 어떤 시선을 던지고 있는지 궁금해집니다.

김제에도 이른바 할인매장 "홈플러스"가 있고, 이렇게 아파트가 있습니다. 필자가 점심식사를 하러 어느 대중식당을 들어갔는데 아니나 다를까 동남아 부인들이 홈플러스 쇼핑백을 옆에 두고 4명이 모여앉아 식사를 하고 있습니다. 그 옆은 중국 여인들이었습니다. 역시 2명이 앉아 담소를 나누고 있습니다. 이 장면을 보고 아파트를 봅니다. 아마도 한국 농촌남성중 어떤 이들은, 자신은 농사를 지으러 농촌에 있고, 자식교육을 위해 그 여인들을 함께 아파트로 보내고 기터기아빠 하는 사람들도 있겠구나. 이런 사람들을 위해서라도 농촌 내 아파트는 또 다른 수요를 만들어 내겠다 싶습니다.

김제시의 외국인 수는 1695명, 외국인 자녀수는 370명[15]이라고 합니다. 이 학생들 중 370명이 이 곳에 있겠지요.

이러한 사회성의 파악이 왜 도시계획에서 중요하냐고 이야기 한다면, 이는 사회적 현상이기 때문입니다. 사회적 현상을 파악하고, 그 문제점들을 보완하는 것들 또한 도시계획에서 매우 중요하기 때문입니다. 세계의 도시들은 글로벌화 되어가고 있습니다. 많은 사람들이 세계도시, 하면 대부분 뉴욕, 도쿄, 파리, 한국은 서울.이라는 대도시 위주로만 생각들을 많이 하는데, 실상은 전혀 그렇지 않습니다. 이렇게 인구 10만, 세계지도에서 나타나지도 않는 도시, 김제도 이미 이렇게 세계도시입니다.

세계도시, 김제 Global city, Kim-Je

세계도시라는 말은 비행기라는 교통수단과 전산망의 발달로 인한 국제자본의 이동이 활발하게 되면서 등장했습니다. 자본의 이동은 지극히 양면적이지요. 하나는 자본의 상위계층들이 투자의 개념으로 들어오는 것이고, 하나는 자본의 하위계층들이 타 국가에서 들어오는 것입니다. 전자는 소위 도시의 양지만을 찾아다닌다면, 후자는 도시의 음지만을 찾아다닙니다. 전자건 후자건 글로벌 자본/인력은 기존도시와 갈등을 충분히 야기할 수 있습니다.

---

15) *2010, 전라북도 외국인주민현황*

전자는 막강한 자본력을 바탕으로 기존 도시와 미개발지에 엄청난 영향을 줄 수 있습니다. 후자는 그들의 수가 많아져 조직을 이루게 된다면, 다분히 원주민과 갈등을 일으키겠지요. 그들의 권리를 주장하고, 자리를 요구합니다. 제대로 된 소위 말해 '대접' 을 요구할 수 있습니다.(선진국의 프랑스, 미국의 LA, 남미와 같은 곳은 그것이 매우 사회문제가 되고 있습니다.) 아직은 수가 많지 않아 국내인들에게 묻혀 있는 듯 보이지만, 실상은 그렇지 않은 경우도 많을 것입니다.

도시계획적으로 이를 어떻게 봐야 할까요. 우리는 이러한 현상을 도시계획적으로 준비해야 한다고 봅니다. 전자의 경우가 국제도시, 국제업무지구와 기존 도시와의 접경지대에 대한 공간적 관심이 필요한 것이 그 이유이며, 또한 후자로선 대학로에 매주 모이는 동남아인들의 거리시장에 공간적 배려를 해 주어야 하는 것이지요. 또한 이들 중에 성공한 동남아인들이 쉽게 한국인의 주류사회, 주류지역에 정착할 수 있도록 도와야 합니다. 이렇게 비교적 폐쇄된 한국 땅에도 이미 이들이 버젓이 자리하고 있음을 우리는 알아야 합니다.

03 도시조직 : 김제평야 Kim-Je plain

●

김제 또한 하천이 바깥에 있고, 그 안쪽으로 철도가 지나갑니다. 그리고 도시가 나타납니다. 참으로 많이 보아온 도시패턴입니다. 역 바로 뒤편에 도수로가 있고, 그 뒤로는 자연하천인 두월천이 흐릅니다. 김포에서 확인했던 관개 시스템이 그대로 확인됩니다.

철도와 물길 Railway & Water, 김제

김제평야 Kim-Je plain

김제평야는 김제역을 뒤로 위치하고 있습니다. 지평선은 아니지만, 사진처럼 광활한 경작지 평탄면을 확인할 수 있었습니다.

●

후감

이곳 김제는 어찌 보면 이미 충분히 다공질의 도시입니다. 'porous' 합니다. 아직도 전근대적인 도시조직이 많이 남아 있어 느슨한 토지이용을 보여주고 있습니다. 비 다공적 도시가 보여주는 자본의 콤팩트한 토지이용이 아직은 나타나지 않은 것이지요. 그래도 이곳은 필자가 생각하는 다공성의 도시는 아닙니다. 왜냐면 다공성은 혼합성 mixite, 접근성 accessbility, 평등성 isotrophy이 있어야 하기 때문입니다.[16)]

토지이용은 느슨하나 아직도 공공공간은 부족해 보이며, 차가 접근할 수 없는 지형적 도시조직이 많이 남아 있어 아직도 도시의 많은 부분이 접근조차 되지 못해 쇠퇴하고 있습니다. 도시조직 곳곳은 물길의 흔적이 남아 있지만, 정작 자연의 흐름 또한 시계 내에는 존재하지 않습니다.

---

16) 자세한 설명은 보론 참조

그렇다고 이곳은 많은 재정을 확보할 수 있는 인구가 많은 도시도 아닙니다. 그렇다면, 과연 우리는 이러한 소도시의 활성화를 위해 무엇을 할 수 있을까요. 먼저 도시계획적 기본판을 그려 놓고, 공공공간부터 준비해 주고, "tabula rasa"가 아닌 기본판에 맞추어 시민들의 자력갱생 Self-renewal을 이끌어 도시를 구하는 도시계획의 마련. 그러면 바라는 산업의 유치, 인구의 유입, 지역경제의 활성화를 도시가 이끌어 낼 수 있지 않을까요. 참으로 생각해 볼 대목을 많이 보여준 '보통의 도시', 김제였습니다.

●

제안

- 김제읍치 부분의 역사영역 설정
- 수용 가능한 역세권의 개발
- 공공영역(공원/자전거도로) 확충을 통한 주민 스스로의 도시환경 개선, 자력갱생의 유도

●

Porous city, Kim-Je

The city locates in the middle of Kim-Je plain. So no mountain is there. The horizon, we could see there. Population is 105,900(2011).

Most of urban area is quite old, there is few urban energy like youth street, commercial district and so on.

Making vital city, we should consider the public realm, like street, greens, ancient structures. Bike path and bike park is well with plain landscape. Train/ terminal impact zone is for affordable commercial district. These kinds of trial, we hope, could enhance the redevelopment of the city of their own, and also attract for youngsters, provider of urbanity.

Porous city, Kim-Je
Historic preservation area
Greens with rails
Bike park
Bike path with greens
Station, Terminal impact zone

참고자료

해동지도 - 김제

김제시의 시내, 죽산면, 부량면, 백산면, 용지면, 백구면 일대에 해당하며 읍치는 교동, 옥산동, 요촌동 일대에 있었다. 김제군은 실제로는 산이 거의 없는 광활한 벌판에 자리 잡고 있음에도 지도에는 산들이 수없이 연결되어 그려져 있다. 산이 많은 지역에선 작은 뒷동산이나 둔덕에 불과한 지형이 이곳에서는 山·山脈으로 인식되고 있음을 통해 조선시대 자연관의 일면을 엿볼 수 있다. 고적조에 보이는 平皐廢縣은 지도의 동북쪽에 해당되는데 김제군의 전체적 모양이 지도와 달리 실제로는 동북쪽에서 서북쪽으로 길게 누운 형태라는 사실을 통해 두 개의 고을이 합쳐졌음을 짐작할 수 있다. 지도의 남쪽에는 『三國史記』에 330년(訖解王 21년)에 처음 만들어졌다고 전해지며, 이후 고려·조선을 거치면서 여러 번 개축된 碧骨堤의 모습이 수문과 둑의 형태로 분명하게 그려져 있다. 하지만 이 지도가 그려진 시대에는 여백의 주기 고적조에 적혀 있듯이 이미 저수지로서의 기능을 상실하고 모두 논으로 바뀐 상태였다. 현재는 사적 제111호로 지정되어 보호되고 있으며, 직접 가보면 지도에서의 동서방향과는 달리 남북방향으로 둑이 쌓여져 있다.(이기봉)

해동지도 – 김제, 규장각 한국학연구원

Bonus Photo

Water gate

Granary

Fishing

COMMON CITY

SURVEY ON SMALL CITIES
OF SOUTH KOREA

STORY

13

KUN-SAN

인구 27만의 항구도시, 군산입니다.

군산 群山

《면적》_675.38km²

《세대》_103,791가구(2010.9.30)

《총인구》_266,541명(2011)

《등급》_전남 순천, 강원도 춘천과 동급, 38위

《행정동》_읍 1개, 면 10개, 행정동 16개

《법정동》_52개

도시답사를 할 때면 앞서의 김제와 같은 시의 경우는 뭘 보아야 할지 처음에는 잘 드러나지 않는 도시들이 있습니다. 그렇지만, 군산의 경우는 일단 참으로 볼 것이 많은 다양성을 가지고 있습니다. 도시감상에 있어 김제가 난이도 10의 도시라면, 군산은 난이도 3의 도시라 하면 농담이겠지요. 아무튼 군산은 크지 않는 도시임에도 불구하고 볼 것이 너무도 풍성한 '보통의 도시'를 가지고 있습니다.

01 도시형태 Shape of the city

●

군산은 예로부터 일제의 수탈지로 유명한 도시이지요. 아마도 그 당시 풍부한 농경지를 배후에 두고, 식민도시로서의 미곡반출지로서는 최적의 입지요건을 갖춘 도시였을 것입니다. 지형을 보니 왼편의 능선자락이 반원형을 가지고 도시를 둘러싸고 있는 것이 인천의 형국과 비슷해 보입니다.

이후, 금강의 풍부한 충적지를 이용하고자 간척사업을 했을 것이고, 이는 서쪽으로 뻗어나갔을 것으로 예상됩니다. 이는 대동여지도를 보면 더욱 확연히 느낄 수 있습니다.

전체적으로 보면 내항 쪽의 오래된 도시와 그 바깥의 구획정리도시, 그리고 그 밖의 수송동지역의 택지개발지역이 있어 이곳 군산은 내측면만 보면 흡사 양파껍질의 형상을 가지고 있습니다.

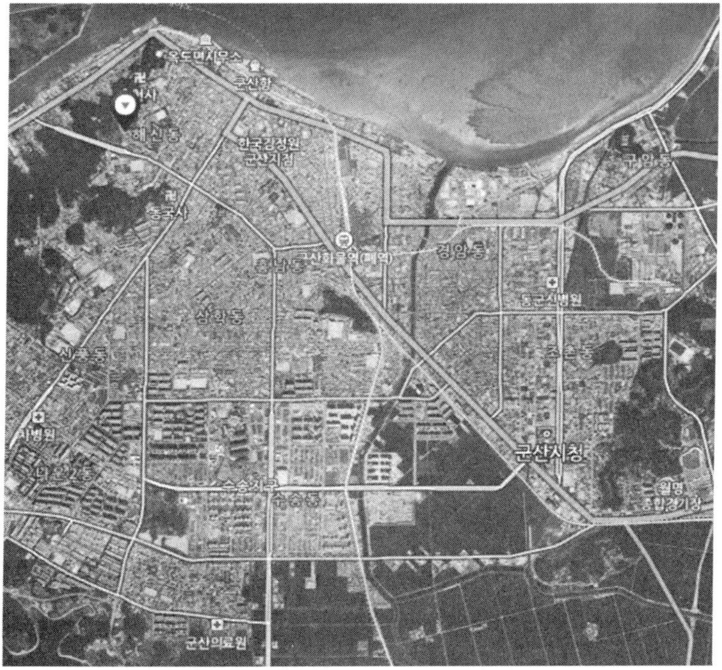

군산 시가지의 형태 City shape of innercity

항구도시 Harbor city

항구도시는 예나 지금이나, 내륙도시에 비해 많은 장점을 가지고 있습니다. 전근대시기에는 국제교역의 중심지의 역할을 하여, 이를 통해 신문물을 받아들이고, 소화하는 최첨단의 도시였을 것이고, 근대시기에는 산업화에 최적지로서 수운을 이용한 각종 산업들을 유치, 도시성장에 기여하였습니다. 현대에는 이곳 군산처럼 많은 임해 산업단지들이 모여 엄청난 규모의 산업생산을 도모하고 있습니다. 현대중공업, GM자동차등 유수의 대기업들의 생산기반이 이곳에 있고, 그 밑에서 이들과 협력하는 2차, 3차 하청업체들이 모여 있을 것입니다.

또한 대량생산은 대량 소비문화를 일으키기도 합니다. 또한 기존엔 대도시의 근교에 최근에는 공항들이 바다에 면해서 건설되고 있습니다. 이렇게 항구도시는 산업의 측면, 문화의 측면, 그리고 소비의 측면에서 앞서갈 수 있는 유리한 도시이며, 또한 산업의 변화에 대한 도시변화의 시간퇴적 양상을 쉽게 확인할 수 있는 도시라 할 수 있습니다.

02 도시조직 Urban fabric

내항 Old inner harbor

군산항 내항 앞에 있는 구 도시조직입니다. 대략 60×70m의 명확한 격자그리

군산항 앞의 구 도시조직

드가 나타납니다. 이는 그리 흔하지 않는 그리드체계인 듯 보입니다. 분명히 일제가 만들어 놓은 도시조직일 것으로 예상되는데, 애초부터 있던 창고기능을 더욱 활성화 시키고자 적용한 격자였을 듯 합니다. 수탈의 항구였으니까 말이지요. 건축적으로 좀 더 자세한 연구가 필요한 대목인 듯 보입니다.

일제의 격자 및 내항의 건물들 Japan's grid and buildings

내항 앞의 도시조직, 도시기본판 위로 아직도 곳곳에 오래된 건물들이 남아있습니다. 하지만, 이곳 주민과의 인터뷰결과 김영삼정부 시절에 많은 건물들이 유실되었다고 하더군요. 개인적으로는 조선총독부와 같이 일제 군국의 상징물은 그렇다 치더라도, 이러한 창고와 같은 이른바 '보통의 건축물' 들은 몇 채라도 남겨졌어도 좋았지 않았나 싶습니다. 우리가 보통의 건축물에 관심을 가져야 할 이유는 그것이야 말로 시대를 상징하는 '아이콘' 이기 때문입니다.

일제강점기 건물 Old Japanese buildings, 조선은행 군산지점, 군산세관 Bank & Costume

이곳 내항부근에는 이렇게 일제의 도시그리드 뿐만이 아니라 일제의 잔재가 아직도 곳곳에 남아있음을 확인합니다. 조선은행 군산지점이 한창 리모델링 중이었고, 군산세관도 이 곳에 있습니다.

아래의 좌측 사진은 한참 마무리 공사 중인 군산 근대역사박물관인데, 건물의 형태를 보면 전혀 근대적 도시구조와는 어울리지 않는 듯 보입니다. 이러한 건물의 화려한 외양만 추구하기 보다는 이런 곳이야 말로 기존 도시조직과 어울릴만한, 조응하는 건축물이 들어섰으면 좋았겠다 생각이 듭니다.

방향을 군산 폐철도역 쪽으로 향하면, 일제강점기에 본정통(本町通)이라 할 만한 영동로 물빛거리가 나옵니다. 폭과 구역이 그리 크지 않지만, 차 없는 거리가 골목 곳곳과 연결되어 네트워크를 이루고 있습니다.

군산 근대역사박물관 Museum of modern history

군산 영동로, 물빛거리 Pedestrian street

03 도시조직 Urban fabric, 취약지역 Urban fracture : 철도노선들 Railways

●

이곳 군산은 예로부터 많은 철도노선이 있었습니다. 수탈의 도시였으니까요. 특히 얼마 전에 이곳의 철도체계가 수정되면서, 현재 많은 철도 부지들이 폐선부지로 남아 있습니다. 그런데 아직까지 시에서는 확실한 개발이냐 보존이냐를 놓고 결정하지 않은 것으로 보입니다. 아래는 상황을 알려주는 군산일보의 내용입니다.

◇ '군산역 시대' 개막 이후 = 군장철도 개설에 따라 지난해 1월 초 새로운 군산역 시대가 열렸다. 가장 눈에 띄는 변화는 장항선. 기존은 천안~장항까지 구간이었으나 군장철도 개설로 신장항, 신군산 경유 대야, 임피, 오산리, 익산역까지 구간이 새롭게 연장됐다.
이로써 영업거리는 과거 133.9km에서 26.3km 늘어난 160.2km로 확대됐다. 또 신장항~기존 장항역 구간은 새롭게 장항화물선(4.2km)이란 이름으로 생겼다.
이에 따라 1912년 개통된 군산선(익산~군산)은 역사 속으로 사라졌다. 또한 내흥동 신역은 군산역으로 변모했고 대신 대야~군산간 선로는 장항화물선처럼 '군산화물선'(8.9km)이란 이름으로 지난해 6월 말까지 존속됐다가 철도운항이 중단되면서 역으로서의 의미를 상실했다. 페이퍼코리아선도 지난해 7월 군산화물선과 운명을 같이했다. 옥구선은 1년에 1회 정도 군 화물이송에 사용되고 있으며 부두선은 비정기적으로 대형화물만 취급할 뿐 거의 활용되지 않고 있는 실정이다. 이 때문에 철도노선의 가치가 상실됨에 따라 도심철도부지의 활용문제와 폐선이용이 새로운 과제로 떠올랐다.

◇ 철도노선 부지 및 현황 = 군산지역의 철도노선은 군산화물선(대야역~옛 군산역) 10.1km(폭 6.8m), 옥구선(옛 군산역~비행장:1953년 개설) 13.7km(폭 4.2m), 부두선(옛 군산역~내항: 1967년7월 개설) 1.7km, 화력발전전용선(페이퍼코리아~발전소:1968년 개설) 2.6km(폭 5m), 페이퍼코리아선(옛 군산역~페이퍼코리아:1943년 개설) 2.5km(폭 9m) 등으로 이뤄졌다. 여기에다 공단1호선(내항~지방공단:67년 7월 개설) 6.4km와 공단2호선(지방공단~국가공단:1986년 5월 개설) 11.9km 등 내항변 철도로 역할을 해오고 있다. 이들 철도를 전부 합하면 군산의 철도노선은 모두 7개 노선 47.9km에 이르는 것으로 집계됐다. 이와 함께 내항변 철도부지는 181,272m^2이며 이를 소유자별로 보면 공유지 795m^2, 국유지 134,389m^2, 사유지 46,088m^2로 이뤄졌다.
- 군산신문, 2009-02-23

아니나 다를까 이곳의 부지들은 이렇게 옛 도시조직을 그대로 드러내면서도 방치되어 있기도 하고, 어느 곳은 초고층 건물이 들어섰습니다.

근대의 유적임을 보여주는 급수탑과 노인의 쉼터가 된 구 역전광장 Old water tower, Closed station square

시는 이를 공원화를 하느냐, 아니면 경전철 등의 새로운 도시교통을 도입하느냐 등을 가지고 고민하고 있다고 합니다. 필자의 견해로서는 섣부른 결정을 하지 않은 군산시에게 정말 상이라도 주고 싶습니다만, 어떤 도시계획적 조치가 언젠가는 들어가야 될 듯이 보입니다. 즉, 상업, 업무 등이 있어 필요한 부분은 경전철로, 주택지 등의 부분은 공원으로, 일부는 이렇게 폐선으로 남기는 계획

폐선부지 앞의 도심재개발의 명목으로 들어섰을 초고층건물 Massive buildings on abandoned railway site

주택가 폐선부지 Abondoned railway of residentual, 군산

이 되겠지요. 그리고 이는 군산 시가지에 많은 변화를 일으키는 요인이 될 것이니 만큼, 신중에 신중을 기해도 부족하지 않을 것입니다.

04 도시조직 Urban fabric. 취약지역 Urban fracture : 외항 Outer port

●

군산은 항구도시답게 수산물 처리시설이 바다를 면하여 위치하고 있습니다. 아마도 일제 강점기엔 내항을 중심으로 한 일본인의 구역과는 다르게, 이 쪽은 산세의 바깥 외항 쪽이었고, 주로 내항이 미곡을 수출하는 곳이었다면, 이곳은 수산물을 손질하고, 들여오는 곳이었을 것입니다. 예로부터 시계를 둘러싼 산세의 바깥은 도시의 바깥이었겠지요.

군산 외항, 얼음공장 Ice plant

특히 이 수산물 시장 쪽으로는 일제강점기 한국인들이 집단으로 거주했다는 해망동이 있었습니다. 일본인이 차지한 도심에 밀려서, 도시의 바깥에 위치한 것이지요. 현재는 도시조직이 매우 낙후되어 있으나 아직도 사람이 거주하는 공간입니다.

해망동의 풍경들 Old Korean site at colonization time, 군산

해망동 앞의 도시조직을 이루는 개개의 건물의 느낌이 굉장히 살갑습니다. 그건 아마도 인간적 스케일에서 나오는 것이겠지요.

05 도시교통 Transportation, 취약지역 Urban fracture

●

사실 이곳 군산에 와서는 공단지역과 함께 새만금 방조제를 보고자 했습니다. 그래서 길을 묻고 버스를 기다립니다. 그런데, 온다는 버스는 아무리 기다려도 오지 않습니다. 기다리다 지쳐 택시를 탑니다. 기사 분에게 인터뷰를 요청합니다.

Qus: 아니 여기는 공단 가는 버스가 없습니까?
Ans: 있습니다. 그래도 많이는 없어요.

Qus: 아니 왜요?
Ans: 아니 생각해보세요. 이 곳 공단사람들은 다 회사에서 출퇴근버스 대절하지, 또 보세요. 자가용이 천지 아닙니까? 시가 아무리 비용을 조달한다고 해도 한계가 있지, 버스는 텅텅 빕니다. 여기 공단 사람들 버스 잘 안 탑니다.

늘어선 공단 근처의 차량들 Lines of car near factory

공단도 그렇고, 이에 인접하여 여객선 터미널이 있지만, 전혀 활성화 되지 않았습니다. 사람이 한 사람도 없이 필자와 같이 물정 모르고, 여객선터미널이니 사람이 북적일 거야, 상상만 하고 오는 사람들을 위한 택시만이 몇 대 있습니다. 버스가 없는 것은 말할 필요도 없더군요.

여객선터미널 내부

필자는 기회가 있을 때마다 혼합성 mixite을 이야기합니다. 필자가 보기에는 아무리 공단지역이라고 하더라도 최소한의 도시성은 있어야 한다고 생각합니다. 모던이 만들어내는 조닝의 원리에 따라 공업지역은 주거지역과 떨어져야 하는 것은 원칙적으로 동의하지만, 이렇게 그것이 철칙이 되어 버리면 이렇게 이 곳처럼 공단 말고는 전혀 무엇이 없는, 심지어 대중교통조차 접근이 힘든 오지를 만들어버립니다. 그 공단이 막대한 재화를 벌여 들여 국가경쟁력에 기여하는 곳에, 이렇게 꼭 필요한 도시성이 부족해서, 도시의 오지가 되어 있다면, 그것 또한 문제 아닌가요. 이 곳에 어떤 최소한의 도시성, 최소한의 상업이라도 있었다면 상황은 달라질 것입니다.

06 그린 Green : 은파관광지 Water reservoir

●

군산 시계의 남쪽을 보면 큰 저수지가 하나 있습니다. 다름 아닌 은파저수지라는 곳인데 조선시대부터 조성된 곳이라 하더군요. 이는 아마도 논농사에 있어 가장 기본인 물의 담수를 낮은 구릉지 부분을 메워서 평지의 농업용수로 확보하려 했던 조상의 노력이 아닌가 생각해 봅니다. 아무튼 이는 현대에 이르러 매우 아름다운 자연경관을 제공하고 있었습니다. 제가 있는 분당의 율동공원 또한 담수호를 경관호로 바꾼 것입니다만, 이곳이 더 스케일이 크더군요.(충북 충주시에서 비슷한 느낌의 호암지가 있습니다. 다른 점이 있다면 충주의 호암지는 일제가 만든 것입니다. 뒷대목을 참조하십시오.)

은파관광지, 군산

07 도시조직 Uraban fabric : 수송동 New city

군산 시내의 최 외곽지인 수송동쪽을 둘러 봅니다. 여느 신도시, 택지개발지구의 풍경과 다를 바 없습니다. 구도심이 삼겹살집과 "룸빠"의 문화라면 이 곳은 깨끗한 참치회집과 카페의 문화일 것입니다.

수송동쪽을 지나 구획정리 지역으로 들어 옵니다. 여기서 필자는 이곳 수송동이 개발되기 전의 모습이 어땠을까를 상상해 봅니다. 아마도 논바닥이었겠지요. 여러분들도 아래의 그림에서 배경의 아파트를 지워 보세요. 논바닥이었을 배경을.

수송동의 풍경, 군산

08 수공간 Water

군산 시계 내에는 경포천이 존재합니다. 하천의 주위에 뚝방도 없고, 또한 홍수면도 존재하지 않습니다. 아무래도 수위가 비교적 일정하게 유지되는 바다로 흘

커드는 하천이기 때문일 것입니다.(포항의 내항 또한 수위가 도시와 매우 비슷했지요.) 주위의 도시풍경과 하천이 만들어내는 풍경이 매우 아름답습니다. 이곳에 약간의 공공적 배려가 좀 더 있었으면 하는 생각이 듭니다만, 찬사가 절로 나오는 보통의 도시 풍경입니다.

경포천 풍경, 군산

09 제언, 다공성의 도시, 군산

공단에 최소한의 도시성이 필요한 이유

우리는 공단을 생각하면 냄새나는 곳, 들어가면 안 되는 위험한 곳, 눈의 색이 다른 외국인들이 돌아다니는 곳으로 생각합니다. 또한 가끔씩 TV에서 나오는 노사분규의 극한투쟁이 일어나는 곳이 공단지역이기도 합니다. 그 만큼 공단은 우리의 도시에서, 관심에서 멀어져 있는 것이지요. 필자는 이런 생각을 해 봅니다. 이곳에 최소한의 정주요건을 만들어 준다면, 공단 내에 최소한의 상업시설, 2-3차 하청업체들의 사회적 취약계층을 위한 노동자들의 주거를 만든다면 어떨까요. 만약 그렇게 한다면 이들을 위한 녹지가 필요할 것이며, 휴식시설과 최소한의 재생산의 공간이 필요할 것입니다. 이러한 공간적, 도시계획적 배려가 우리의 공단, 더 나아가 우리의 사회를 치유할 수 있지는 않을까요. 사람 냄새나는 곳에는 인심도 좋습니다. 혼합성 mixite의 가치가 그래서 필요합니다. 다른 도시성 urbanity은 다른 인간성 humanity을 낳습니다. 필자는 그것을 믿습니다.

제안

- 폐선부지의 전략적 활용
  - · 주거지역, 기존 그린생태축과의 연계 : 공원화
  - · 도심부의 통과부 : 경전철
  - · 나머지 지역 : 보존
- 공단부의 최소한의 도시성 투입
  - · 상업시설 등의 복합시설 설치
  - · 공단 내부 편익시설의 외부화
  - · 대중교통의 보완

Porous city, Kun-San

The city is famous for the transit point from the past. Because it's very near to the Yellow sea, and not long from Seoul area. Especially, in Japan's colonization periods, it's famous for "the city of exploitation."

In the old city center, inner harbor area, there is clear shape of Japan's grid. but unfortunately, there are few buildings remain.

Outside of this old city, there are clear "Onion shape" urban fabric which indicates the developmental phase of the city.

Like any other seashore cities, there is huge area of industrial complex, which means very poor urbanity exists. Abandoned rail also still exists in city realm without after-use plans.

Making porous this city, first thing is isotopically dispersed park and bike road, it gives equal opportunity for all that city area in terms of "green" transportation. Second is enhancing urbanity in huge industrial complex. Commercial or mixed used building program will be helpful to that place, those should be equally dispersed. Last thing is for abandoned rails. It gives good opportunity for turning green strips from this decayed old infrastructure.

참고자료

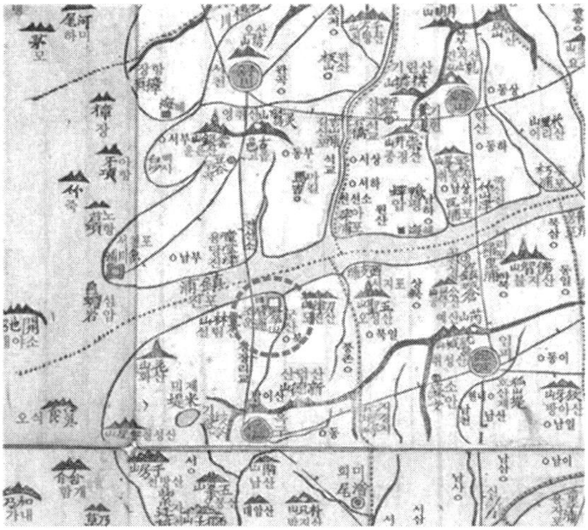

대동여지도 Old map, 군산

대동여지도를 보니 군산은 예로부터 창고와 군영이 설치되어 있던, 조운의 중요 지점이었습니다. 대동여지도를 보는 법은 본서의 〈보론, 지도식〉을 참조 하십시오.

Porous city, Gun-San
Historic preservation area
Green from pre-Rail
Greens with pre-Rails
Bike park
Bike path with greens
Commercials in Industrial area
Terminal impact zone

Bonus Photo

Hill side Korean's site at Japan's colonization

Restoration of old building

COMMON CITY

SURVEY ON SMALL CITIES OF SOUTH KOREA

STORY

14

YONG-IN

인구 65만의 산세의 도시, 용인입니다.

용인 龍仁

《면적》_591.32㎢

《세대》_321,089가구(2011.5.31)

《총인구》_649,577명(2011)

《동급》_경기도 안산, 충북 청주와 동급, 14위

《행정동》_일반구 3개, 읍 1개, 면 6개, 행정동 23개

용인시는 경기도 중부에 있는 시이다. 에버랜드와 한국민속촌이 자리하고 있으며, 여러 대학교가 있다. 동쪽은 이천시, 서쪽은 수원시, 의왕시와 화성시, 남쪽은 평택시와 안성시, 북쪽은 성남시와 광주시에 면하고 있다.

01 도시형태Shape of the city : 산세의 도시Mountainous city

용인은 좀처럼 다른 소도시처럼 어떤 명확한 형태가 떠오르질 않습니다. 왜 그럴까를 생각하며 지도를 곰곰이 들여다 보니 이 곳은 본래 산세의 도시였기 때문이었습니다. 평원의 도시가 아닌 산세의 도시이기에 4개의 큰 물길이 발원하며, 이 각각의 물길이 만들어내는 정주지가 분산되어 있습니다. 어찌 보면 지형적 이유로 인해 인구가 분산된 한국판 'dispersed city' 라 할 만합니다. 그렇게 생각해보니 한국의 도시형태의 또 다른 유형이 될 수 있을 듯 싶습니다. 산세가 만드는 분산도시. 용인

분산도시라 하더라도 몇 개의 다핵들이 존재합니다. 먼저 구도심인 처인구가 있고, 경부축에 맞물린 수지구와 시흥구가 있습니다. 그 나머지의 읍과 면은 농촌도시의 형태로 점적으로 존재합니다.

특히 경부축과 맞물려 수지구는 죽전과 풍덕천의 양핵으로 뭉치고 있으며, 기흥구는 경부축과 평행하게 발달된 지역으로 신갈지역이 구도시이며, 최근 동백지구(5만), 구성지구(2만), 흥덕지구(3만)가 택지개발지구로 조성되고 있습니다. 오래된 도시인 처인구를 제외하면 대부분 비교적 최근에 조성된 도시들입니다. 또한 도시 핵들의 '경부축 쏠림' 을 보여주고 있습니다. 필자의 답사지는 최근 개발지가 아닌 처인구로 정했습니다.

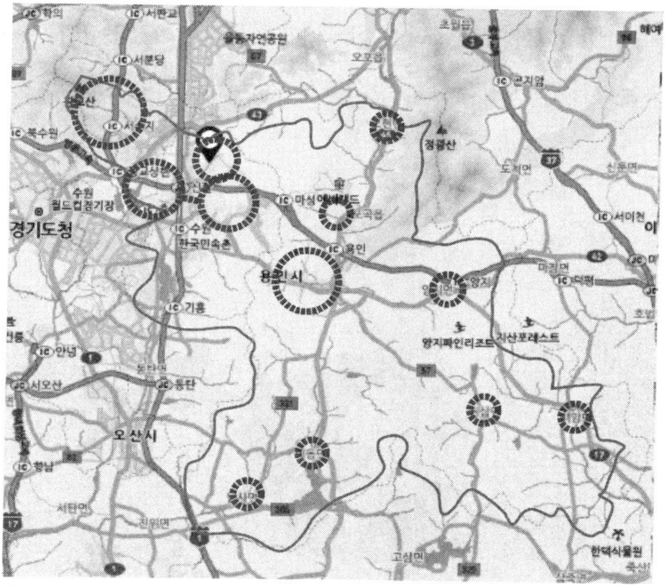

용인의 시계와 중심지 City boundary and city centers

02 도시조직 Urban fabric

처인구의 도시조직은 앞뒤의 산세로 둘러싸인 골짜기의 형태를 가지며, 이를 따

라 도시계획도로에 의한 구획정리가 이루어졌음을 알 수 있습니다. 배후지가 얼마 안 되는 골짜기 도시다 보니 자연스럽게 물길과 평행하게 도시의 켜가 형성되었습니다.

그리드조직이 선명한 도로체계, 천변길과 수직으로 조성된 도시계획도로 Clear grid city

이러한 그리드조직을 기반으로 한 오래된 도시는 자연스럽게 재래시장과 보행의 거리가 나타나는데 이곳 용인에서도 확인이 됩니다. 더군다나 이곳은 이 둘이 매우 근접해 있습니다.

산세 쪽으로 향할수록 낙후된 도시가 나타납니다. 당연히 예상이 되는 것이지만, 이곳의 낙후된 비탈도시는 언제나 무속인이 있습니다. 또 때로는 이렇게 주차장과 같은 도시의 "저장공간 Store place"으로 쓰이기도 합니다.

재래시장과 차 없는 거리 Old market, pedestrian street

무속인의 집 House of shaman

주차장 Parking lot, 저가치 도시의 저장공간

03 교통, 사회성 Transportation, Sociality

●

죽전역 하부에 많은 버스들이 모여듭니다. 이렇게 도시의 중전철은 하위의 교통체계를 거느리는 힘 있는 교통수단입니다. 여기엔 많은 젊은이들이 눈에 뜨였는데, 용인권에 위치한 많은 대학들이 있는 이유였습니다. 찾아보니 경찰대학, 강남대학교 , 경희대학교 국제캠퍼스 , 단국대학교 , 루터대학교 ,명지대학교 자연캠퍼스 ,용인대학교 ,칼빈대학교 ,총신대학교 양지캠퍼스 ,한국외국어대학교 용인캠퍼스 12개의 대학교가 있네요. 남들은 한 개의 대학을 가져도 도시가 활성

죽전역앞의 승차객들 Passengers in station

'광역-마을' 버스 Small inter-city bus, 용인

화 될 수 있는데 무려 12개입니다. 아무튼 이들은 이렇게 죽전역이라는 경기남부의 교통 결절점에서 일상을 시작합니다.

●

작은 광역버스

용인 시계의 내외를 운행되는 버스들에는 조그만 버스들이 많습니다. 그 이유는 아마도 시계의 권역이 큰 것과는 반대로, 언급했던 3개의 구 이외의 지역은 다 농촌기반 도시이기 때문에 애초에 인구수요가 그리 크지 않았을 것이기 때문입니다. 수도권 주민들은 으레 생각하는 광역버스 하면 빨간색 대형버스를 연상하지만, 이 곳의 광역버스는 초록색 마을버스 수준의 것들이 종종 있더군요. 이러한 현상은 권역이 큰 도농복합시의 또 다른 특질이기도 할 것입니다.

●

경전철

여기서도 경전철 이야기를 안 할래야 안할 수가 없습니다. 이미 구조물은 완공이 되었지만, 아직도 운행은 되지 못하고 있습니다. 말을 들어보니 역시 수요예측부터 잘못된 대표적 선심공약의 일환이었습니다. 오늘 뉴스를 보니 급기야 전 용인시장이 조사를 받는다는군요. 아마도 한국의 소도시에서는 이렇게 서구의

용인 경전철 Light rail not used

'광역–마을' 버스 Small inter-city bus, 용인

모노레일의 환상에 빠져 낙후된 지역발전에 기여해 보겠다는 시도들이 한차례의 유행이었던 것처럼 보여집니다. 여기와 같은 비슷한 일이 인천 월미도, 의정부 경전철에서도 나타났지요. 가히 '경전철의 저주' 라 할 만합니다. "도시에 무언가를 채우려 하지 말고, 도시에 있는 사람에 투자하라"는 말이 생각나는 대목입니다.

▶ 올 7월 개통 예정인 용인 경전철 노선도

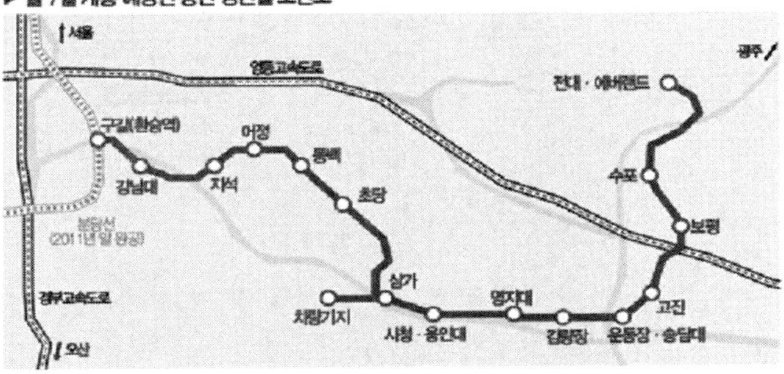

경전철의 구간을 보니 과연 이렇게 엄청난 구조물을 혈세를 써가며 했어야 했는가가 몹시 의문이 가더군요. 아직 환승역도 없는 이 곳에 말입니다. 이 정도면 마을버스 노선을 하나 늘리면 될 것인데요. 파리 Paris와 같은 경우는 이러한 노선을 굳이 건설한다고 하면 트램 tram을 설치합니다.

경전철과 트램

말 나온 김에 트램이야기를 좀 하고 싶은데요. 사실 도시의 주요 간선교통축이 방사형 축과 큰 내외부의 링이라면, 나머지 구간들, 특히 주변 지역에서는 트램을 설치, 방사형 교통축의 곳곳을 연결시켜 주면 대우 효과적으로 교통의 소외 지역까지를 커버할 수 있습니다. 물론 위계상으로 보면 일반버스, 마을버스보다는 수요가 많아야 하겠지요. 트램은 구닥다리라 생각하는 사람들이 있을지 모르겠으나, 유럽 어느 소도시를 가도 트램은 아직도 운행 중인 곳이 많습니다. 지하철건설의 1/10이면 건설하는 것이 트램입니다.

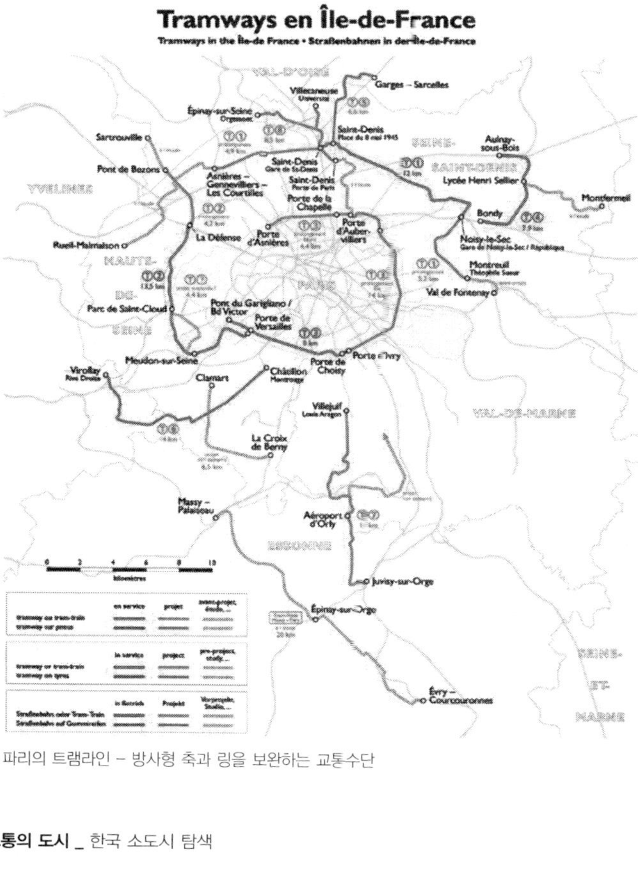

파리의 트램라인 – 방사형 축과 링을 보완하는 교통수단

●

용인에서 발원하는 물은 먼저 북쪽으로 성남시 분당구를 거쳐 강남과 송파로 흘러드는 탄천이 있습니다. 또한 다른 지류로는 용인 읍내에서 모여 경안천을 따라 북진한 다음 남한강으로 흘러드는 줄기가 있고, 남쪽으로는 오산천에서 모여 남서진한 다음 아산호에 모였다가 서해로 흘러드는 두 줄기가 있습니다. 따라서 용인의 산천은 서울의 강남, 판교, 분당, 오산, 안성의 인근 지맥에 지대한 영향을 주고 있는 것입니다.

용인의 수계 Water range of Yong-In

상류로서의 경안천은 그런대로 잘 정비가 되어 있는 듯 보입니다. 그러나 자칫 용인에서의 느슨한 수질관리는 곧 바로 하류인 인근 도시에겐 치명타가 될 것입니다. 따라서 최근의 "수질오염총량제" 도입에 따른 종말처리장 건설과 같은 문제에 소홀하면 안 될 것입니다. 보여지는 경관도 중요하지만, 수질은 더욱 중요합니다.

하천과 도시, 용인

05 공공건물 Public building

●

용인시청의 위치는 경부축에 묶여 있는 두 개의 핵지역인 수지, 기흥구와 옛 시계의 중심인 처인구의 중간에 위치하고 있습니다. 시는 아예 이 새 신청사를 지을 때 행정타운을 염두에 두고 지은 듯 보입니다. 행정타운을 굳이 돈 들여 짓는 것 보다는 기존 시가지들에 남아도는 공기업 건물들, 예를 들면 좀 있으면 이전하는 LH와 같은 건물들이 들어갔으면 어땠을까 싶습니다. 좌우간 높이가 15층밖에 안 되는 건물이지만, 멀리서 보면 굉장히 높아 보입니다. 일부러 크고 높아 보이게 한 기단부의 디자인적 효과일 것입니다.

용인시청에서 본 구 용인, 처인구의 모습입니다. 낮은 산세들 사이에서 형성

용인시청사 City hall

용인시 처인구 전경 Panoramic view of city center

된 협곡의 도시가 그대로 드러납니다. 그 사이로 거대한 용인 경전철이 관통하고 있습니다.

06 제언 : 네트워크의 도시 Network city, 용인 Yong-In

●

감히 말하건대 용인은 이미 한국의 소도시들의 연합으로 이루어진 도시입니다. 인구 65만이 매우 다양한 산업과 그에 따른 사회적 계층(전통적 농업, 삼성반도체, 각종 산단, 대학교 12개 등)이 혼합되어 있고, 풍부한 자연환경과 인공성이 잘 조화된 도시로 보여집니다. 그에 따른 도시의 핵들이 언급했듯이 3개, 수지, 기흥, 처인으로 행정구역상 구분되지만, 사실상 풍덕천동, 죽전동, 기흥동, 신갈동, 동백동, 구성동, 처인구. 이렇게 몇 개의 소도시들이 연합되어 있는 형국입니다. 그들이 서로 붙지 못하고 떨어진 이유는 이전에 언급했듯이 지형적 영향이 가장 큰 것이었습니다. 물론 경부축으로의 연담화는 가장 큰 문제지만 말입니다.

서울을 소도시의 연합으로

필자는 수도 서울을 이런 식으로 나누어 소도시의 연합으로 생각해보면 어떨까를 상상해 봅니다. 최근에의 동남, 동북, 서남, 서북, 도심의 5개 권역별 구분에서 한걸음 더 나아가 아예 동 단위까지로 내려와서(물론 시의 규모를 가진 동입니다.) 신사동市, 압구정市, 종로구市, 잠실市, 구로市, 목동市...처럼 더욱 잘게 쪼개는 것입니다.(물론 도농복합시 등이 필요한 지방의 상황과 서울의 상황은 엄연히 다릅니다.)

건축사 밖에 안 되는 필자가 왜 이런 생각을 하는지 궁금하시겠지만, 저는 건축가들이 이런 생각을 앞장서서 하고 있음을 유학시절 많이 보았습니다. (2008 Grand paris의 Richard Rogers 팀)

행정구역을 쪼개면 어떤 일이 벌어질까요. 거기에는 세수稅收의 집행이 바로 소도시에서 가능하게 됨을 의미하겠지요. 그렇다면, 가장 크게 변하는 것은 서울시라는 거대행정력이 힘을 많이 잃게 될 것입니다.[17]

필자는 도시행정가가 아니므로 전문가가 아닙니다. 그러나 서울과 같은 대도시가 잘게 쪼개어 진다면, 도시계획적으로는 많은 장점을 가지고 있는 듯 생각됩니다. 일단 지역주민들에게 보다 더 다가갈 수 있는 계획이 되겠지요.

---

17) *민선 4기를 지나면서 서울시장의 힘은 가히 무소불휘이다. 고색이 창연해야 할 광화문 거리의 한복판에 스노보드를 만들고, 혈세 쏟아 부으며 만드는 '세빛둥둥섬' 들의 예산낭비 등, 너무 많은 시민의 혈세가 낭비됨은 주지의 사실이다. – 필자주*

현재의 서울의 도시계획을 보면 다분히 광역계획 뿐입니다. 단적인 예로 공원계획만 보더라도 '북서울 꿈의 숲' 을 조성했다고 하지만, 사실 종로구 세검정 주변에는 어린이놀이터 하나 없습니다. 주말에 북서울 꿈의 숲을 이용하려면 막히는 차안에서 3시간은 기본이고, 주차할 곳이 없어 돌아가는 경우가 허다하지요. 아마 서울시민누구나 자신의 집 근처에 나름대로의 공원이 있다면 굳이 거기까지 가지 않을 것입니다.

무언가 시민의 권리를 찾아주는 시민이 행복한 도시가 되려면, 도시계획적 온기가 좀 더 밑으로 내려가야 할 것이고, 그 하나의 방법이 이렇게 행정구역을 쪼개는 것이지요. 어느 글에선가 언급했든 이 천만의 도시는 천만이 내는 경제활동의 시너지도 좋지만, 서민의 삶은 피곤한 것입니다. 시의 크기가 줄면, 도시계획적 시계市界range가 줄 것이고, 한층 더 밀도 있고, 내실 있는, 지역을 생각하는 계획이 될 것입니다. 이젠 광역계획이 아닌 지역계획이 중요한 시대일 것입니다. 이렇게 말해 볼까요? 홍상수 감독의 영화제목중에 "여자는 남자의 미래다"가 있지요? "용인은 서울의 미래다", 아니 미래가 될 수 있다!!"

Porous Metropole, Yong-In

The city range is full of mountains. So, many urban area has to be dispersed between Mts, and size is not big. We called it as 'Valley city'.

Valley city would be the typical condition of Korean city. In case of Seoul, besides the size issues, it also we could call the same.

Yong-In has potentiality to develop a alternative urban settings. In case of making networks of each valley cities, it could be functioned as Urban network, It guarantees the unity of each cities but also can keep the identity of each. If we can make this Yong-In as network city, maybe we could try this in Seoul as well. Network city as Valley cities, should be considered now.

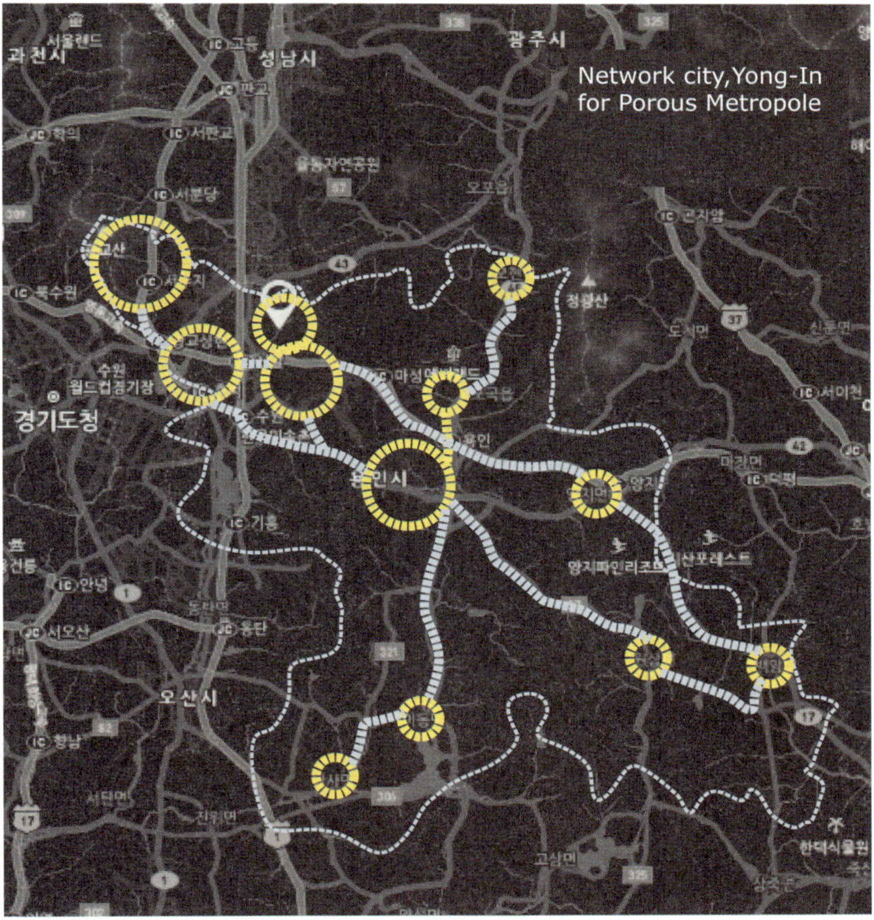

네트워크의 용인 for porous Metropole

참고자료

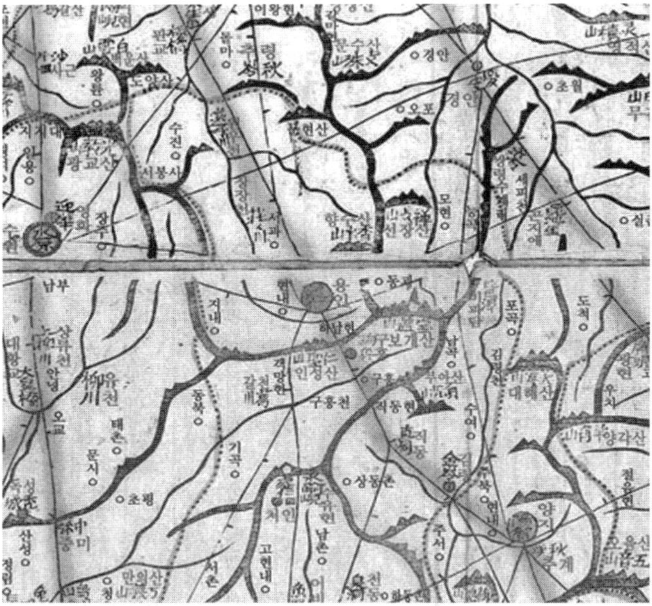

대동여지도 Old map, 용인

용인은 예로부터 군사적 중요 요충지였다. 서울과 부산을 잇는 동남로의 길목에 자리 잡고 있었기 때문에 고려시대에는 몽골군의 남침 경로였으며, 임진왜란 당시에는 왜군의 북상 경로로서 주요 격전지였다. 따라서 용인지역의 군사기반은 중요시 되었다.

[출처] 디지털 향토문화대전

광여도 - 용인

용인현은 양지면, 원삼면, 백암면을 제외한 용인시 전체에 해당하며 읍치는 구성면 언남리 일대에 있었다. 이 고을의 하천은 크게 셋으로 나누어진다. 지도 오른쪽의 하천은 광주를 지나 한강으로 들어가는 경안천의 최상류이다. 왼쪽 위의 하천은 성남을 지나 한강으로 들어가는 탄천의 상류이고, 아래는 평택을 지나 아산만으로 들어가는 진위천의 상류이다. 읍치는 전형적인 풍수적 형국으로 표현되어 있고, 다른 지역에 비해 확대 · 과장되어 있다. 읍치에는 다른 지도에서 보기 어려운 3壇 1廟가 모두 표시되어 있다. 3단 1묘는 城隍壇 · 壇 · 社稷壇과 鄕校로서 고을 수령이 제사를 주관하는 곳이다. 읍치 위쪽 정몽주의 묘 옆으로 그를 배향하여 1576년(선조 9년)에 세워지고 1609년(광해군 1년)에 賜額받은 忠烈書院이 보이고 있다. 지금은 모현면 능원리에 있다. 왼쪽 아래에 보이는 深谷書院은 조광조(1482-1519)를 배향하여 1650년(효종 1년)에 사액받은 書院이다. 지금은 수지읍 상현리에 있다. 용인현은 조선 초에 龍駒縣과 處仁縣을 합해 만들어진 고을이다. 읍치는 용구현의 터이고, 지도 아래쪽의 縣內面이 옛 처인현의 터이다. 처인현은 1232년(고려 고종 19년) 몽고의 침입 때 김윤후가 살례탑을 射殺한 곳으로 알려진 처인성전투의 현장이다. 그 위쪽으로는 直洞酒幕이 특별히 표시되어 있어 지도 제작 당시 이미 주막이 보편화된 상태였음을 알려 주고 있다. 기타 조선 후기 5軍營의 하나였던 守禦廳의 屯田이 지도의 오른쪽과 아래쪽에 각각 하나씩 표시되어 있다.(이기봉)

광여도 – 용인

Bonus Photo

Farmland just backside of buildings

Old market

Playground

unused land

COMMON CITY

SURVEY ON SMALL CITIES OF SOUTH KOREA

STORY

15

DONG-TAN

인구 12만의 도시, 동탄입니다.

동탄 東灘

면적_23,972,000㎡

총인구_124,326명(40,000호)

등급_경북 영주, 경기도 오산과 동급

인구밀도_135인/ha(분당 신도시, 210명)

녹지율_24.2%

수도권 과밀억제권역 외곽에 중핵역할을 하는 거점도시를 건설함으로써 서울집중형 공간구조를 탈피하여 수도권 균형발전을 유도하고, 개발압력이 높은 지역의 무질서한 개발행위를 사전에 예방하기 위하여 화성 · 동탄 신도시 개발을 추진하게 되었다.

●

'경부연담메트로폴리스 Gyoungbu-conurbation metropole'

동탄은 대략 12만명 정도의 인구를 예상하고 만든 도시입니다. 경부선 축을 따라 참으로 많은 신도시들이 계획되고 있습니다. 앞서 이야기 했듯이 연담도시형이지요. 이들을 통칭해서 '경부연담메트로폴리스' 라고나 할까요. 그렇다면 경부연담메트로폴리스는 서울 남부부터 판교(신, 9만)-분당(20만)-용인 죽전(8만)-용인 동백(6만)-광교(신, 8만)-신갈(5만)-동탄(신, 12만)-동탄2(신, 25만)-세교(신, 9만)-오산(16만)-고덕(신, 14만)-평택(40만)까지 되는군요. 이들만 전체로 계산해 보니 개략적으로 172만이네요. 172만이면 대전을 제치고 단번에 5위입니다. 서울 천만, 부산 360만, 인천 260만, 대구 250만, 대전 145만, 광주 140만, 울산 100만입니다.

이렇게 이 "경부연담메트로폴리스"는 경부축의 동력을 젖줄로 먹고 사는 도시들입니다. 부정적으로 이야기 한다면 매일 아침과 저녁의 출퇴근을 매일 두-세시간씩 광역버스에 몸을 싣는, 실어야 하는 사람들이 사는 도시이기도 합니다. 결론부터 이야기 한다면 아쉽지만, 경부연담메트로폴리스는 태어나서는 안 되는 도시연합입니다. 해체되어야 하는 도시연합인 것입니다. 해체의 방법은 무엇일까요. "경부연담"이 아닌 "경부그리드"로 가는 것입니다.

경부그리드란 사진에서 보이듯이 경부축만이 아닌 수도권 전반의 관점에서 경부축의 종축에너지를 횡축으로 분산시키는 것입니다. 다른 말로 한다면, 편중되어 있는 경부축에서 벗어나 등방等方적 발전의 분산형 그리드 체계를 가진다는 것이지요. 또한 경부축에서 뻗어나가는 횡축과 함께 경부축 이외의 발전의 다른 종축을 더욱 강화시켜 주어야 합니다. 그것은 서해안고속도로와 중부고속도로 축이 될 것입니다.

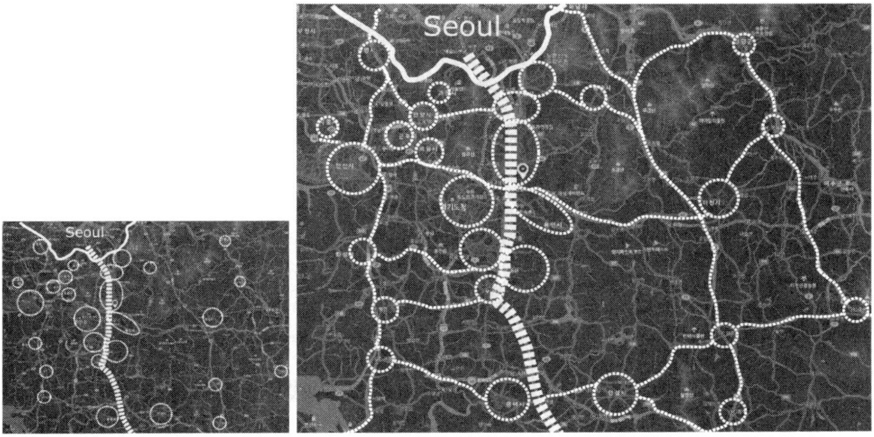

경부연담에서 경부그리드로 Gyeongbu conurbation to grid

01 교통 Transportation

●

필자는 용인시청에서 동탄으로 향했습니다. 거리상 가까우니 어떤 대중교통들이 반드시 있을 것임을 확신하고 움직였습니다. 그런데 매우 가까운 거리임에도 불구하고, 또한 최근에 인터넷의 발달로 인한 지리정보시스템이 대중화 되었음에도 불구하고, 용인시청에서 동탄은 매우 가기 힘든 곳이었습니다. 이유는 빈도수였습니다. 동탄 직행은 2시간에 한 번씩 있는 버스였고, 30분마다 오는 버스는 매우 돌아서 가더군요. 거리가 훨씬 더 먼 서울에서, 특히 강남에서 동탄 가기는 쉬워도, 용인시청에서 가는 것은 훨씬 어려운 것이 현실입니다. 다른 말로 하면 그만큼 서울–동탄의 연결성은 매우 높지만, 수요가 없는 용인–동탄의 연결성은 낮다는 것이 됩니다. 이런 교통의 왜곡은 서울로의 편중성이 이러한 소도시들의 연합 가능성을 힘들게 하는 것이라 해석할 수 있습니다. 아무튼 필자는 용인에서 동탄 가는데 약 2시간을 보냈습니다.

02 도시형태 Shape of the city, 도시조직 Urban fabric : 원형조직과 중심성 Circular shape and centrality

●

시가지는 반석산 122m를 중심으로 하는 반원형의 형태를 가지고 있습니다. 도시의 형태가 원형인 곳은 많습니다. 그러나 이렇게 도시조직까지 원형 그리드를 가지는 곳은 그리 많지 않습니다.(그 이유는 결론에서 나옵니다.) 원형 그리드의 장점은 어디서나 쉽게 도시의 중심을 향할 수 있다는 것입니다. 굳이 의식하지 않아도 거리를 따라가다 보면 중심이 나옵니다. 특히나 동탄의 경우 "메타폴리스"라는 이름의 66층짜리 건물 4동이 그 중심에 있어 어디서든지 쉽게 방향인지가 가능한데, 이것은 원형의 도시조직의 장점을 잘 살린 치밀한 경관계획의 결과물이었습니다.

메타폴리스 Central highrise, 동탄

누구나 동탄시의 어느 곳을 가더라도 이 4개의 타워만 보이면 저곳은 시의 중심이다라는 것을 알 수 있는 것이지요.

03 도시조직 Urban fabric : "바늘의 도시"가 주는 지상부의 녹지와 "방의 문화"
"needle city" gives green & "room culture"

아파트는 건설자본의 꽃이라 할 만합니다. 특히나 이런 신도시 같은 경우 매우 낮은 가격으로 부지를 사들여 그곳에 보통 200-250%가량의 용적률을 만들어 이것을 수십 배의 때로는 수백 배의 분양가로 소비자에게 넘기니(물론 건설비 및 제반비용이 있지요.) 토지 대비 경제효율로 봐서 더 이상의 고이윤 토건土建 기획상품은 없다고 해도 과언이 아닐 것입니다.

아파트 Apartment, needle city, 동탄

특히나 요새는 一자형 아파트의 시대가 가고, 아파트를 좀 더 슬림하게, 높게 세워 조망 및 스펙터클을 확보하고, 남겨진 지상부위를 연출된 녹지와 주민을 위한 공공시설로 가득 채워 놓습니다. 여기에서 아파트는 "바늘"이 됩니다. 이 "바늘의 도시"는 경제 시스템과 주거에 대한 욕망, 그리고 눈에 잘 뜨이고 싶은 "광경廣景 spectacle"을 추구하고픈 정치가들의 욕망이 잘 조합된 한국 현대주거

의 대표 아이콘입니다.

거주는 공중에서 이루어집니다. 지상부는 녹음이 우거지고 벤치가 놓여집니다. 주변으로는 운동시설 등을 위시한 주민편의시설로 들어서 있습니다. 둘러싸인 이 곳에 주민편의시설 말고도 약간의 매력적인 상업기능들이 들어갔으면, 들어갈 수 있다면 더 좋았겠습니다.

아파트 단지의 지상부의 녹지Luxuriant forest, 동탄

만약 이곳이 바늘의 도시가 아닌, 거주가 공중이 아닌, 지상으로 내려온 도시가 되려면 이 패러다임이 바뀌어야 하겠지요. 거주가 지상으로 내려오면 지상에서 많은 갈등이 일어날 것입니다. 이 선은 도르선이니, 이 선은 내 땅의 경계니 건드리지 말라느니. 지상의 땅은 한정되어 있으니 그것을 잘 활용해야겠기에 공공의 영역이 도로와 개인의 영역인 주거부분이 어쩔 수 없이 만나게 되겠지요. 그러면서 가로의 문화가, 번잡함과 시끄러움이 생길 것입니다.

여기 바늘의 도시는? 그런 것이 없지요. 개인의 지분이 전부 공중으로 올라갔으니 아주 평화롭습니다. 지상의 땅은 단지 나의 공공영역이니 아무 관심조차 없습니다. 여기에서 내가 무슨 개인적인 이벤트를 할라 치더라도 공중에 있는 타인의 시선은 그것을 못하게 만듭니다. 거리가 사라지고, 조경造景만이 남았습니다. 조용합니다. 그렇기에 이곳의 사람들은 그저 이 넓은 지상공간을 그냥 바라만 보며, 자신의 집으로, 자신의 방으로 들어갑니다. 참으로 역설적입니다. 드넓은 초원을 가진 이 건축물이 오히려 이렇게 폐쇄적인 "방의 문화"를 만들어냅니다.

"바늘의 도시", 동탄

바늘의 도시는 외부에서는 "성채"를 만듭니다. 밖에서는 경관으로 군림하려 합니다. 우뚝 선 바늘들은 고유의 브랜드를 등에 업고 자신을 드러냅니다.

> 아. 저 곳이 내가 들어가는 곳이구나. 아. 집에 왔구나. 몇 동 몇 호로 기억나는 우리의 집. 아뿔싸, 나중에 이곳을 찾아 오려면 어떻게 해야 하나. 계속 집의 주소를 기억해 두어야 하겠네. 여기는 0동 0호.

아파트에서 많은 시간을 보내고 이사를 많이 다닌 필자 같은 경우, 필자의 옛 집을 찾아갈 때 동호수가 기억이 안 나면 정말로 몹시 안타까울 때가 많았습니다.

04 도시조직Urban fabric : 응축된 상업지역이 주는 '초' 도시성Ultra urbanity by condense commerical

상업중심Commercial center, 동탄

●

동탄1은 중심상업지역이 이 중앙부 밖에 없습니다. 그렇기에 이 중심상업지역이 가지는 상업밀도가 대단합니다. 생각해 보십시오. 인구 12만의 도시가 가져야 하는 도시성의 총화를 슈퍼블록 4개로 응축시켰으니 말입니다.

10층 내외의 건물들이 둘러싸여 있는 이곳은 말 그대로 상업의 천국이었습니다. 특히나 밤이면 더더욱 현란한 네온사인과 불빛으로 불야성을 이룰 것이 틀림 없습니다. 그런데 좀 아쉬움이 듭니다. 왜냐면, 이러한 응축된 상업이 가지는 도시성, 도시에너지를 최소한 몇 군데로는 나누어 주었어야 하지 않았나 싶습니다. 4개의 슈퍼블럭이 모였으니, 신도시 전체에 균등하게 4개로 뿌려 주었다면 지역 주민들에게는 좀 더 쉬운 접근이 이루어졌겠지요. 저는 항상 '등방성等方性 isotrophy' 을 말하는 사람이니 그렇지만, 또 다른 집적集積의 시너지를 주장하는 분은 이런 '초超' 도시성을 찬성하겠지만요.

이러한 '초' 도시성은 도시의 중심인 "메타폴리스"라는 곳에 가면 극에 달합니다. 66층짜리에 어울릴만한 몰mall을 가지고 있습니다. 밑에는 실내 빙상장이 있었는데 마침 한 여자아이가 멋지게 턴을 하고 있습니다.

몰의 내부ice rink in Mall, 동탄

05 녹지 : 센트럴파크 Green : Engineered landscape

●

동탄의 마스터플랜을 보면 중앙의 산세를 이용하여 도시의 가운데를 비워 센트럴파크를 만들고 있습니다. 중심 상업지역을 통과하는 이 녹지축은 이렇게 건물군들 속에서 잘 정리된 조경경관을 만들어냅니다. 그런데도 아쉬운 것은 배치도에서 보여지는 강한 녹지의 존재감이 그리 잘 나타나지 않아 보인다는 것입니다.

중심 녹지축 Central green axis, 동탄

이 중심축을 따라 조금 더 가면 역시 메타폴리스를 관통하는 녹지축이 있습니다. "초" 도시성 지역답게 자연축 또한 매우 잘 디자인된 오픈 스페이스를 만들어냅니다.

인공적 조경 Artificial green, 동탄

이 중심지역을 지나 이젠 주거지역의 블록 쪽으로 들어옵니다. 이젠 좀 이완된 녹지의 느낌을 받을 수 있습니다. 그러나 아직도 어떤 액티비티가 많아 좀 부산스럽습니다. 그래도 오히려 이 곳을 오니까 사람들이 보이고 좀 더 들어가니 이제야 좀 공원 같은 조용함이 있습니다.

아쉬운 것이 있습니다. 녹지축은 녹지축답게 원시의 자연을 남겨 두었으면 좋았겠다 싶습니다. 한쪽은 초도시성으로 불야성을 이루더라도 최소한의 이 곳, 공원에서는 말 그대로 녹음이 푸르른 숲만 보였으면 어땠을까 하는 생각.

제가 잠시 있던 네덜란드에서는 도시공원이라 하면 아무 것도 없습니다. 밤이면 불도 켜지 않습니다. 있는 것은 오로지 숲과 물. 그리고 산책로 밖에 없습니다. 우리의 공원은 너무 시끄럽습니다. 숲이 없습니다. 또한 CEPTED라는 방범논리에 기죽어 나무들은 전부 밑둥을 상실한 채 매끄러운 흙표면 밖에 없습니다. 방범은 다른 방법으로도 해결 가능할 텐데 말입니다.

주거지역의 녹지Green in residentials, 동탄

네덜란드의 '원시'적 도시공원, 델프트Primitive urban park, Delft

또 하나의 아쉬움은 기존 아파트 단지들과의 연계입니다. 물론 한국의 주거 정책상, 주거의 통념상 단지 내의 토지는 단지 내 주민의 것입니다. 그렇기에 공공의 영역과는 철저하게 구분합니다. 그래도 요새는 많이 개방성이 증가한 듯 보입니다. 그래도 만약 이곳이 이런 공공의 중앙녹지축이 단지의 넓은 녹지들과 서로 연계되어 녹지의 네트워크를 만들어 낸다면 얼마나 좋을까요. 이는 아주

쉬운 상상이지만, 현 분양의 시스템상, 사회통념상 말도 안 되는 이야기일 것입니다. 그렇기에 이를 위해선 패러다임이 바뀌어야 하겠지요.

06 제언 : 'post 동탄'을 위하여

●

동탄은 이러한 아쉬움에도 불구하고 매우 매력적이 도시임에는 분명합니다. 분당, 일산을 만들어낸 경험과 기술력, 기획력을 바탕으로 더 편안하고, 더 멋지고, 더 훌륭한 도시를 만들어 보겠다는 의지는 등탄의 거리를 조금만 걸어보아

동탄 토지이용계획도

도 느껴집니다. 그러나 아쉬운 것은 이 동탄이 지금, 현대의 한국의 건축도시문화, 현대의 패러다임이 만들어낸 거의 마지막 단계의 작품이 아닐까 하는 것입니다. 제가 보기엔 동탄만큼의 초도시성을 넘어선 도시는 나오기 힘들 것이며, 또한 동탄 만큼 초고층의 주거지역과 근사한 녹지경관이 어우러져 나오기 힘들 것입니다. 그렇다면, 동탄 이후의 도시는 어떻게, 어떤 모습으로 나타날까요? 현대의 한국에서 말입니다.

아마도 'post 동탄'은 패러다임이 바뀐 어떤 도시주거, 도시계획의 실험장이 되어야 할 것입니다. 현재의 패러다임을 가진 채로 한다면 결코 동탄의 위력에 미치지 못할 것 같습니다. 그럼 우리가 시도해야할 패러다임은 무엇이 있을까요. 필자는 두 가지를 제안합니다.

하나는 수직주거형식의 탈피입니다. 바늘의 주거가 아닌 지상의 주거이지요. 지상의 주거는 잠깐 말했듯이 많은 일들이 지상에서 일어나는 도시입니다. 공공과 거주라는 사유의 공간이 적은 지상을 두고 일어나야 하니 얼마나 번잡하겠습니까. 그러나 그것이 도시입니다.

둘째는 시간의 퇴적입니다. 동탄은 동시다발적으로 일시에 만들어졌습니다. LH와 경기개발공사가 빨리 땅을 마련하여 보상을 통해 기존 농촌의 마을을 없애고 '평탄화' 시킵니다. 평탄화된 도시위에 도로를 놓고 상하수도를 포함, 첨단의 IT 네트워크망까지 깝니다. 그리고 건물을 짓습니다. 참 일사천리이지요. 원래 마스터플랜 자체가 그렇게 생겼습니다. 그러니 중앙부에 근사한 66층짜리를 놓고 도시조직을 원형으로 만들 수 있습니다. 만약. 이것이 점진적으로 이루어진다면 어떤 현상이 나타날까요. 원형의 도로는 절대 불가할 것입니다. 왜냐면 기존의 조직들이 엄연하게 있으므로 이들을 고려하지 않을 수가 없습니다. 개발단위가 작아지므로 기존의 조직을 유지하면서 차근차근 만들어 갑니다. 물론 도시의 기반이 되는 도로시스템들은 먼저 배상을 해서라도 만들어야겠지요. 물론 그 도로 또한 기존 도로조직을 최대한 이용해야 할 것입니다. 아니면 기존도시는 기능할 수가 없으니까요. 동탄이 들어서기 전의 지형과 이후의 지형을 비교하여 보십시오.

동탄의 원原 지형

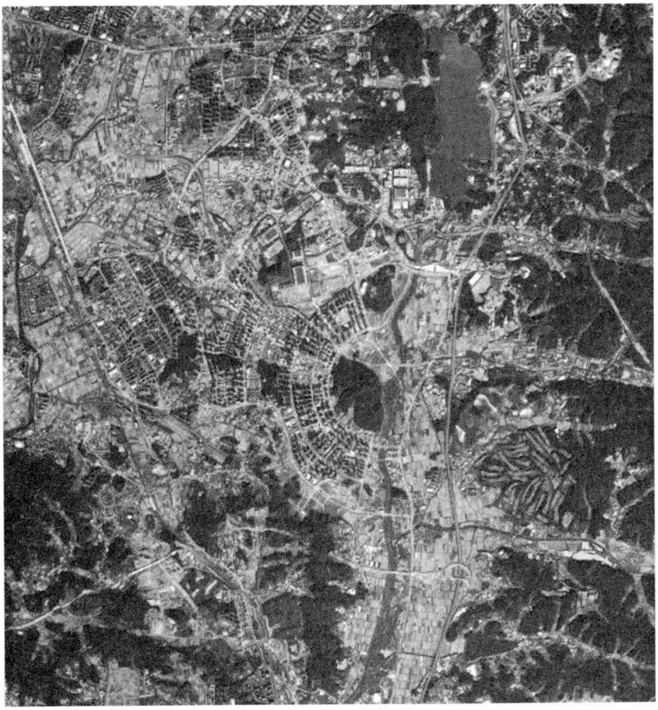

동탄의 현재 지형

필자는 기회가 있을 때 마다 말합니다. '시간이 퇴적되어야 도시입니다.' 동탄은 그런 의미에서 도시가 아닙니다. 도시가 되려면 많은 시간이 필요합니다. 그래서 동탄은 '신도시' 입니다. 여기 마지막 사진은 한 아이가 힘겹게 큰 가방을 메고, 입체화된 지하 녹지축을 내려가고 있는 모습입니다. 동탄이 도시가 되려면 이 아이가 클 때까지 기다려야 합니다. 이 아이가 이 곳에서 크고, 도시를 경험하고, 느끼고, 과거를 회상할 수 있어야 동탄은 도시가 비로소 도시가 되는 것입니다.

이젠 저의 여행도 반환점을 돌았습니다.

07 시나리오 : '포도송이' 동탄

原 지형을 가정하고 필자가 새로운 동탄의 모습을 그려 봅니다.

1. 먼저 골짜기, 산세를 파악하여 주 도로의 축을 잡습니다. 아마도 그 축은 사람의 움직임의 주 축임과 동시에 물길의 축이자 생태의 축이 될 것입니다.
2. 중심마을을 먼저 조성합니다. 경부축에 근접한 마을부터 조성합니다. 마을조성에 필요한 시간은 넉넉하게 10년 단위로 계획합니다.
3. 저층주거로 둘러싸인 일반마을을 조성합니다. 중심마을이 최소한 활성화된 이후 부지조성에 들어갑니다. 하나의 중심마을에는 이런 식으로 몇 개의 일반마을이 연계됩니다.
4. 각각은 충분한 시간의 간격을 가지고 개발됩니다. 주민들은 서서히 커뮤니티를 만들고, 상호 교류를 시작합니다. 서서히 정주의 기억이 쌓여 가며, 공동체 의식이 자라납니다.
5. 큰 그림은 그리지 않습니다. 단지 천혜의 자연의 축과 경관의 축만을 가지고, 중심영역이 될 큰 위치만을 잡습니다. 도로와 같은 인프라 또한 개발과 함께 들어갑니다. 시간이 지나, 옆마을들이 개발이 되기 시작합니다. 그리고 그 쯤 되면 몇 번의 세대교체가 이루어집니다.
6. 이렇게 건강한 도시는 점점 포도송이를 닮아갑니다.

Scenario : "Grape city" Dong-Tan

1. Geographical conditions like valley, mountain range could decide the axis of main road.

2. "Central town" could be built at first. 10years should be necessary for town making.

3. "Residential town" could be built surrounding "Central town." It is not spatially attached, but connected by traffic lines. So one "central town" could connect some "residential towns." It could be one "development units."

4. Each "unit" could be developed at intervals. Resident makes community, and starts interaction. Slowly, public memory could be accumulated and grow their community sprit.

5. Don't make big picture. Only considering the geographical conditions, some future central town's location could be designed. Later, neighboring area could be developed. Naturally, some gentrification process happened.

6. Finally, vital cities become "grape city."

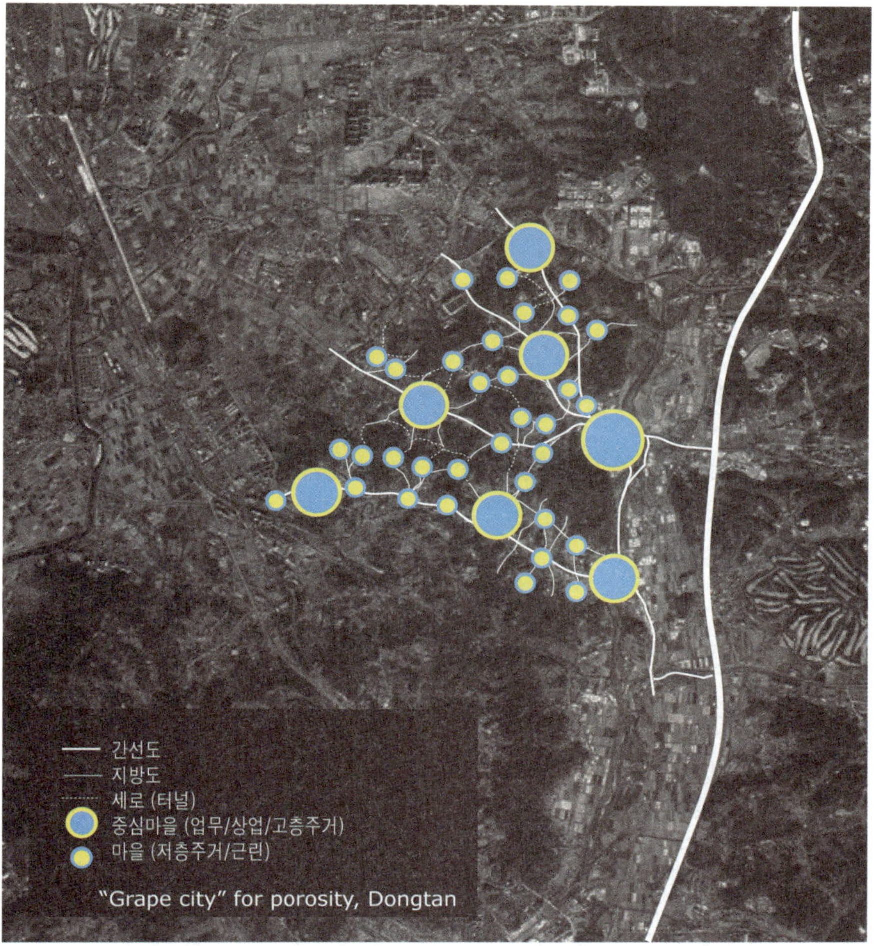
간선도
지방도
세로 (터널)
중심마을 (업무/상업/고층주거)
마을 (저층주거/근린)
"Grape city" for porosity, Dongtan

동탄의 현재 지형

Bonus Photo

Empty plot among the 'needles'

Artificial waterfall

Central place

Park & Skyscraper

COMMON CITY

SURVEY ON SMALL CITIES OF SOUTH KOREA

STORY

16

MUN-GYOUNG

'문경새재'로 유명한 문경입니다.

문경 聞慶

문경은 두 개의 도시가 연합한 도시입니다. 총 인구가 7만 오천명이고, 문경읍이 9천, 점촌지역이 5만명 정도 되는 소도시입니다. 문경읍은 예로부터 문경읍치의 중심이었습니다. 대동여지도에서도 그 읍치의 형상을 또렷하게 볼 수 있습니다.

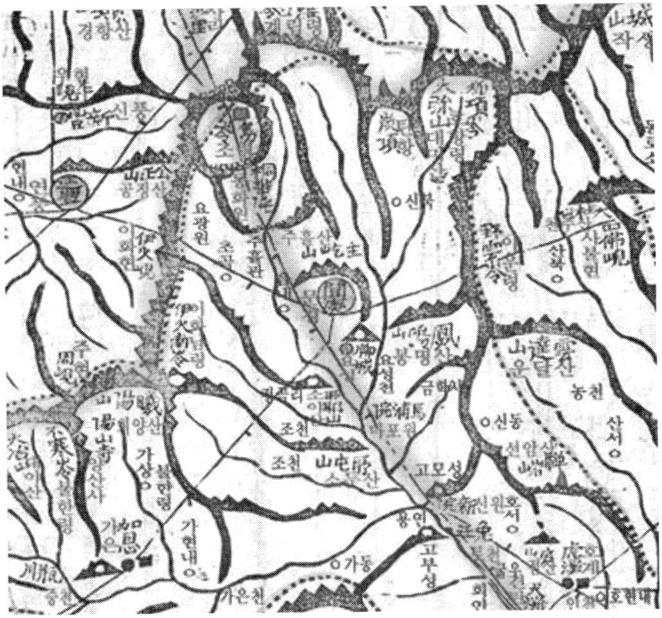

대동여지도, 문경

그런데 아마도 주위 산세로 인하여 배후지가 작아 근대도시로서의 성장에 한계가 있어 철도역이 점촌지역으로 내려왔고, 그것이 현재의 문경읍과 점촌으로 분화된 이유로 보입니다.

사실, 문경은 조선시대때 새재인 조령鳥嶺을 넘는 한양으로 가는 가장 중요한 간선도로가 통과하는 도시였습니다. 조선시대의 읍치는 어디까지나 행정의 중심이었지, 경제의 중심이 아니었습니다. 그 이유는 어디까지나 읍치의 위치가 풍수적 입장, 즉 뒤로는 주산이 있고, 앞으로는 강물과 안산이 있는 것을 이상으로 여겼기에 출입구가 제한되고, 주변이 산으로 둘러싸여 도시의 확장이 어려운 비효율적 도시였다는 것입니다. 그렇기에 접근성이 떨어져 현재는 많은 읍치들이 쇠락하고 있는 것입니다.[18]

조선시대의 육로는 수도와 변방을 일직선으로 연결하는 것에 초점을 맞추었기에 노선의 심한 굴곡이 필요한 읍치로서의 접근은 애초부터 힘든 경우가 많았습니다. 그렇기에 중요 간선도로일수록 지방 읍치는 거의 무시한 노선 설정이 많았습니다.

01 교통 Transportation : 한국 버스의 위계 4 class of Korea bus system

●

필자가 생각하기에 한국 도시들의 버스 교통체계는 4가지의 위계를 가집니다. 가장 위로 고속버스가 있어 서울-부산-대구-광주 등의 대도시와 전국의 주요 도시들을 연결합니다. 고속버스가 다른 버스와 가장 다른 점은 바로 무無정차를 한다는 것입니다. 가장 상위의 위계를 가지며, 그런 만큼 가격이 비쌉니다. 그 밑으로 직행버스가 있습니다. 직행버스는 고속과 비슷하나 정차를 많이 합니다. 주요 도시들이 아닌 지방 소도시들을 연계시켜 줍니다. 직행버스의 급으로는 서울과 같은 대도시에는 광역버스가 있습니다. 광역버스는 행정간의 경계를 넘나드는 버스로서 일산, 분당 등의 신도시 개발 이후 급격하게 발전한 체계입니다.

---

18) 네트워크적 관점에서 변천과정은 '개항기전후 경상도의 육상교통'-허구웅, 도도로키 히로시 편을 참조함

이 체계 밑으로 시내버스가 있습니다. 시내버스는 말 그대로 시내를 일주하거나 순회합니다. 그 밑으로 마을버스가 있지요.

직행버스 Inter city bus, 문경–수원

여기서 필자가 주목하는 것은 직행(광역)버스입니다. 기회가 있을 때마다 말하는 것이 대도시 집중, 서울 편중의 현상입니다. 웬만한 모든 도시들은 전부 서울로 향하는 고속버스를 가지고 있습니다. 당연합니다. 서울 및 수도권에 모든 인구의 50%가 있으니 말입니다. 어떤 이유보다드 경제적인 이유가 가장 크겠지요. 가장 부가가치가 큰 고소득의 일자리가 서울 및 대도시에 편중되다 보니 고속버스 망이 그들을 위해서만 발달합니다. 다분히 고속버스에 의존하는 국토의 체계가 되는 것이지요. 이 사정은 열차도 마찬가지입니다. 전 철도망의 KTX화가 일어나고 있지요. 참으로 안타까운 현실입니다.

최근에 행정복합도시 등의 여파로 서울 공무원의 지방근무가 어쩔 수 없이 일어나는 것 같습니다. 그들의 양태를 보면, 하나같이 서울과 지방의 이원체제가 힘들어 못살겠다는 기사를 자주 접합니다. 고속버스에 의존성이 더 높아지고 있습니다. 그러나 필자는 그분들이 조금 더 참아야 한다는 생각을 합니다. 기업도시, 혁신도시등의 지방 분산의 논리는 거스를 수 없는 대의입니다. 시간이 지난 후, 그 지방에서의 자립을 찾아나가야 합니다. 공무원들이 그 지방에 애써서라도 정착해야 합니다.

이렇게 지방 도시들이 활력을 받게 되면, 아니 지방도시 간의 활력을 증진시키려면, 직행버스가 발달해야 합니다. 직행버스는 그 자체로 허브 & 스포크HUB & SPOKE[19]를 만들어 낼 수 있습니다. 지방도시들이 교통거점으로서 기능하고, 질 좋은 일자리가 있다면 서울 및 대도시 편중은 그 만큼 사라지며, 이동의 필요성이 줄 것입니다. 고속버스에, KTX에 의존하지 않아도 되는 사회. 이러한 고려 없는 '녹색성장'은 말 뿐인 허울입니다. 이 버스는 문경에서 수원까지 지방 곳곳을 cover해 주는 정말 고마운 버스입니다.

02 도시형태 Shape of the city

●

문경읍은 주흘산, 황학산, 백화산, 성주산, 단산, 운달산의 1000m급 영봉으로 사방이 둘러싸인 시계를 가지고 있습니다. 서울의 북한산이 800m급의 주봉으로 북쪽에 있고 나머지 3개의 산은 대략 500-600m급으로 둘러싸여 대략 시계가 20km에 이르는 것에 비해, 이 곳은 1000m급 영봉들이 시계 2km내에 있으니, 대략 도시의 분위기를 알 수 있습니다. "웅장한 자연을 가진 아늑한 도시"라 함이 어울리겠습니다. 또한 아침의 고요함이란. 필자의 발자국소리가 가장 크게 들린 도시였습니다.

---

19) 용어해설은 포항편 참조

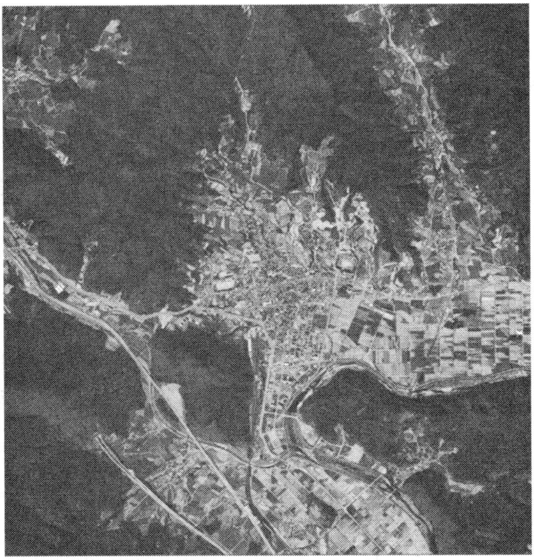

산세로 둘러싸인 문경읍의 시가지

주흘산, 문경의 진산

돌로미티와 문경 – 이 즈음에서 필자는 이태리의 산세도시 돌로미티Dolomiti가 떠올랐습니다. 좁은 시계를 둘러싼 영봉들의 도시. 꼬르띠나Cortina였지요. 물론 돌로미티는 알프스의 거대한 산세의 비탈의 도시이고, 이곳 문경은 산세로 둘러 싸여 있지만, 평지입니다. 돌로미티를 언급하는 이유는 문경은 그에 못지 않은 웅장한 자연이 있다는 것을 말하고자 함입니다.

돌로미티 산맥의 꼬르띠나Dolomiti, Cortina

03 도시조직 : 한국 도시조직의 원형?Urban fabric : architype of Korean city?

●

처음엔 문경읍의 지도를 보면서 이곳을 가면 혹 한국 도시들의 원형을 만날지도 모르겠다 하는 생각을 하였습니다. 옛날부터 내려오는 도시의 기본판이 변하지 않은 채로 개개인의 건물만이 변하는 체계를 말입니다.

자, 다음 사진에서 우리는 무엇을 볼 수 있는지요. 먼저 도로망이 눈에 들어옵니다. 도로망은 직선들이 조금씩 변형되어진 격자를 볼 수 있습니다. 그런데 격자의 간격이 그리 일정해 보이진 않습니다. 그리고 보이는 것은 아마도 물길

문경읍 중심부 Urban fabric of center Mun-Gyoung

에서 연원한 곡선형의 길이 보입니다. 시간적으로도 곡선형의 길이 더 오래 되었을 것입니다. 또한 곡선형의 길은 어떤 녹지 및 자연, 수계의 체계와 좀 더 밀접하게 보입니다. 다음 사진은 좀 더 줌인한 사진입니다.

도시기본판 Urban fabric(detail), 문경

이젠 길과 길에 면한 필지들과 건물들의 배치가 보입니다. 직선도로에 면해서는 일렬로 종대하여 직선의 활력, 자동차의 움직임과 보행인의 활력을 받고자 함이 드러납니다. 그 안의 곡선형의 도로를 보니 도로를 따라 주택가가 늘어서 있지만, 그 활용이 매우 느슨해 보입니다. 특히나 접근이 힘든 블록block의 중앙부는 더더욱 그렇군요.

곡선과 직선의 도로와 그렇게 생긴 도시블럭block과 그 안을 "채우는infill" 방식. 곡선형의 자연형과 직선형의 인공형의 혼합. 이것이 한국 도시의 원형이라 할 수 있겠는지요. 이러한 직선 길과 곡선길의 조합은 문경 뿐만이 아니라 서울 영등포에서도, 한남동에서도, 어느 곳에서도 나타납니다.

그런데 아쉽게도, 현재의 도시에서 필자가 눈으로 본 것은 이 정도였습니다. 그렇다면, 옛 읍치의 모습과 관아의 자리는 어디였을까요. 관아 같은 건축물을 만들 때는 어떤 배치의 기본원리(정면성의 법칙과 같은)와 그에 맞는 도로체계

문경현 읍치 지도, 규장각 원문정보

가 있었겠지만, 격렬한 근대를 통과하면서 다 자취를 감춘 듯 보입니다.

이 지도를 보면 아쉽게도 개략적인 위치만을 알 수 있을 뿐 별다른 정보를 가지고 있지 못합니다. 어떤 분들은 읍치의 경관성에 주목하여 한양의 흉내를 낸다고 하시는 분도 계시지만, 한양의 경우 또한 몇몇의 도로를 제외하고는 거의가 물길에서 연원한 도시조직입니다.

이렇게 산세는 물길을 만들고, 물길이 마을을 만들며, 이것이 도시가 됨을 이곳 문경에서도 여실히 보여주고 있음을 말하고자 하며, 이것이 필자가 느낀 '한국 도시의 원형상' 이라 말하고 싶습니다.

공공의 영역

개인의 영역

계단식 경작지

경작지의 형태도 전라도 지방과 김포평야 등에서 보았던 평지의 논과 좀 다릅니다. 수로체계도 다른 듯 보입니다. 평야의 수로가 쭉쭉 뻗은 직선의 광활한 면을 도수로와 배수로로 커버한다면, 이러한 경사지의 계단식 논에는 윗논의 물이 바로 아랫논의 물에 직결되고, 그것이 층층이 연결되고 있습니다. 아무래도 경사지인 만큼 경작지 필지의 크기도 차이가 있는 것으로 여겨집니다. 경작지의 논도 이렇게 경사를 이용하는데 하물며 도시계획에서는 경사지의 이용의 철학을 말할 필요도 없겠지요.

계단식 경작지 Multi-level crop field

04 수공간 Water, 도시조직 Urban fabric

●

진산인 주흘산을 올라 가는 길에는 여지없이 물길과 길이 함께 나타납니다. 이를 바탕으로 집이 하나 둘씩 들어섰을 것이고, 마을이 되었을 것입니다.

산세와 물줄기, 그리고 길 Mountain shape, waterway and road

물길의 상류 Upper water area, 비탈언덕, 문경

고도시의 필지조직이 남아있을 도시 중심부보다 이렇게 도시의 상부, 물의 상류 측으로 갈수록 더 새집들이 나타납니다. 너른 개인의 경작지 또한 가지고 있습니다.

남쪽으로는 조령천이 도시의 남쪽을 흐르고 있습니다. 험준한 산세들 사이로 흐르는 하천임에도 불구하고 폭과 수량이 그리 많아 보이진 않습니다. 아마도 이 산세들이 노산들이어서 물기를 잘 머금는 모양입니다. 웅장한 산세 바로 앞에 이렇게 물이 흐릅니다.

산세와 하천 Mountain and water

05 취약지역 : 문경의 폐 역사 Urban fracture, abandoned station

●

문경역은 석탄의 운반로로 운행하였던 역이었으나, 석탄산업의 사양화 이후 이렇게 폐 역사가 되어 방치되고 있습니다. 그 옆에서는 누가 골프연습장을 만들어 놓았군요. 사양화된 폐 철도는 이젠 레일바이크라는 관광상품으로 활용되고 있었습니다.

페 문경역

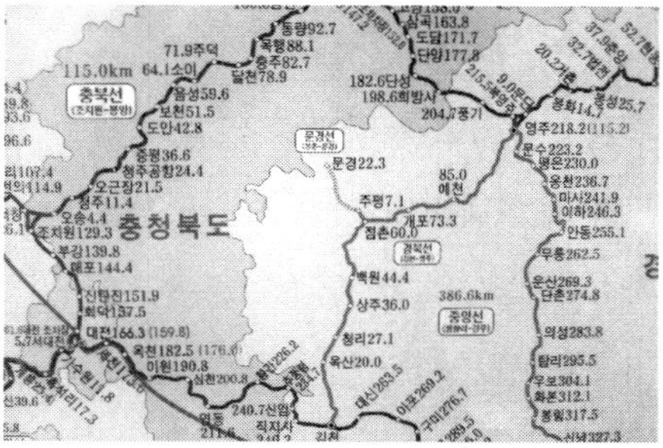

폐선된 문경선 구간

06 도시조직, 사회성 Urban fabric, Sociality

이곳의 산업이었던 석탄업이 폐광된 이후 도시는 레저산업 등의 돈벌이 수단으로 많은 것을 시도하고 있는 듯 보입니다. 고도시 바깥으로 구획정리조직이 보이는데 이곳은 거의가 온천 개발지입니다. 많은 식당들이 들어섰고, 온천장과 이들과 결합한 호텔들이 들어서 있습니다. 아마도 외지인들의 지역이겠지요. 평일 아침임에도 불구하고 관광버스들이 분주합니다.

문경 온천 관광지 Spa resort

후감 : 유럽의 시각으로 본 문경읍

필자가 이태리에 머물던 시절, 참으로 많은 소도시들을 보았습니다. 그네들은 확실한 도시의 옛 조직들을 가지고 있었습니다. 사각형, 심지어 별모양의 해자며, 성곽(없어졌다면 도로라도)이 있었고, 특히 도시의 중심은 언제나 성당과 광장. 그 장소들은 도시의 시작과 끝이었습니다.

저는 문경을 걸으며, 거대하고 웅장한 산세로 둘러싸인 이 아름답고, 인간적인 도시를 보면서 이태리의 소도시를 떠올립니다. 머릿속으로는 참 많은 아쉬움이 느껴집니다. 문경에 어떤 유럽식의 광장과 같이 정신적, 실존적 지주공간이 없을까. 문경에는 어떤 읍치건물이라도 복원하면 영역성이 확 살아날 것인데. 다분히 유럽의 소도시를 본 필자의 안타까움이지요. 이는 또한 건축가로서 무한한 상상을 가능케 합니다. 그렇다고 이 곳에 도시의 기존조직을 허물어가며 이런 것을 만든다면 이는 테마파크에 다름 아니겠지요.

한국 도시들의 원형은 "자연이 주는 환경에 조응調應하는 도시"라 할 수 있을 것입니다. 그리고 그것은 지형적 도시의 기본판에 잘 나타나 있습니다. 좀 쉽게 단순화 시켜 볼까요. 한국 도시들의 원형은 〈"산세가 만들어 준 물길의 도시"이며, 그 기본판 위에 현대도시의 그리드가 중첩된 도시이다〉라고요. 그렇다면, 어떻게 이를 현대도시의 기능을 수용하면서, 이를 달성할 수 있을까요. 많은 국내의 건축가들의 다양한 도시디자인적 실험이 이를 가능케 할 것입니다.

주흘산에서 발원한 이 물길은 내려가 결국 도시를 이루었을 것입니다. 이는 곧 도시의 발원점發原点으로서의 물길이지요.

산세와 물길 Water & mountain

07 제안 : 다공성의 도시, 문경

●

- 도로 옆 물길 정비, 교차점에 수공원 조성
- 역사문화 관리경계 설정

●

Porous city, Mun-Gyoung

The city was one of the important path to Seoul from east-south direction of Korean peninsula. But, in the recent past, Gyoung-Bu lines, main national economic artery line, evades this city, so the city had been depressed.

City range is relatively small, surrounded by steep mountains. So, view towards Mt. is extremely beautiful. However, in terms of Industry, or economy, the city has very weak status. Only agriculture, and some spa resort do.

Mountain makes waterlines. It makes the city. Road system could be modified for strengthening water side. It's not that difficult task. Crossing of waterway, park could be built.

The other is making historic boundary. City has not been developed yet, so many ancient spatial structure especially urban fabric should be preserved. It's the base ground for discovering the past.

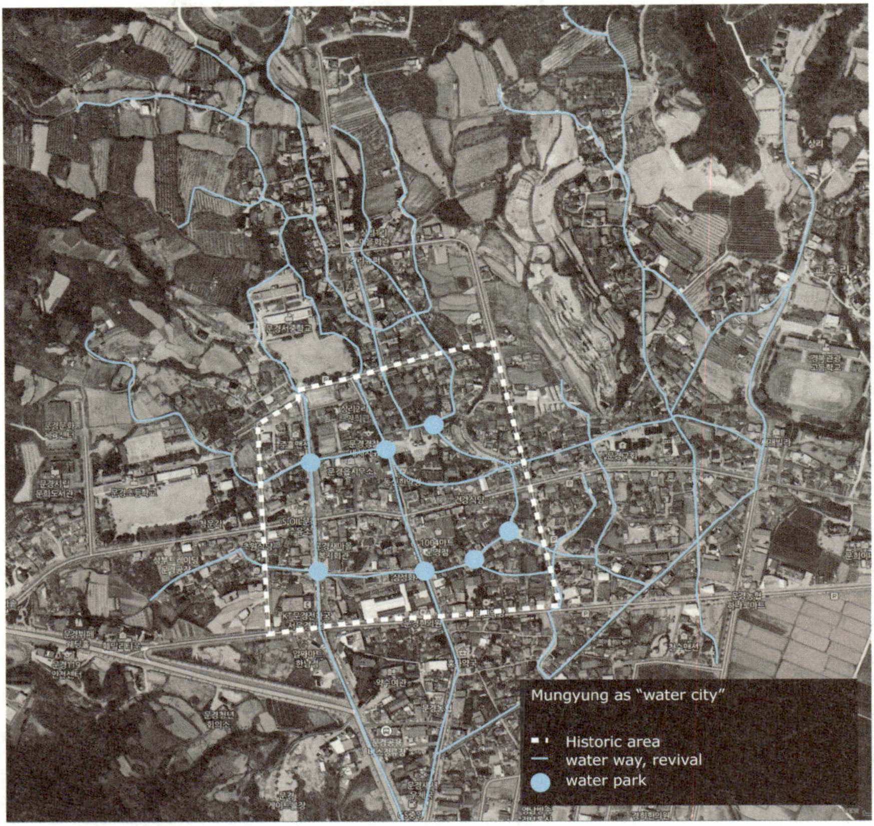

참고자료

해동지도 - 문경

高麗 初 冠山을 聞喜郡으로 고치고, 고려 현종 때 이를 다시 聞慶으로 고쳐 현재까지 그 縣의 이름이 내려오고 있다. 문경현은 지금의 문경시 문경읍, 저음리를 제외한 가은읍 전체, 마성면, 농암면, 영신동을 제외한 문경시내 전체, 호계면 서부를 포함하는 지역이었다. 읍치는 현 문경시 문경읍 상리 일대에 있었다. 읍치 북쪽에 위치한 主屹山이 이 고을의 鎭山이다. 읍치에 있는 蓮亭은 客舍 남쪽에 있는 작은 연못가에 있는 亭子이다. 曦陽山과 主屹山은 문경의 名山으로 해마다 봄가을로 小祀를 지냈던 곳이다. 가서면에 위치한 선유동은 골이 깊고 수목이 울창하며, 기이한 봉우리 사이로 맑은 물이 흘러 굽이 굽이마다 소와 폭포가 있어 아름다운 경치를 이루는데, 선유구곡이 유명하다. 희양산 남쪽에 위치한 鳳岩寺는 879년(신라 헌강왕 5년)에 智證國師가 처음 세웠는데, 그 후 重修, 火災, 重建을 겪었다. 이 사찰에 있는 보물로 삼층석탑(보물 제169호), 지증대사 적조탑(137호), 지증대사 적조탑비

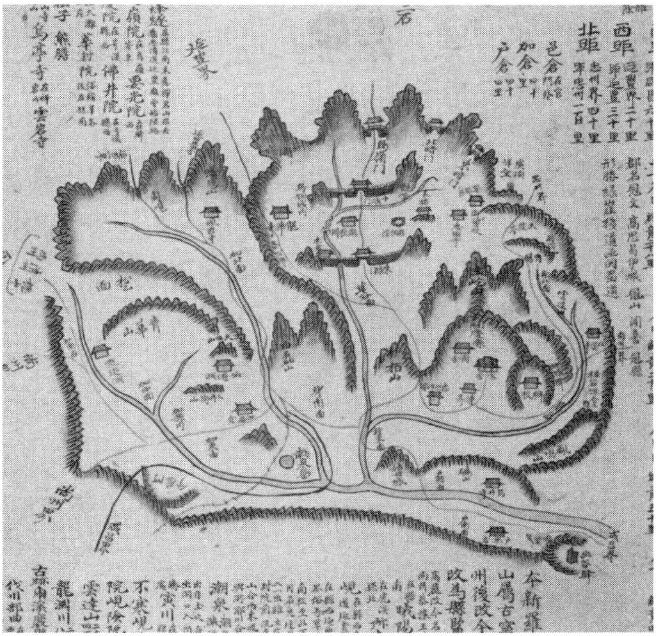

해동지도 – 문경

(138호), 정진대사 원오탑(171호), 정진대사 원오탑비(172호) 등 5점이 있다. 사진에 보이는 姑母城은 돌로 쌓은 성인데, 삼국시대 늙은 할미가 하루 아침에 쌓았다는 전설이 내려오고 있다. 고모성 아래에 보이는 幽谷驛은 찰방역으로서 18개 역을 관할하였다. 지도에는 없지만, 조령성 좌측에 있는 惠國寺는 846년(신라 문성왕 8년)에 普照國師가 창건하여 법흥사라 하였는데, 고려 때 혜국사로 고쳤고, 1870년 경에 송장, 지성 두 禪師가 重建하였다.(金在完)

Bonus Photo

옛날
순대
손칼국수
572-1818
재첩국
칼국수
수제비
Morning meal is possible
아침식사 됩니다
순대국밥
medicine bean ice noodle
약콩냉국수
올갱이 해장국
medicine bean hand made noodle in soup
약콩 손칼국수
house bean paste soup
집청국장
올갱이 해장국
손칼국수
된장찌개
순대국밥
집청국장
토종콩으로 만든 옛날맛 청국장
(직접농사 국산100%)

COMMON CITY

SURVEY ON SMALL CITIES OF SOUTH KOREA

STORY

17

JUM-CHON

문경의 경제거점 도시입니다.

점촌 店村

《면적》_911.73km²

《세대》_30,140가구(2007)

《총인구》_79,820명(2011)

《등급》_경기도 동두천, 과천과 동급, 81위

《행정동》_읍2개, 면 7개, 행정동 5개

문경시 중 시청이 있는 지역은 점촌(店村)이라는 지명으로 불린다. 과거 석탄의 도시로 이름이 높았으나 최근에는 석탄산업의 사양화와 함께 발전이 다소 정체되고 있다. 1990년대 이후로는 문경새재 등을 통한 관광산업에 의존하는 비율이 점차 증가하고 있다.

명칭에 있어 매우 흥미로운 점이 발견됩니다. 예나 지금이나 도시의 명칭에 대한 것은 참으로 예민한 문제였나 봅니다.

> 문경시가 아직 군이었던 1986년 문경군의 일부였던 점촌읍이 시로 승격되어 점촌시로 된 것이 문제의 발단이다. 과거 문경군청은 문경읍 상리에 있었으나 1949년 점촌읍으로 이전하면서 문경군의 중심지가 점촌으로 바뀌었다. 1995년 대대적인 행정구역 개편이 이루어지면서 원래 하나의 행정구역이었던 점촌시와 문경군을 통합하면서 통합시의 명칭 문제가 지역 주민들 사이에서 갈등의 원인이 되었다. 상당한 진통 끝에 원래의 이름인 '문경시'로 되었지만 문경시 안에 시청이 있는 구 점촌시와 문경읍이 공존하는 상황이 혼란을 가져왔다. 문경읍에 문경시청이 없고 옛 점촌시 지역인 동 지역에 시청이 있음으로써 문제가 되는 것이다. 현재 문경시 인근의 대부분의 교통 표지판에는 동 지역을 가리키는 표시로서 반드시 '점촌(문경시청)'과 '문경읍'을 명확히 표시하도록 되어 있다. - 위키백과, 점촌시

01 도시형태 Shape of the city

●

점촌은 서북쪽으로 산세를 가지며, 동쪽으로 영강을 가지고 있습니다. 배후지가 그리 넓지 않아 예로부터 큰 도시의 형상을 가지기에는 한계가 있었던 듯 보입

니다. 일제 강점기 이후 철길이 놓여 선형에 따라 도시가 조성되어 오늘에 이른 듯합니다. 경북선의 역사는 다음 글을 참조하십시오.

> 길이 115.2 km. 본래 조선철도주식회사(朝鮮鐵道株式會社)가 경북 내륙지방을 개발하기 위해 경부선의 김천~안동을 잇는 철도로서 1922년 착공하여 1931년 10월 15일 전구간이 완전 개통하였다. 그러나 태평양전쟁을 수행하기 위한 일본의 정책적인 필요(군수산업에의 철재공급 등)에 의하여, 1944년 9월 30일 점촌~안동 간 철로를 철거하여 경북선은 김천~점촌을 잇는 구간으로 단축되었다.
> 8·15광복 이후 태백산 지구를 개발함에 따라 수송량이 증가된 중앙선의 수송부담을 덜고, 영동선과 경부선을 직접 연결시키기 위하여 점촌~영주 간을 연결하는 경북선 연장공사가 1966년 10월 10일 완공되었다.
> [출처] 경북선[慶北線] | 네이버 백과사전

02 도시조직 Urban fabric

●

서북쪽의 산세에서 흘러내리는 물줄기의 영향으로 도시조직들이 구불구불한 전형적인 지형적 도시조직이 보이지만, 점촌역 쪽으로 내려오면 구획정리조직으로 바뀝니다. 이는 본래 철도가 놓이기 전의 구릉지의 마을이 철도부설 이후 구

획정리조직과 만나면서 형성된 것임을 보여줍니다. 당연히 구획정리조직의 역사가 짧을 것입니다.

또한 직선형태의 도시의 서쪽에 있는 모전천쪽으로는 문경시청과 함께 아파트 단지의 도시개발지역이 조성되어 있습니다. 아마도 시청과 함께 자리를 잡은 것이 아닌가 여겨집니다.

점촌의 시가지풍경 City scape

산을 배경으로 남쪽에 자리 잡은 시가지 모습입니다. 시가지가 크지 않습니다.

03 도시조직 Urban fabric : 물길이 만들어낸 구도시의 길과 옛 건물 Road and old buildings by water flow

●

앞선 지도에서 보았듯이 점촌의 도시조직인 지형적 도시조직과 구획정리 도시조직이 매끄럽게 연결되어 있습니다. 산세에서 내려오는 도시의 기세가 구획정리까지 비교적 무리 없이 전해지고 있지요.

산세에서 내려오는 도시City comes from Mountain. 점촌

이러한 지형적 도시조직을 그대로 가지고 있는 곳에서는 물길의 흔적과 함께 옛 건물과 그것의 변형이 이루어낸 퇴적된 시간의 느낌을 가지고 있습니다. 이는 구획정리 및 도시개발지역에서는 절대로 느낄 수 없는, 참으로 흥미진진하며, 변화무쌍한 옛 도시의 모습들입니다.

점촌 풍경 – 이면도로. 다양한 건물들의 형태에 주목

다양한 시간대의 건물들Various time on buildings, 점촌

04 도시조직Urban fabric : 점촌역과 철길. 도시의 시작이자 도시의 끝Railway as starting. Ending point of the city

●

영주까지 가는 경북선은 예전에는 탄광의 철도로 이용되었겠지요. 이곳의 철도

는 이렇게 도시의 시작과 끝입니다. 도시의 끝은 어디를 가나 그렇듯이 농경지이고, 도시의 시작은 역시 환승주차장의 늘어선 자동차들입니다.

경북선, 점촌

역전 환승주차장 Station square

이 축은 역전에서 시작하여 점촌사거리를 지나 산세까지 이어지는 주 동선이자, 통경축으로 기능하고 있습니다.

05 도시조직Urban fabric, 사회성Sociality : 두 개의 시장2 markets

점촌에는 두 개의 시장이 있습니다. 하나는 문경 여객터미널 근처의 시장과 시의 중앙에 있는 중앙시장이 그것입니다. 필자가 보기에는 아무래도 문경여객이라는 문경의 구석구석을 관통하고 있는 시내버스의 정류장이 있는 터미널 쪽의 활기가 더 크게 느껴집니다.

터미널 시장Old market near Terminal

터미널 시장의 도시조직Old market near Terminal

지도를 보니 이 둘은 공간조직도 매우 다릅니다. 터미널은 터미널 부지와 연계되어 넓지막한 상점들이 기존에 있었던 것 같습니다. 이들을 연결시키니 좀 더 매장도 크고, 거리도 시원시원합니다.

이에 비해 중앙시장은 본래 조그만 건물들로 이루어진 좁은 옛날 도로를 막고, 지붕을 덮어서 조성한 시장이기에 구도시의 도시스케일을 그대로 가지고 있습니다. 거리가 좁은 대신 어떤 공간의 켜와 깊이를 느낄 수 있습니다. 이렇게 다른 도시조직, 도시의 기본판은 그 위에 느껴지는 공간의 성격을 확연히 다르

도로 너비와 두 개의 필지가 붙은 상점 크기를 볼 것 Old market in city center

중앙시장의 도시조직 Old market in city center

게 해 줍니다. 이 둘의 공간의 성격이 다르니 만큼 어떤 MD(상품배치계획)도 다르게 나타나고 있습니다. 공간이 큼직한 터미널 쪽은 교통의 편리성을 이용, 지역의 농산품들이 거래되는 것이 많아 보였고, 중앙시장은 반찬가게부터 옷집, 이불집 같은 조그만 공산품들이 진열되어 있습니다.

그런데 이곳에는 이미 홈플러스가 시외버스 터미널 앞에 버젓이 위치하고 있었습니다. 물론 이러한 젊은이들에게 익숙한 새로운 상업문화가 꼭 나쁜 것은 아니지만, 재래시장들에게는 당연히 좋지 않은 영향을 줄 것입니다. 아무래도 홈플러스 같은 매장은 생산품의 대형화와 함께 어떤 규격화를 요구할 것이 분명한데 이렇게 집 앞에서 자신의 작물을 키워온 농민이자 소상인들에게는 할인마트로 자신의 상품을 가지고 들어갈 수는 없을 것입니다.

보통 매장의 분위기와 가격의 차이 등으로만 이 둘을 비교할 텐데, 유통의 관점에서, 판매자의 관점에 보아도 이 둘의 차이는 매우 클 것입니다. 다른 말로 하면 재래시장이 죽으면 이 대형마트의 판매책과 연결되지 못하는 소상인들은 생계기반을 잃고 맙니다. 어쩔 수 없는 자본의 생리상 대형마트의 소도시 진출이 불가피한 일이라 하더라도, 그 여파는 대도시보다 훨씬 클 것 같습니다. 문경시는 이들을 위해 어떤 대책이라도 있는지 궁금합니다.

06 수공간Water : 모전천과 구획정리의 도시Land readjustment area

●

시내의 서쪽면으로 모전천이라는 조그만 직선 형태의 천이 흐르고 있습니다. 분명히 자연형상의 하천의 형태는 아니기에, 이 하천이 언제부터 이런 모습이었는지가 궁금하더군요. 인터뷰를 시도했는데, 대략 30년 전에도 있었다는 말만 들었습니다.

모전천과 구획정리조직Water & land readjustment

필자가 보기엔 도시가 확장하면서 모전천을 직강화, 필지를 확보하였을 것으로 보여집니다. 이후 주위의 필지를 구획정리를 하여 현재에 이른 것으로 보입니다.

아무튼 물도 맑고 주위의 주택지와 잘 어울리는 기분 좋은 물가의 풍경을 제공하고 있습니다. 특히 20년 전에 문경의 시장이 식수했던 벚꽃이 매우 아름답다 합니다.

모전천과 주변 풍경, 점촌

●

후감

필자가 본 점촌은 필자의 짧은 답사로 정의될 수는 없겠지만, 비교적 넓은 농경지를 가진 문경지역의 삶의 터전이었습니다. 이곳은 어차피 젊은이들이 주로 모여드는 도시가 아닐 것입니다. 이 곳은 농경지를 기반으로 하는 노인 분들의 도시입니다.

도시가 활력이 있으려면 당연히 젊은이들 이상 좋은 에너지원은 없겠지만, 그렇다고 젊은이들을 위한 생산의 기반이 부족한 이곳에서 소위 '바이오벤쳐'와 같은 첨단지식산업을 기대하기는 어려울 것입니다.

이곳이야 말로 곱게 늙어가는 도시, 농경의 도시로 그대로 남겨 두면 어떨까 하는 생각도 듭니다. 그래도 도시를 개선하는 노력, 다공적 도시를 향한 노력은 꼭 필요할 것입니다.

07 다공성의 도시, 점촌

●

- 자전거공원 조성
- 생태축의 연결
- 소규모 역세권 조성

Porous city, Jum-Chon

Jum-Chon is the economic center of Mun-Kyoung area, since Japan decided to put the rail on this city. So most urban area starts from the station front, the rear side is mostly agricultural area. River bed is isolated by railway. which is one of inevitable and overcoming items of urban planning issues.

From northern mountain side to the river side, water lines could be reenforced in urban area. It can be combined current road system. Bike road and park could be the generator of residential area which has plenty of time frame, but in general, atmosphere of the city is somewhat depressed. Along the rails, green strip could be ecological back bone. Those are the potential to provoke the city porous.

Porous city, Jum-Chon
Water way (trace)
Greens with rails
Bike park
Bike path with greens
Station, Terminal impact zone

Bonus Photo

Color of Mt is best, at sunset

COMMON CITY

SURVEY ON SMALL CITIES OF SOUTH KOREA

STORY

18

SANG-JU

인구 11만, 경북의 평야도시입니다.

상주 常州

면적_1,254,32km^2

세대_43,432가구(2008)

총인구_112,9431명(2011)

등급_경남 밀양, 전북 김제와 동급, 71위

행정동_읍 1개, 면 17개

경상북도의 서북부에 있는 시. 쌀 · 누에고치 · 곶감 등이 생산되며, 무연탄 · 흑연 등이 채광된다. 명승지로 속리산, 남장사(南長寺), 화달리(化達里) 삼층 석탑 등이 있다. 1995년 1월 행정 구역 개편 때 상주군을 통합하여 도농 복합 형태의 시를 이루었다.

상주는 읍성이 있었던 지역입니다. 대체적으로 옛 도시의 읍성을 가진 도시들은 해안가 지방이나 평야의 거점도시(교통의 결절점, 주요 이동통로, 평야의 중심 등)에 나타납니다. 그 이유는 외적의 침략에 대비하기 위해서라는 주지의 사실이지요. 상주는 그런 의미에서 내륙의 중심도시였음을 알 수 있습니다.

●

상주 가는 길 Way to Sang-Ju

문경에서 상주로 가는 길입니다. 이곳의 지형적 특색이 그대로 나타나고 있습니다. 너른 평야를 가지면서 불쑥 불쑥 산들이 올라와 있는 다른 말로 표현하면, 들판의 바다 위에 떠 있는 산세의 아키펠라고 archipelago, 군도群島였습니다.

상주 가는 길의 풍경 Mt. archipelag

비탈면의 괴촌 Haufendorf in Mt slope

이러한 지형적 특색은 산과 평야가 만나는 비탈면에 형성된 괴촌[20]의 정주 공간을 만들어 냅니다.

---

20) *괴촌[塊村, Haufendorf]. 민가가 불규칙하게 모여서 덩어리 모양의 평면형태를 나타내는 촌락. 지형도에 나타나는 취락의 평면형태가 괴상(塊狀)을 이루는 데서 유래된 명칭으로, 주로 자연발생적 취락에 많다. 일반적으로 산기슭 · 대지 말단 · 분지 주변 · 해안 등지에서 볼 수 있으나, 한국에서는 평야지대에서 대부분의 촌락이 괴촌을 이루고 있다. 그것은 한국의 농어촌이 자연발생적으로 형성된 데다가 촌락형성의 한 특색인 동족취락(同族聚落)이 그 성장과정에서 가옥의 무질서한 밀집을 가져온 결과라고 풀이된다. 근래 취락구조 개선사업의 추진으로 괴촌들이 모습을 달리해 가고 있다. [출처] 네이버 백과사전*

01 도시형태 Shape of the city

상주를 지도로 본 첫 인상은 "참 잘생겼다" 였습니다. 강이 북쪽으로 있다는 것만 빼면 너른 들판을 가지고 있고, 앞뒤로, 좌우로 널찍이 떨어진 거리를 두고 산세가 있어 앞서의 문경이나 점촌에 비해 너른 배후지를 가지고 있습니다. 그렇게 시계의 영역이 넓었기에 어느 한 방향으로 도시의 형태가 왜곡되지 않고 비교적 등방적인 도시의 형태를 가지게 되었다 생각해 봅니다.

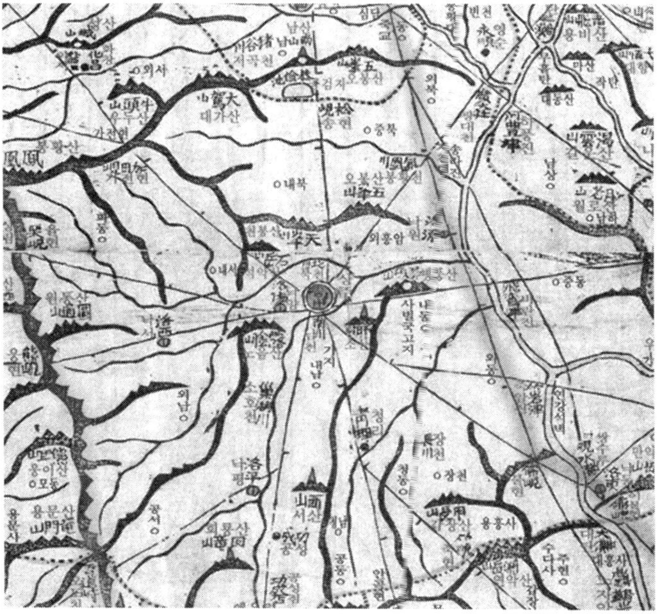

대동여지도 Old map, 상주

사진은 상주의 대동여지도 부분인데요. 상주읍성을 중심으로 사방팔방으로 길이 나 있음을 알 수 있습니다. 이렇게 상주는 잘 생긴 도시여건을 바탕으로 일찍부터 중심도시로 성장하였으나, 여러 문헌에서 보이듯이 근대화시기에 경부선축이 김천-구미축으로 결정되면서 결정적으로 도시의 세가 약해졌다 합니다. 그 사정은 앞서의 안동도 비슷하다 하지요.

02 도시조직 Urban fabric

●

상주의 도로망은 슈퍼블럭 크기의 직교그리드를 가지고 있습니다. 이 도로망 체계는 빠른 이동을 보장하는 도시의 간선도로망이지요. 그런데 바로 그 그리드의

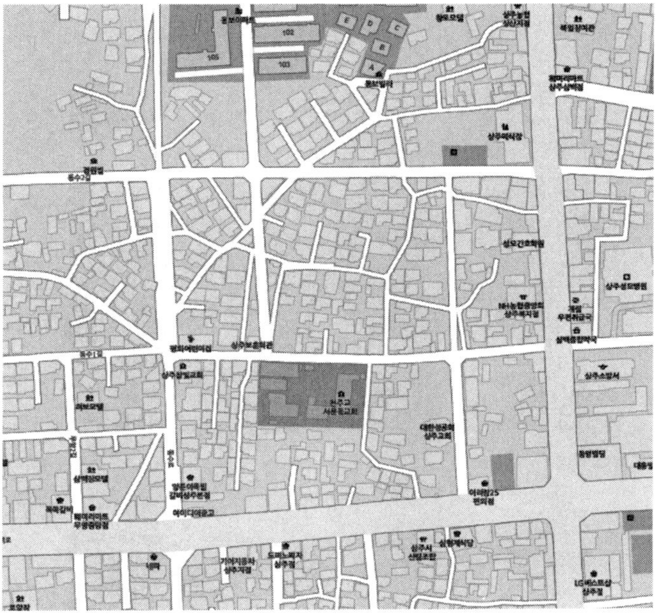

2기의 기본판. 지형적조직+도시계획도로, 상주 2nd phase urban fabric : Geographical fabric + planning road

안쪽으로는 아직도 이렇게 지형적 도시조직인 물길형 도로가 남아 있습니다. 전형적인 지형적 도시+도시계획도로의 기본판을 가지고 있는 도시입니다. 문경읍에서도 보았듯이 2기의 도시기본판은 지방 소도시들의 대표적 도시조직 유형입니다.

이러한 조직은 그 위의 건축물들이 매우 다양한 시간적 혼합성이 나타납니다. 앞서 많이 언급했습니다.

다음 사진들은 중앙로에서부터 배후도로와 세로의 풍경입니다. 이들이 하나의 블록 안에서 이뤄집니다. 이는 이 도시가 치열한 공간경쟁이 일어나는, 치열한 도시생산이 일어나는 곳이 아닌, "느슨한" 도시라는 것을 말해 줍니다.

Urban fabric Scene : Wide, middle and narrow road

중앙시장 Old market central

상주 역시 큰 중앙 재래시장이 있습니다.

얼마 안 되는 거리폭을 보상이라도 하듯 엄청나게 올려 세웠습니다. 공간적으로 시원한 느낌을 줍니다.

그런데 가지고 있는 스케일에 비한다면 활력은 좀 떨어져 보입니다. 본래 아직도 이런 지방도시의 재래시장들은 장날이 돼야 활력을 찾는다고 합니다. 또한 바로 읍성이 있던 도시의 경우 남문 밑으로 시장터가 주로 있었다 하니 그 영향이 있었을 것이라는 문헌을 확인합니다. 참으로 아는 만큼 보이고, 과거는 비록 그 모습이 사라졌어도 계속해서 현대에 영향을 미치고 있습니다.

03 취약공간 Urban fracture : 현대도시의 폐허 Recent ruins

도시의 형태는 참 "잘 생긴" 형상이지만, 의외로 활력이 많이 떨어진 도시였습니다. 사진은 철수한 까르푸의 옛 이름인 '홈에버'의 간판이 그대로 남아 있는 시외버스터미널입니다. 이곳 상주와 같은 도시는 기차역 보다는 고속버스터미널이 도시의 관문역할을 하며, 많은 유동인구를 가진 중심지여야 할 것입니다. 그렇기에 많은 사기업들이 이런 부지를 개발하여 이익을 추구하고자 하지요. 그런데 이 도심 한 복판의 홈에버 간판의 모습은 이곳 상주의 분위기를 단적으로 나타내고 있습니다.

홈에버 Abandoned wholesale market, 상주

상가는 철수한지 오래된 모습이고, 이후에 00아웃렛으로 재 개장한 이후 또 다시 철수한 듯 보입니다. 이곳은 이렇게 썰렁하게 비워져 있습니다. 이는 분명히 현대건축의 폐허의 모습입니다. 폼페이의 폐허가 아닌 현대건축의 폐허. 이를 두고 미국의 도시이론가 Alan Berger는 그의 저서 『Drosscape』에서 이렇

텅 빈 상주역 Empty train station – 직원 한 명만이 필자를 맞이한다.

게 버려진 상업건축물을 LOT Land of transition(변화가 예상되는 부지, 버려진 곳)로 정의합니다.

상주역근처 경찰서에서 인터뷰를 시도합니다.

Qus: 상주는 어떤 젊은이의 거리같은 게 없습니까?
Ans: 없어요. 김천, 구미가면 많지요.

Qus: 그럼 극장도 없어요?
Ans: 없어요. 옛날에 하나 있었는데, 그것도 장사가 안 되어 망했어요.

Qus: 그럼 이곳 사람들은 다 비디오로 영화 보겠어요.
Ans: 꼭 보고 싶은 게 있으면 차타고 나가 김천으로 가요. 차타면 금방이니까.

04 도시교통 Transportation : "자전거도시 Bike city"

자전거도시라는 말에 어울리게 이곳은 자전거를 많이들 이용하고 있습니다. 노인분이나, 젊은이나 할 것 없이 모두들 이용하고 있습니다. 아마도 이곳이 너른

자전거도시, 상주

평야지역이니 그것이 가능하겠다 생각해 봅니다. 자전거도시의 장점은 아무리 강조해도 지나치지 않습니다.

대로변에만 자전거도로의 구획이 있고, 중로 및 세로에는 없습니다. 필자가 있던 네덜란드는 모든 도시에서 자전거도로는 차도와 마찬가지로 구획되고 자전거 전용신호등까지 설치되어 있습니다.

05 사회성 Sociality : 아파트지역과 교육시설 Educational facities and Apartment

●

상주 향교가 위치한 남부는 향교의 분위기와는 상관없이 아파트들이 들어서 있습니다. 대단지는 아니어도 이렇게 전형적인 근린생활시설과 맞물려 상주의 다른 곳과는 다른 도시성을 나타내고 있습니다. 보통 향교가 있는 곳은 대부분의 도시에서 "교동"이라는 이름으로 조금은 고색창연한 한옥들의 밀집지인 경우가 많은데 이곳은 그렇지 않습니다.

교동의 아파트 Apartment building near old confucian temple, 상주

그런데 이 좁은 거리를 가지고 참으로 많은 학원들이 있습니다. 오후 4-5시경의 학교공부를 마친 아이들이 떼를 지어 영어학원이니, 음악학원을 뛰어다니고 있습니다. 이들을 데려다 주는 부모들의 차량까지 해서 매우 혼잡스러운 모습입니다. 여느 도시의 모습과 흡사하겠지요. 상주의 아이들도 이렇게 영어스트레스를 받는 것, 국제화시대, 수출로 먹고 살아야 하는 우리나라에서 어쩌면 당연한 현상으로 받아들여야 하겠지요.

교동 근처의 학원들, 상주

미스터 피자, 상주

이곳은 이렇게 "Mr. pizza" 하나라도 이렇게 도심의 느슨한 지형적 도시와는 다른 분위기를 만들어내고 있습니다. 이 가게에 아이들과 젊은 여인네들이 많다는 것은 이들은 그 만큼 새로운 도시성을 욕망한다는 것입니다.

06 제언 : 다공성의 도시, 상주 - 잘 생겼지만, 활력 없는 도시를 위한

●

어떻게 하면 침체된 이 곳에 활력을 불어 넣을 수 있을까요? 젊은이들을 위한 산업유치가 가장 중요한 일이겠지만, 먼저 도시계획적으로라도 살기 좋은 도시를 만들어 주면 산업유치가 자발적으로 일어날 수도 있지 않을까요? 그리 자본이 많이 들지 않을 몇 가지를 상상해 봅니다. 물론 사회, 경제적 의미를 뺀 순수한 건축인의 관점에서 본 생각들입니다. 얼핏 생각에 도시가 잘 생긴 만큼 새로운 도시계획적 시도도 잘 먹힐 수 있을 것 같습니다

- 광로 그리드체계와 연계되는 녹지 그리드의 도입
  · 블록 하나별로 가지는 하나의 공원과 자전거 도로망과의 연계, "Green-bike city"
- 고속터미널 폐허부지의 재활용. "압축도시"의 구축
  · 평원의 도시에 주는 수직의 랜드마크 Landmark of horizontal plane
- 농지와 도시의 주요 관문에의 관문프로젝트 도입
  · 도시의 영역성의 부여
- 읍성의 복원

●

Porous city, Sang-Ju

The city locates in the middle of Korean peninsula, so from old times, functioned as great traffic point. But after Gyoung-Bu national axis finished to construct, the city declined.

Ancient city walls and other historic buildings are totally destroyed during colonization and modernization period in recent history, but current restoration trial is very appropriate, although it's late.

Best way to make vital city would be to make city porous. First step, using plain land condition, bike road and park should be enhanced. Some landmark project could be built near main accessing road, as a "Gate way project", which indicates the city's identity. Modern ruin site as Terminal area, should be developed as small business/ commercial district. Finally, in the city center, old spatial structure as city wall, could be the generator of historic city, if it can be successfully excavated.

참고자료

해동지도 - 상주

상주목은 1392년(태조 1년)에 경주에서 관찰사영이 옮겨온 후부터 1596년(선조 29년) 관찰사영이 대구부로 옮겨질 때까지 경상도의 중심지 역할을 하였다. 인조 때 상주에 左營이 설치되었는데, 屬邑은 상주 · 개령 · 금산 · 지례 · 함창 등이었다. 상주목은 지금의 상주광역시 전체와 의성군 단밀면과 단북면, 문경시 산양면, 영순면 일부, 산북면 대부분을 포함하는 광범위한 지역이었다. 상주시 가운데 화북면, 화남면, 화서면, 화동면, 모서면, 모동면은 낙동강 수계가 아니라 금강 수계에 속한다. 읍치는 상주시 상주시내 서성동 일대에 있었다. 읍치 북쪽에 위치한 天奉山이 이 고을의 鎭山이다. 읍치 우측에 보이는 洛東津은 낙동강의 가항종점으로서 어염선 왕래가 잦았던 浦口였고, 또한 나루터와 역이 있어서 수륙교통의 요지였다. 읍치 좌측에 보이는 남장사는 832년(신라 흥덕왕 7년)에 진감선사가 창건하여 長栢寺라 하였는데, 1186년(고려 명종 16년)에 각원대사가 이 자리에 옮겨 짓고 남장사로 고

해동지도 – 상주

쳤다. 남장사 좌측에 있는 北長寺는 833년(신라 흥덕왕 8년)에 진감선사가 창건하였는데, 임진왜란 때 불탔고, 1624년(인조 2년)에 명나라 승려 10여 명이 와서 중창하였고, 그 후에도 몇 번 화재를 입고, 다시 중창된 바 있다. 읍치 남쪽에 위치한 龍興寺는 839년(신라 문성왕 1년)에 진감국사가 창건하였고, 그 뒤에 여러 번 중수하였는데, 법당의 용틀임이 유명하다. 읍치 서북쪽에 위치한 甄萱山城은 견훤이 가은에서 나서 그 누이와 같이 청화산의 돌을 한 치마씩 주워다가 하루만에 성을 쌓고 군사를 훈련시켜 후백제를 이룩하였다고 전한다. 지금도 흔적이 완연하게 남아 있다.(金在完)

여지도 - 상주

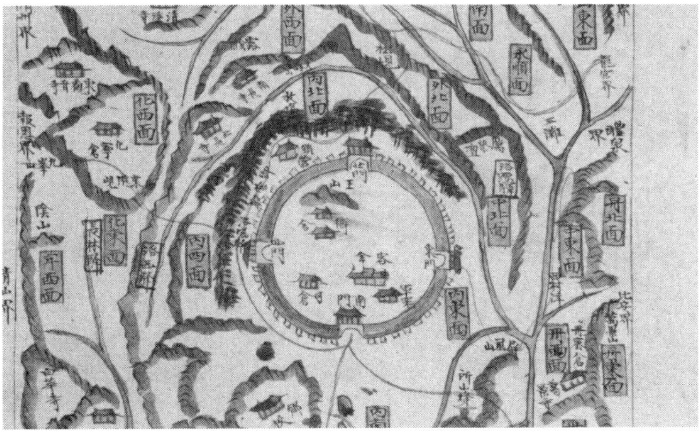

여지도의 경우 4대문과 함께 읍성 내부 북문 근처에 왕산이 있음을 나타내고 북문과 서문사이에 비보림이 있음을 알려 준다.

상주읍성 Old city wall

옛 도시의 조직은 나름대로 어떤 흔적을 남기게 마련이다. 그런데 아쉽게도 상주는 그 흔적이 거의 지워져 있었다. 상주읍성에 대한 자료를 찾고 필자는 매우 놀랐다. 그 당시의 고지도들에서 상주는 경상감영이 설치된 중심도시의 위상답게 많은 부분에서 언급되고 있었고, 기존 학계의 연구도 많이 이루어져 있었다. 그 중 필자가 추린 몇 개의 자료를 첨부한다.

상주읍성 관아지 연못발견

읍성 내의 연못의 경우 두 가지 목적이 있다. 첫째가 휴식을 취하는 공간이고 또 다른 하나가 화재발생 시 사용하는 소방용수. 그러다 보니 각종 읍치에는 이런 연못이 있었다. 이런 연못의 경우 위 두 가지를 충족시켜기 위해 인공적으로 조성을 하지 않을 수 없었고 현재 몇 군데가 복원을 하고 있다.

상주읍성 관아지 연못 발견

읍성 내의 연못의 경우 두 가지 목적이 있다. 첫째가 휴식을 취하는 공간이고 또 다른 하나가 화재발생 시 사용하는 소방용수. 그러다 보니 각종 읍치에는 이런 연못이 있었다. 이런 연못의 경우 위 두 가지를 충족시켜기 위해 인공적으로 조성을 하지 않을 수 없었고 현재 몇 군데가 복원을 하고 있다.

좌-연못지, 우-도로지(Trace of pond, road)

포장된 도로

상주읍성 관아지에서 발견된 도로가 더욱 더 흥미를 끄는 것은 이 도로를 따라 우마차와 말이 지나갈 수 있게 포장을 했다는 것이다. 지금과 같이 아스팔트로 포장한 것은 아니지만 적어도 비포장도로의 형태는 아니라는 사실을 알려 주는 것으로서 이 도로의 형태가 조선시대 지도에 나오는 길을 나타내는 것으로 볼 수 있다. 멀리 떨어진 창원시 진동면에 있는 진해현 읍성에도 이와 비슷한 도로가 발굴이 된 적이 있었다.

출처:조선시대 경상도 대표도시 상주 그리고 상주읍성
http://panzercho.egloos.com/10702243

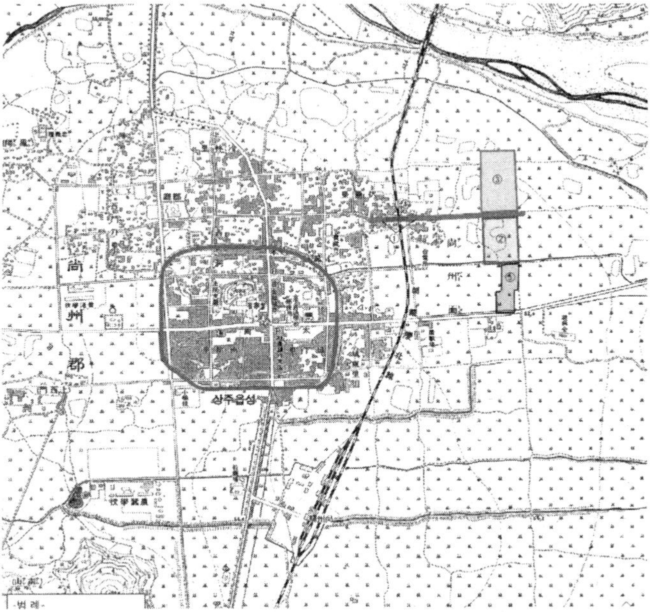

1927년도 상주의 모습을 나타낸 지도를 기준으로 상주읍성의 형태를 알아낸 것이다.(출처 :영남문화재연구원 "상주 복룡동 10-4번지 유적")

상주읍성의 모습은 고지도와 달리 정사각형에 가까운 평지읍성이다. 또 4대문을 중심으로 十자형의 도로가 발달되어 있었다. 당시의 모습을 보면 관아지의 모습을 유추할 수 있다. 지금의 경찰서와 여자보통학교 등이 관아지로 추정된다.

1912년에 성첩과 문루를 모두 헐어 시가지와 도로를 만들고, 1925년 남문인 홍치루마저 훼철된지 99년의 세월, 근 100여 년의 시간이 흘렀다지만 흔적조차 사라진 상주읍성. 그 세월을 원형 잃은 왕산(王山)만 그 자리를 지키고 있다. (중략)
역사에 기록된 상주읍성은 왕산을 중심으로 하는 평지석성이다. 신라 31대 신문왕 때부터 사벌주를 설치, 성을 쌓았고, 이후 1592년 임란 이후 황폐하여 성터만 남아 있던 것을 1870년경(고종 7년) 목사 남정학, 민치서, 조병로 등이 복원하였다고 전해진다.
고지도 상에서도 분명히 나타나는 이러한 읍성의 자취들이 불과 100년 안에 흔적도 없이 사라진 것은 누군가의 고의적인 만행이 아니었을까 생각해 본다.
출처:빛마당산책, http://blog.daum.net/khaesal4081/5450410

이상의 자료에서 보이듯이 우리의 옛 도시는 많은 부분들이 격렬한 근대를 통과하면서 훼철되어 갔다. 물론 일제의 만행이 가장 큰 이유였겠지만, 이를 빌미로 그 동안 조정과 권신, 지방관의 횡포에 억눌렸던 민심도 우리의 옛 구조물을 바라보는데 정겨운 시선을 주지 못했지 않았나 생각해 본다. 아무튼, 건축과 도시계획을 하는 필자로서는 매우 안타까운 역사의 기록들이다.

Bonus Photo

터미널 Bus-terminal

발굴의 현장 Excavation site

일본 냄새Japanese scent, 중앙시장 근처

도시의 끝End of the city

COMMON CITY

SURVEY ON SMALL CITIES OF SOUTH KOREA

STORY

19

PYOUNG-TAEK

인구 38만의 도시, 평택입니다.

평택 平澤

면적_452.18km²

세대_156,500가구(2008.7.31)

총인구_378,073명(2011)

동급_경기도 시흥, 경북 구미, 경남 진주와 동급, 26위

행정동_읍 3개, 면 6개, 행정동 13개

법정동_27개

평택시(平澤市)는 대한민국 경기도 서남부에 있는 시이다. 구 평택시 지역은 본청, 구 송탄시는 송탄출장소, 구 평택군은 안중출장소 관할이다. 동쪽은 용인시와 안성시, 서쪽은 충청남도 당진군, 남쪽은 충청남도 천안시와 아산시, 북쪽은 오산시, 화성시와 경계를 이룬다.

평택 – 도시연합체 City allince

평택시의 행정구역은 동쪽으로 안성에 접하며, 서쪽으로는 평택항이 있는 서해 바다에 접하는 매우 넓은 구역을 가지고 있습니다. 미군부대가 위치할 팽성읍, 평택항이 있는 포승읍과 함께, 현재 많은 신도시가 계획 중에 있습니다. 미군부대의 배후도시라는 고덕 신도시(15만)가 있고, 소사벌지구(5만), 용이지구까지 평택은 매우 많은 소도시들을 가지고 있는 도시연합체가 될 것입니다. 역시나 우려스러운 것은 개발의 규모들이 너무 커서 어떻게 이 많은 인구들을 채울까 하는 점입니다. 참으로 경기도는 김포나, 파주 등에서도 보았듯이 신도시의 아틀라스 Atlas 입니다.

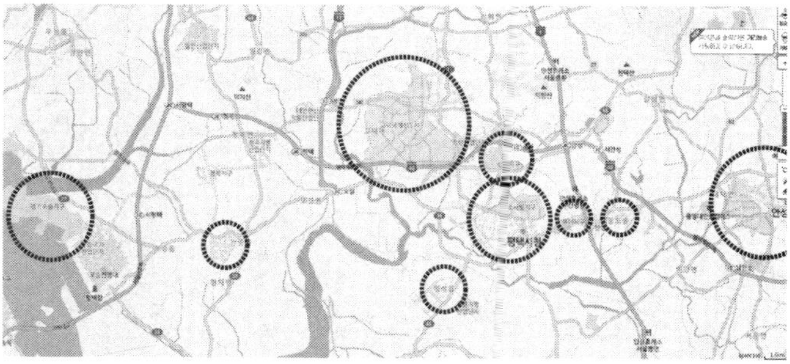

평택 – 신도시 아틀라스 Atlas

조선시대에는 읍치를 가지는 지방도시 어느 곳이나 향교가 있었습니다. 만일 "00향교"라고 검색한 결과가 나오면 그 도시는 조선시대부터 살았던 정주지라는 의미가 되지요. 평택 역시 향교가 있습니다. 그러나 평택 향교는 이곳 평택 시계에는 없습니다. 팽성읍에 있습니다. 그렇기에 팽성읍 쪽이 오래된 도시이며, 이곳 평택시는 역사가 그리 길지 않은 도시라는 것을 짐작할 수 있습니다.

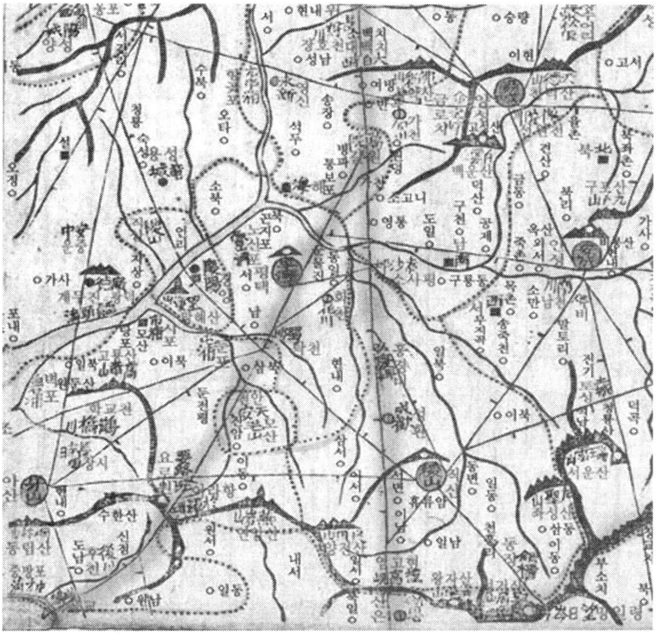

대동여지도 – 평택

이것은 대동여지도에서도 확인됩니다.

도시의 형태를 보면 평택역을 중심으로 강한 방사형망을 가지고 있습니다. 다분히 도시계획이 들어간 일제 강점기 이후의 도시로 추정됩니다. 전체적 도시의 형상을 보면 먼저 경작지들이 안성천을 주위로 간척되어 농경지로 쓰이고 그 이후 평택역이 들어와 도시가 팽창하면서 시계가 형성된 듯 보입니다. 그런 이유로 도시의 형태가 어떤 정형성을 띠고 있지 않습니다.

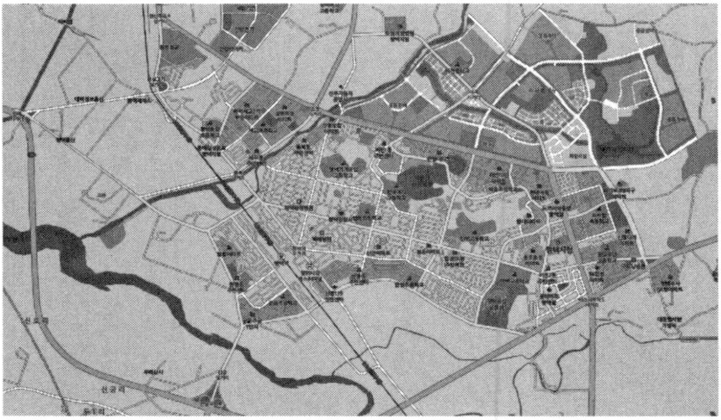

평택 지도

평택역 오거리의 도시조직 City fabric of 5 roads crossing

평택역 앞의 오거리 및 시계의 대부분은 강한 구획정리의 선으로 이루어져 있습니다. 일제의 그리드일까요. 개략적으로 100×50m의 그리드를 가지고 있습니다.

02 도시교통 Transportation

●

성남에서 평택으로 가는 차량을 탑니다. 아침 9시인데도 버스는 만원입니다. 이곳의 평택대학교, 중앙대 안성 캠퍼스 등으로 통학하는 학생들로 꽉 찹니다. 성남에서 출발하는 버스가 이정도인데 서울에서 가는 차들은 또 얼마나 많을 까요. 모든 곳은 서울로 향하는, 향해야만 하는 '고속교통 지향형 도시구조', 언제쯤이면 벗어날 수 있는지. 갑갑합니다.

평택 가는 차와 줄을 선 학생들 Bus for pyoung-taek with students

평택역의 광고판 Ad panel, Seoul is Pyoung-Taek

평택과 서울이 한걸음이 되었다는데 이런 것이 과연 좋은 것인지요. 〈전 국토의 서울지향성〉. 이런 슬로건 아래 녹색도시, 녹색경제는 절대 일어날 수 없습니다.

역전광장

평택역 앞에는 역전광장이 있습니다. 평택역이 상업복합역사이다 보니 더욱 활력을 받고 있는 듯 보입니다. 그런데 역사의 분위기는 용산역사와 흡사합니다. 아니 어디를 가나 비슷합니다. 철로 위의 떠있는 복합역사와 그 앞의 교통광장. 좀 다른 모폴로지morphology는 없을까 생각해 봅니다. 예를 들자면, 건물이 광장을 감싸고 있다든지 하면 좀 더 광장의 위요감을 줄 수도 있을 텐데요.

필자가 왜 이런 건축적 상상을 하냐면, 한국 도시들의 역전광장은 교통광장 이상의 의미가 있는 곳이 되어야 한다는 생각 때문입니다. 유럽의 도시에는 그들의 성당과 광장이 만나 시민들의 어떤 '정신적 지주공간'이 됩니다. 한국의 도시들에는 애석하게도 그런 것이 없지요. 그래서 역전광장이 그런 역할을 해야 한다는 것이 저의 지론입니다.('정신적 지주공간'에 대해서는 보론을 참조하십시오)

평택역 광장Front square of train station

전면과 후면의 광장이 있는데 후면이라도 좀 다르게 했으면 어땠을까 생각해봅니다. 교통광장+지역광장+녹음수 광장+휴식의 광장.

구획정리조직

평택의 도시조직은 언술했듯이 기본적으로 구획정리 조직입니다. 역 근처의 방사형 구획조직이 주는 상업밀도는 굉장히 높습니다. 건물들은 오래된 것과 새것이 혼재되어 있는 시간적 혼합성이 높아 매우 건강해 보입니다.

중심상업지역Central commercial area, 평택

구획정리 주거지역Housings in old land readjustment area

주거지역 또한 오래된 건물과 새 건물이 섞여 있어 혼합성이 높습니다. 이렇게 자동차가 진입 가능한 구획정리조직은 오랜 시간이 지나도 살아남습니다. 그 말은 작은 건물 하나 하나들에서, 낙후된 건물들은 지었고, 또 새 건물로 그곳은 채워지는, 끊임없는 "infill"이 일어나는, 자생력이 높은 건강한 도시라는 것이지요.

평택역의 비스타와 라운드-어바웃Round-about

평택역을 중심으로 하는 도시가로망은 이렇게 어디를 가더라도 시각적 초점으로 평택역을 향하게 합니다. 강한 vista를 주고 있는 것이지요. 필자는 이런 비스타를 제공할 바에야 좀 더 역사의 건축물에 수직성을 부여했으면 더 좋았겠다 생각을 해 봅니다. 이것을 설계하신 분, 기획하신 분은 그런 생각까진 못하셨던 모양입니다.

평택역을 향한 조망축 Vista for central station

교통섬 Round-about

시가지 내로 들어가니 이렇게 교통섬round-about이 나옵니다. 유럽에서는 수없이 보아 왔던 모양인데 한국 도시에서도 이렇게 있습니다. 신호등이 필요 없는 체계이고, 차량들이 기다릴 필요가 없는 체계지만, 교통량이 많은 대로에선 적용하기엔 무리가 있습니다. 그 옆의 건물을 보면 이 round-about의 둥근형태가 그대로 건물에도 영향을 주고 있습니다. 교통의 체계가 건물까지 그대로 영향을 주는 계획들. 대표적인 예가 바르셀로나가 될 것입니다.

평택산업단지로 발걸음을 옮깁니다. 필자가 보아온 산업단지들은 하나같이 '도시의 오지' 였습니다. 화학약품 냄새, 시끄러운 기계소리, 늘어선 주차, 부족한 대중교통, 부족한 녹지, 부족한 도시성. 이 모든 것들이 여기서도 여실히 드러납니다. 이 사진의 버스정류장의 표지는 이곳의 사정을 잘 보여줍니다. 자가용만이 도로에 즐비한 대중교통 전무의 도시입니다.

평택산업단지

그래도 한쪽 구석에 마련된 근린공원이 유일하게 있습니다. 얼마나 반갑던지요. 필자가 종종 이야기 하지만, 이런 곳에 공원은 이곳, 노동자들의 지친 심신을 이완시켜 줄 수 있는 도시의 "치유공간"입니다. 도시는 이렇게 재화를 생산하고 소비하는 장이기도 하지만, 분명히 시민들을 치유할 수 있는 이완의 장이 필요한 것입니다. "치유의 도시"라고나 할까요.

산업단지 내 근린공원 Park in Factory area

05 사회성Sociality, 미군부대와 평택

평택 하면 요새 떠오르는 말이 있습니다. 바로 "평택미군기지"이지요. 특히나 용산미군기지가 평택으로 이전하고 그곳에 공원이 들어선다는 "용산공원 정비구역 종합기본계획"에 필자도 참여했으니 참 뿌듯한 일이었지요. 각설하고.

인근 부동산에 들어가 인터뷰를 합니다.

> Qus: 평택에 미군기지가 어디로 가는 것입니까?
> Ans: 아, 팽성읍 전체가 다 개발될 거에요.
>
> Qus: 네 그렇군요. 그럼 미군이 들어오면 이 곳이 더 좋아지는 건가요?
> Ans: 아무래도 그렇지 않겠어요? 미군이 다 해서 한 5만명 된다니까 군무원들까지 하면 숫자도 그보다 더 많아질 거 아닙니까?
>
> Qus: 야 그러면 개발붐이 상당하겠어요.
> Ans: 그렇지요. 그런데 2015년은 되어야 한다니까 시간이 필요하겠지요.

이건 순전히 필자의 생각이지만, 평택미군기지는 북한과의 전면전에서 미군이 뒤로 빠지는 의미와 함께, 중국을 견제하는 의미도 있는 것 같습니다. 황해와 바로 붙어 있으니까 말이지요.

필자가 지나친 도시 중에 동두천이 있었습니다. 동두천은 미군이 떠나는 곳이었지요. 그렇기에 그곳의 침체된 분위기가 머릿속에 남아 있습니다. 지금 현재 미군이 있다는 팽성읍 안정리로 가기로 합니다. 그곳 안정리는 참으로 다양한 풍경을 필자에게 선사합니다.

안정리 : 기존의 도시와 '미군문화'

안정리는 매우 낙후된 기존 도시가 있고, 그 기존 도시가 미군들을 받아내기 위해 노력한 클럽거리가 있었습니다. 그런데 역시나 이곳 또한 그리 활성화된 듯 보이진 않습니다. 낮이어서 그런가요. 밤이면 좀 달라질 수도 있겠지요.

안정리 미군 '문화의 거리 US army's Cultural street'

거리엔 미군들의 주택수요를 해결해 주는 부동산들이 많았습니다. 필자는 이곳 미군들이 어디서 주로 사는지가 궁금했습니다. 인터뷰를 시도하는데, 그곳엔 한국인 사장님은 어디 간 듯 자리에 없고, 필리핀 여자가 혼자 부동산을 지키고 있습니다. 아무래도 이곳 클럽거리들에서 종사하는 필리핀인의 가족이나, 일가친척들 중에서 고용하진 않았을까 생각해 봅니다.

미군부대 앞 부동산Real estate shop, 평택

미군부대 앞 햄버거 가게Small philippines Hamburg store, 평택

그 시간에 문을 연 유일한 상점이 있었는데 간단한 햄버거 등을 파는 개인가게였습니다. 주인은 역시 필리핀인입니다. 사람 하나 없는 거리와는 대조적으로 몇 사람들이 모여 즐겁게 영어로 대화를 하고 있습니다. 최소한 이 가게 안과 이 부근 만큼은 한국의 분위기는 아니더군요. "평택 안의 작은 필리핀"이라고나 할까요.

안정리, 평택

안정리의 분위기는 이렇게 낡은 한국의 오래된 토착도시에 외국인 문화가 섞여 있는 보기 드문 풍경을 양산합니다. 조만간 이태원을 다시 방문해야겠다는 생각이 듭니다. 미군과 지역으로서의 한국문화가 최초로 교류했던 그곳 말입니다.

옛 건물에 담겨있는 미국문화와 그것의 혼성문화를 보십시오. 아마도 이곳 '남미이주공사' 는 나이 지긋한 할아버지가 정말 많은 아메리카의 꿈을 가진 한국의 아가씨들을 도와주던 그런 곳이겠지요.

사실 이태원 쪽을 보면 현금력이 있는 미군들의 주택수요를 충족시켜 주는 고급 아파트들이 제법 있습니다. 이들은 60평짜리 대형아파트를 월세로 낼 수 있는 자금력을 가지고 있습니다. 물론 미국 정부가 주는 돈이겠지만요. 필자는 매우 궁금했습니다. 도대체 이곳 안정리의 주거환경을 보면 이들의 주택수요를 도저히 충족할 것 같지가 않았습니다. 그렇기엔 건물이 너무 낡고, 낙후되어 있었기에 말입니다. 그렇다고 이곳은 미군부대가 있어 고층아파트가 쉽게 허가날 수는 없는 곳일 테고 말입니다.(하나의 호텔이 고층이었는데 어떤 미군과의 커

낙후된 주거지역Time-run building, 안정리

넥션이 있어서 그렇게 허가가 났으리라 봅니다. 실제로도 그 부근에서 미국인들의 입출입이 일어나고 있습니다.)

필자의 의문은 곧 풀립니다. 마을을 조금 벗어나 보니 새롭게 지어진 건물들이 제법 보입니다. 미군 및 관련군무원을 위한 주거지임을 대번에 알 수 있었지요. 또한 이들 특유의 목조주택의 건축물들도 눈에 들어옵니다. 이곳은 이들이 조성한 "평택 안의 작은 미국"입니다.

미군렌트주택 Rental housing for US army, 안정리

이 건물은 매우 흥미롭습니다. 전형적인 한국식 양옥의 지붕 위에 미국식 목조주택을 올려 놓았습니다. 한국의 건물이 미국을 "이고" 있습니다.

안정리의 미군 주거지역들 Urban fabric for US army rental housing like US urban sprawl – 하부의 안정리의 시가지에서 뻗어나가 있는 흩어진 형태의 작은 주거단지들을 보십시오.

도시조직을 보더라도 기존의 안정리 시가지와는 달리 작은 주거단지들이 띄엄띄엄 위치하고 있습니다. 마치 작은 미국식 스프롤을 보는 것 같습니다.

06 제언 : 글로벌 시티 Global city 평택을 위한

●

평택은 지형적으로도, 위치적으로도, 사회적으로도 매우 다양한 양상을 가진 도시입니다. 바다에 면하고, 농토가 있고, 미군이 있고, 대학이 있고, 소비도시가 있습니다. 그러나 무엇보다도 이곳의 가장 큰 잠재력의 원천은 바로 미군인 듯 보입니다.

미군은 그 자체로 어떤 국제적 힘을 상징하는 시타델cittadell입니다. 그러나 필자가 보기에는 현대의 한국 도시들의 양상으로 볼 때 미군의 그러한 잠재적 가능성을 긍정적인 측면에서 잘 활용하지 못하는 듯 보입니다. 동두천이나, 이태원에서 보여 주었던 그리고 이곳 안정리도 그러한 것처럼, 그저 유흥문화, 미군의 위락시설 정도로 밖에는 도시에서 나타나는 상호작용interaction은 매우 제한적으로 보입니다. 또한 위락시설은 그저 밤에만 불을 켰다 낮이 되면 정적만을 양산하는 도시의 불나비 같은 공간처럼 여겨집니다.

그러면, 미군이 가지는 잠재력을 긍정의 에너지로 만들려면, 도시계획, 건축적으로 어떤 것들이 고려되어야 할까요. 몇 가지 말해 보면.

●

1. 수요를 충족하는 주거지의 공급

미군의 주거수요를 이용하여 매우 특색 있는 공간을 만들어낼 수 있습니다. 하나의 예를 들면, 사진에서 보였던 미국식 목조주택들이 소규모 단지지만 나타나고 있지요. 이들을 가지고도 이곳의 지역성을 표출할 수 있습니다. 미군, 아니 미국특유의 풍경들이 한국의 땅에서 나타나는 것이지요.

●

2. 미군 주거지와 기존 주거지의 경계부에서의 교류의 장

필자는 어렸을 때 동부이촌동이라는 그 당시 용산미군기지의 배후동네에 살았던 기억이 있습니다. 그때 "외인아파트"라 불렸던 미군의 아파트 단지 내의 두 가지 문화를 아직도 기억하고 있습니다. 하나는 수영장이고, 하나는 그들의 카니발입니다.

외인아파트 단지 내의 수영장이 문을 여는 격주 토요일 오후는 그야말로 인산인해였습니다. 정말 예쁜 한국 아가씨들이 그 시절, 약 30년 전, 비키니들을 차려입고 선텐을 하고, 또 초등학생이었던 필자는 수영복을 입으며, 늘씬한 백인 아가씨들을 보았던 기억이 아직도 생생합니다.

카니발은 더했습니다. 그날은 아마도 그네들의 할로윈 데이였을 것입니다. 수많은 한국인 초등학생들이 이름 모를 미국인의 아파트 단지로 들어가 초인종을 누르면 가면을 쓴 미국 주부들이 친절하게 사탕과 초콜릿을 나누어 주었습니다. 이 둘의 기억만으로도 필자는 충분히 미국의 문화를 긍정적으로 느꼈고, 그 기억이 아직도 생생합니다.

이곳에는 분명히 이러한 경계부들이 분명히 존재할 것입니다. 미국문화와 한국문화가 만나는 경계. 그곳은 어떤 기회의 장이 될 수 있습니다. 도시계획적으로 공원을 설치한다든가, 유치원 및 도서관 등의 복지시설들이 구석에 밀려날 것이 아니라 이러한 경계부에 배치되어야 합니다. 그러면, 자연스럽게 장터도 형성될 것이고, 상업공간도 나타날 것입니다.

글로벌 시티를 말하는 S. Sassen은 항상 글로벌 자본, 글로벌 파워(군대)의 하부에는 "글로벌 하부구조 Global infrastructure"가 있음을 이야기 합니다. 즉, 그 말은 상위의 자본과 힘에 종사하는 하부의 인구, 도시공간, 자본을 의미하지요. 이 토대 infrastructure는 물론 지역도시의 몫이 큽니다. 여기만 보더라도 필리핀인들이 일부 있지만, 대다수 건물을 짓고, 운영하는 사람들은 이곳 평택의 지역주민들이라는 것이지요. 이 상부와 하부가 잘 교류하고, 정착하고, 지원하려면 도시계획적 고려는 필수적입니다. 도시는 이들이 교류하는 토대이기 때문입니다.

Porous city, Pyoung-Taek as "global city"

Pyoung-Taek locates in sea side of Yellow sea. Current central area was formed in Japan's colonization period. It means historically it's not old. Population is 378,073(2011).

The city has US army camp since Korean war. So in that area, there are many buildings and streets with the atmosphere of US soldier culture. Many restaurants, bars, real estates locates in this area. In particular, Rental housing of army is now widespreading in agricultural land. So, it shows very different landscape of Korean housing type, even, it looks like American urban sprawl pattern.

Furthermore, nowadays, the city is the icon of US army camp city. Because all of the Seoul based US troops is to move to this city, until 2015, all procedures has schedule to finish it. Besides of this moving army, original army-base also exist.

Making "Global city" is the same value as making porous city in terms of social perspective. Two things are important. One is that providing a good and enough rental housing with various types. It is the precondition of localization of this foreigners' group. The other is for sowing seed for mutual interaction between Army & existing town. Community unit is necessary for this, it's appropriate location is the crossings of bike road or water lines whether it's existing or plan.

US Military area
Porous city,
Pyoung-Taek (AnJung-Ri)
Water way (partial)
Community park
Bike park
Bike path with Greens

참고자료

허동지도 - 평택현

옛 평택현은 현재의 평택시 팽성읍을 포함하는 좁은 지역이었다. 읍치는 현재 팽성읍 객사리 및 안정리 부근에 있었다. 관아 터는 현재 팽성초등학교 자리였을 것으로 추측된다. 평택현은 1505년(연산군 11년)에 경기도로 이속되었다가 중종 초에 다시 전대로 환원하게 하였다. 왜구로 인한 피해 때문에 1596년(선조 29년)에 직산에 예속시켰다가 1610년(광해군 2년)에 다시 복귀시켰다. 평택현의 지형은 산이 낮고 들이 평평하고, 다른 군현에 비하여 크기가 작다. 지도에서 낮은 산줄기들이 흩어져 분포하는 것으로 표현되어 있어 위 사실을 입증하고 있다. 鎭山은 본읍 북쪽 1리 지점에 있는 城山(지형도에는 부용산으로 나와 있음, 34m)이다. 이 곳에는 옛 성터가 남아 있다. 서쪽 안성천 변에 위치한 褒義洞書院은 1661년(현종 2년)에 세워졌고, 1704년(숙종 30년)에 사액된 서원이다. 홍익한, 오달재, 윤집의 3학사를 배향하였는데 1868년(고종 5년)에 대원군의 서원철폐령에 의해 헐렸다. 북쪽에 위치한 軍勿津(현재 군문포)은 양성과 진위로 통하는 나루터 겸 포구로서 이곳에서 어염과 곡물의 물물교환이 이루어졌다. 읍치 서쪽에 작은 성이 보이는데 이것이 農城이다. 서정자 동북쪽에 있는 옛 성으로 동그란 야산 꼭대기에 성이 둘러 있는데 농성이라고 부른다. 1981년 7월 지방문화재 제103호로 지정되었다.(金在完)

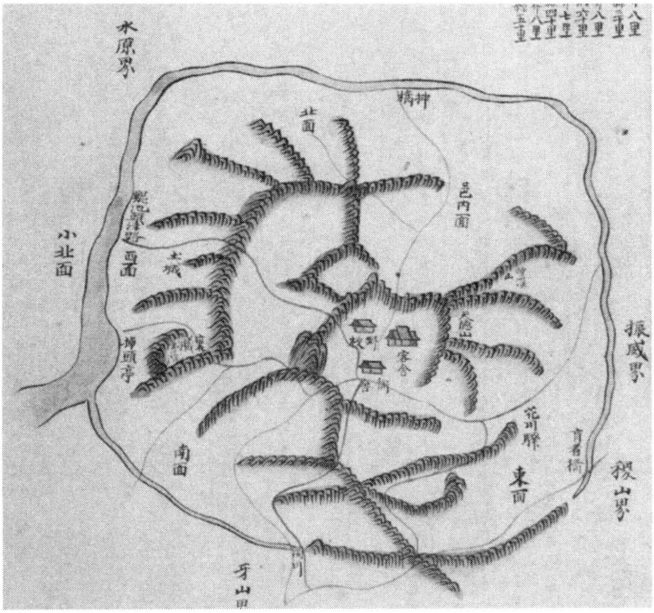

해동지도 - 평택현(이상, 규장각한국학연구원)

Bonus Photo

World market

Prostitution area

Real estate

농성(農城) Ancient castle

COMMON CITY

SURVEY ON SMALL CITIES OF SOUTH KOREA

STORY

20

JIN-JU

인구 33만의 도시, 진주입니다.

진주 晉州

◇면적◇_712.62km²

◇총인구◇_338,053명(2011)

◇등급◇_경북 구미, 경기도 광명과 동급, 28위

◇행정동◇_읍 1개, 면 15개, 행정동 21개

◇법정동◇_32개

경상남도 서남부에 있는 시. 관광 · 교육도시이며, 농산물 집산지이기도 하다. 명승지로 촉석루, 진양성지(晉陽城址), 의랑암(義娘巖), 서장대(西將臺) 등이 있다. 1995년 1월 행정구역 개편 때 진양군과 통합되어 도농(都農) 복합 형태의 시를 이루었다.

01 도시형태 Shape of the city

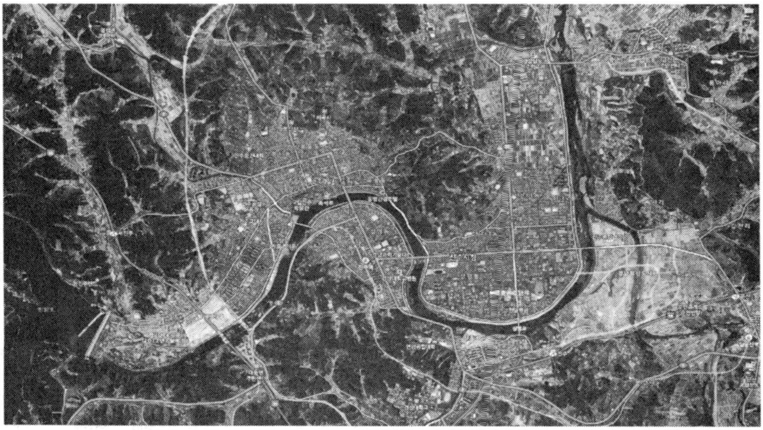

●

남중부의 핵심도시 진주는 진산으로의 비봉산과 굽이 흐르는 사행천의 형상을 지닌 남강을 끼고 있습니다. 당연스럽게 비봉산 남쪽으로 넓은 땅이 있는 중앙부를 시작으로 그 강 건너 진주역이 나면서 남부가 발달하고, 이후 상평공업단지가 조성되면서 동쪽으로 뻗어나간 시의 형국을 보여주고 있습니다. 혁신도시부지까지 도시화가 진행되면 더욱 동쪽으로 시의 중심이 이동하겠네요. 국토의 위치상 남부의 비교적 끝단, 바다에 가깝게 위치하지만, 해양도시가 아닌 내륙도시, 산세와 산세가 만든 하천을 낀 전형적인 분지도시의 형상을 가지고 있습니다.

02 도시교통 Transportation

●

서울에서 진주까지 가는 길은 경부를 타고 대전으로 가다가 대전-통영 고속도로를 이용하게 됩니다. 이 고속도로는 2005년에 완공된 고속도로로서 한반도의 종축을 이루는 매우 중요한 위치의 도로입니다.

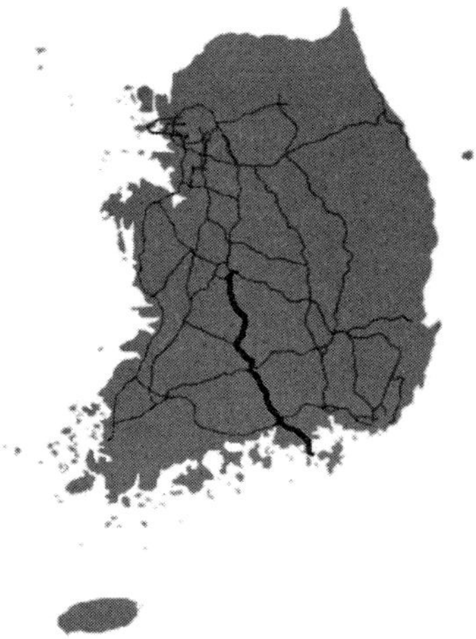

대전-통영고속도로

이는 맨 동쪽으로 서해고속도로로부터, 호남고속, 대전통영고속, 중부고속과 경부고속도로까지 매우 중요한 종축의 하나입니다. 이렇게 이젠 고속도로의 측면에서는 어느 정도 국토의 등방적 균형을 잡아간 듯 보입니다.(물론 산맥의 영향으로 인한 지형상의 왜곡이 존재하지만) 이러한 고속도로의 망에 비하면, 아직 우리의 철도망은 이 정도까지 이르지 못했습니다.[21)]

진주시내의 버스지도입니다. 지하철이 없는 이곳에 버스는 유일한 교통수단으로서 역할을 하고 있습니다. 물론 교통이라는 것도 수요공급의 법칙이 따라야 하는 엄연한 경제대상이지만, 노선도의 형상을 보면 곳곳의 위치에서 구멍이 있

---

21) 흥미로운 점은 일제 때 대삼선이라는 이름으로 삼천포의 축항계획과 맞물려 대전-진주구간의 계획철도길과 거의 같은 경로로 나 있다는 것이다. 대삼선은 일제의 패망으로 공사가 중단되었다. -「개항기 전후 경상도의 육상교통」 참조

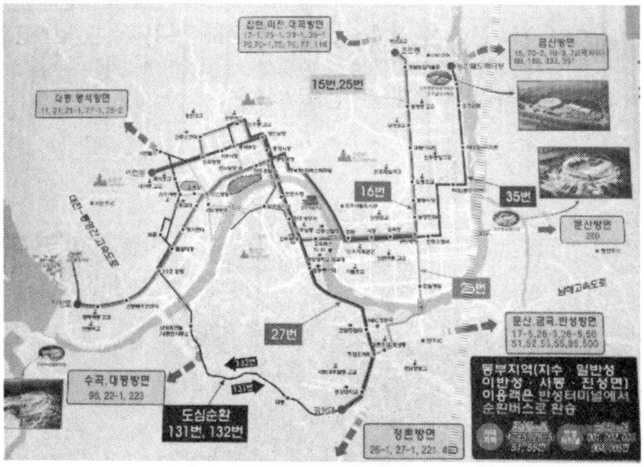

버스노선도 Bus tour map, 진주

음을 볼 수 있습니다. 특히 공단 내부는 버스가 거의 없군요.

그래도 버스노선을 이렇게 표시된 지도가 있어 시민 뿐이 아닌 관광객들도 매우 편리하게 노선을 확인할 수 있습니다. 서울을 이런 식으로 표현하면 정말 복잡하겠군요. 그래도 교통체계를 도식화 하여 시민들과 공유하는 정신은 매우 바람직해 보입니다. 움직임 mobility는 표현되어야 알 수 있습니다.

03 도시조직 Urban fabric

●

바로크 도시 안의 물길의 도시 Water oriented urban fabric in Baroque city

진주도심의 도시조직, 촉석루를 중심으로 하는 진주읍성의 바깥은 답사가 지겨울 정도의 빽빽한 오래된 구획정리조직입니다. 그러나 그러한 도심부 밑으로 남강의 남측은 이렇게 도시계획도로에 바로크의 힘을 가진 조직이 있습니다. 그러나 아직도 내부에는 나뭇가지형의 물길조직이 살아 있음을 확인할 수 있었습니

바로크식 광로그리드 Baroque Grid 도시계획도로, 진주

대로에서 바로 보이는 물길의 흔적, 그 안의 길 Trace of waterway viewed from wide road

다. 그 공간감의 차이는 매우 큽니다. 2기의 기본판, 〈지형적 도시+도시계획도로〉. 어디를 가나 나타나는 한국 소도시들의 대표적 형상입니다.

도심 지하상가

역대 서울시장 중 불세출의 '불도저'를 꼽으라면 김현옥시장을 꼽습니다.(손정목, 서울 도시계획 이야기) 그 김현옥시장 시절, 서울은 최초의 지하상가가 등장합니다. 시청앞 지하상가이지요. 그것은 무조건 "차는 막히지 말아야 한다"는 그 당시의 도시계획적 의지의 산물입니다. 이후 구자춘시장 시절에는 거기에 방공호 개념까지 들어갑니다. 얼마 전 북의 연평도 폭격 이후, 요새의 섬으로 만들겠다는 이야기가 있었지요. 한국 도시들의 지하개발은 그렇게 시작되었습니다. 아, 그 김현옥시장의 출신지가 진주였다지요

진주의 중심, 진주대로에는 이렇게 지하상가가 있었습니다. 그런데 한국 도시들 대부분의 도심 지하상가가 설치된 연도가 비슷해서인지 그 지하상가 주변

중앙지하도상가 Underground market entrance, 진주

재래시장 Old market, 진주

의 도시가 가지는 풍경 또한 별반 다르지 않습니다. 어디를 가나 낙후된 구획정리시대의 도시이미지입니다.

진주중앙시장과 젊음의 거리

지하상가를 가진 진주대로를 양 옆으로 진주중앙시장과 젊음의 거리가 있습니다. 물론 한쪽은 노년층의 소비, 다른 한쪽은 젊은이들이 모이는 장소이지요. 진주중앙시장은 매우 큰 시장이었습니다. 아케이드가 덮여진 시장 내부만이 아니라 그 아케이드 바깥으로 몇 켜의 도로들이 파라솔을 편 채로 상업가로를 형성하고 있습니다. 이는 매우 일반적 풍경이지만, 진주의 경우는 그 영향권이 훨씬 넓어 보입니다.

위의 오른쪽 사진 속에는 빵을 배달하면서 팔고 있는 제빵사장님이 보입니다. 이렇게 재래시장은 단순한 공간물만이 아닌 그 안에 많은 상업적 공생관계가 얽히고 설킨 복합체입니다.

재래시장Vietnamese in old market area, 진주

젊음의 거리Pedestrian street, 진주

아케이드 밖의 "파라솔" 재래시장. 이 두 여인은 베트남계의 여인들입니다. 이곳 진주도 동남아사람들을 쉽게 발견할 수 있습니다. 한국의 도시 어딜 가나 생산의 현장엔 이들이 있습니다. 농촌이건, 어촌이건, 공단이건 말입니다.

위의 우측 사진은 건너편의 젊음의 거리입니다. 오래된 그리드 조직에서, 나름대로 중심상업지역으로서 기능을 다하고 있는 것 같습니다. 밤이 되면 더 시끄럽고, 복잡해지겠지요.

도심. 끝없이 펼쳐진 구획정리의 기본판

도심부의 주거지역은 연속된 구획정리조직입니다. 아마도 시가지의 도시조직정비가 일거에 대단위로 이루어진 것으로 보입니다. 그러나 그 위의 건물은 다양하게 각자 알아서 소멸하기도 하며, 다시 생성하기도 합니다. 아주 정연한 도시 그리드상이지만, 매우 다양한 건물의 양상을 확인할 수 있습니다. 그런데 어느 건물이나 이렇게 다각정리를 가지고 있습니다. 다각정리라는 것 또한 구자춘시절의 서울에서 자동차의 가시성加視性 향상을 위한 조치였음을 〈서울의 도시계획이야기〉에서는 언급합니다. 그런데 이곳 진주의 구획정리지역에서는 어디를 가나 여지없이 다각정리가 되어 있습니다. 또한 일제도 다각정리기법을 사용했

구획정리조직 Old land readjustment area, 진주

음을 군산의 내항조직에서도 확인이 됩니다. 그러면 이 조직들은 언제의 조직들인가요.

필자가 도시를 답사하다 보니 이런 식으로 도시가 언제 형성되었는지 무척이나 궁금한 경우가 참 많았습니다. 그래서 아예 거리마다 이 거리가 언제 조성되었는지 알 수 있게 표식이라도 해놓으면 어떨까 생각해 봅니다. 그것은 물론 관광객을 위한 일이기도 하지만, 그곳에 사는 거주인들에게도 일종의 역사의식을 심어줄 수 있는 좋은 아이디어가 아닐까요. 중앙로의 끝단에는 이렇게 "갤러

"롯데캐슬"과 "갤러리아" "Lotte castle & Galleria", 진주

리아"와 "롯데캐슬"로 대표되는 도심재개발 건물들이 들어와 있습니다. 매우 다른 풍경을 선사하는데 기존 구획정리의 도시들과 별로 조화스럽지 못합니다.

04 수공간Water : 남강

●

남강의 둔치면은 정비가 잘 되어 시민들의 운동공간으로 사용되고 있었습니다. 특히나 서장대나 촉석루는 도시의 랜드마크로 기능하기에 충분한 시각적 초점입니다.

진주 남강과 촉석루

05 취약지역Urban fracture : 공단지역

옛 도시의 생산지역이 논밭과 같은 농경지였다면, 현대도시에서는 다분히 공단지역일 것입니다. 이곳 상평공단지역은 농기계부품 생산공장을 주축으로 실크 · 농기계 · 자동차부품 · 제지 · 화공약품을 생산하는 중소기업이 대부분이며, 입주업체는 722개 업체이고, 종업원 수는 8,446명이라 합니다. 아마도 공단지역이 먼저 조성되고, 이후 그 북쪽으로 도시가 형성되었을 것으로 추측해 봅니다. 공단은 내부에 전혀 공공공간을 찾기 힘들었으나, 그나마 남강이 근처에 있었고, 주거지가 가까이 있어 다른 공단에 비한다면 좀 형편이 나았습니다. 물론 대중교통은 거의 없었지만요.

상평공단, 수직증축의 사례Case of Vertical extension, 진주

이렇게 개중에는 흥미로운 수직증축의 사례도 있었습니다.

후감

상주인구수 33만의 규모만으로 진주의 위상을 평가할 수는 없을 것 같습니다. 지리적 위치상, 한반도의 남부의 중심지로서 왜 그렇게 무수한 전쟁이 이곳에서 일어났는가를 생각하게 합니다. 군사적 요충지이기에 병영성이 존재하는 것이지요. 임진왜란 때 만일 지상전이 벌어져, 진주가 함락되면 그 위로 함양, 합천, 의령까지는 그대로 함락되었을 것입니다. 그만큼 진주는 지리적으로 중요한 위상을 아직도 가진 도시이고, 그렇기에 혁신도시 또한 이곳 진주에 입지하게 된 것이라 생각합니다.

그런데 필자가 보기엔 도심의 다양성, 아니 '진주다운 그 어떤 무엇'이 더 있었으면 좋겠습니다. 물론 젊음의 거리도 있고, 재래시장도 있습니다. 그러나 이것 말고는 없을까요. 이들은 불과 시간적으로 40-50년을 넘지 않는 조직들일 것입니다. 그나마 촉석루와 진주성이 있어 도시의 아이덴티티는 가져갈 수 있습니다. 그러나 이러한 고건축의 이미지를 빼면 그 뒤로는 그저 구획정리의 기본판 밖에는 남아 있는 것이 없습니다.

필자가 기대했던 그 많았던 시간적 층위로서의 도시는 다 사라지고 없고, 그 없어진 양피지 위에 다각정리된 구획정리 판만이 깔려 있습니다. 그 엄청난 공력의 산물인 해자까지 복원하지 않더라도, 진주읍치의 관아건물만이라도 제대로 있었다면, 얼마나 도시의 시간이 깊어졌을까 하는 생각이지요. 이렇게 도시는 다양한 시간의 층위가 필요합니다. 하물며 진주 같은 고도시는 말입니다.

06 제언 : 다공성의 도시, 진주

●

- 진주읍치의 복원
- 구획정리조직에의 공공성 강화 : 자전거 도로, 자전거 공원

●

porous city, Jin-Ju

Jin-Ju is one of major historic cities in Korea. It's central, southern sea shore part of location as national scale, is very important. So, old wall was existed but it was broken and erased on the ground, unfortunately. Population is 338,556 (2011)

Along the modernization periods, the city fabric seemed to accept dramatic changes as land-readjustment plan with very compact manner. Currently, it left old urban fabric with very weak public concerns but on the buildings perspective, it has very diverse time frames, because of the base ground is somewhat old.

So, making porous process focuses on 2 issues, One is historic revival and the other is enhancing publicity. City wall or historic buildings should be excavated and controlled. Bike park and path with greens is "stepping stone" for making accessible city for every one.

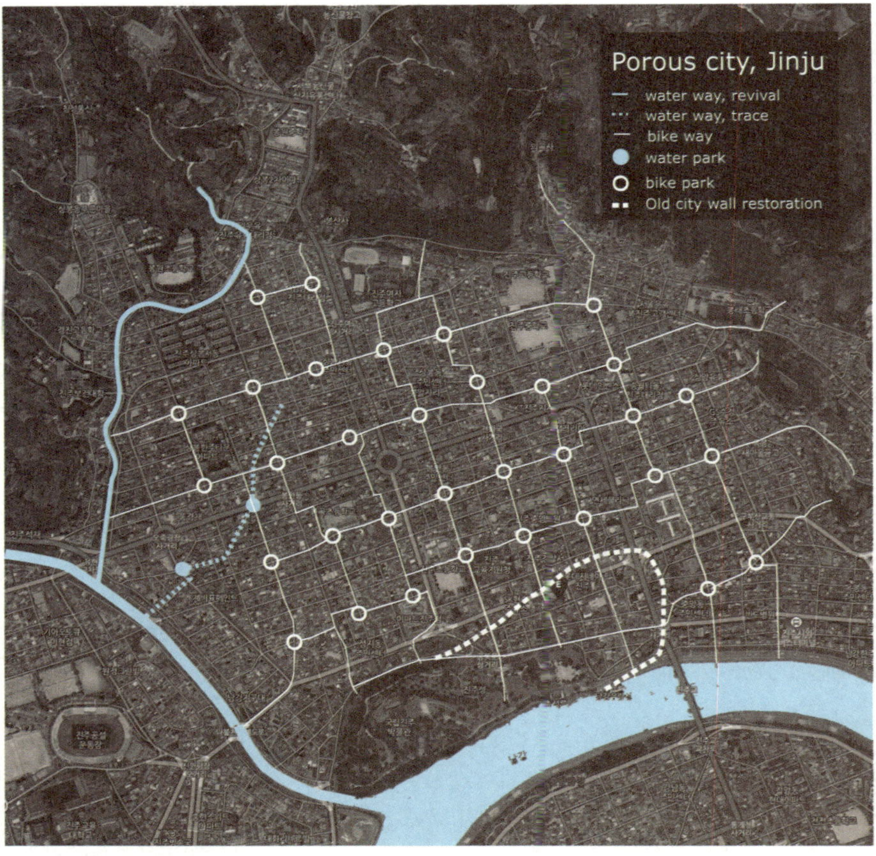
Porous city, Jinju
water way, revival
water way, trace
bike way
water park
bike park
Old city wall restoration

참고자료

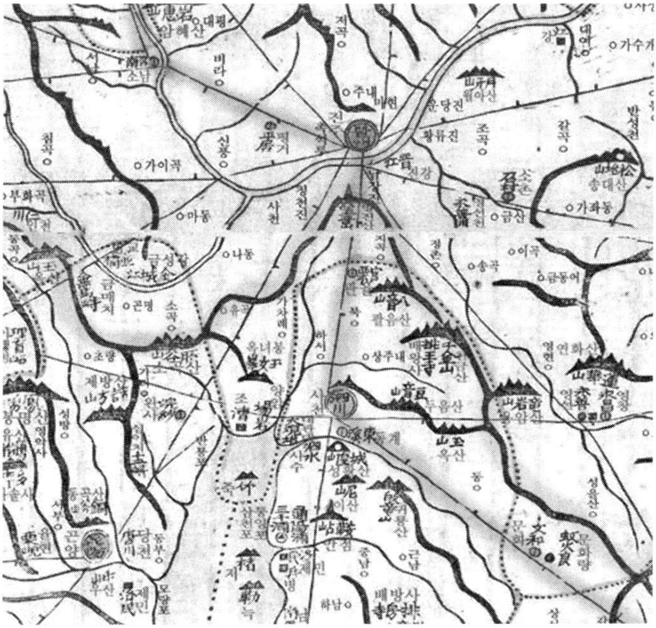

진주 - 사천, 대동여지도

해동지도 - 진주

진주목은 지금의 경상남도 진주시 전체, 산청군 삼장면, 시천면, 단성면 남사천 이서지역, 하동군 옥종면, 북천면 일부, 사천시 축동면, 삼천포시 일부, 고성군 개천면, 영오면, 영현면, 남해군 창선면을 포함하는 지역이었고, 읍치는 진주시내 남성동과 본성동 일대에 있었다. 우뚝 솟은 集賢山에서 남하한 산줄기가 鎭山인 飛鳳山에서 멈추고, 그 아래 명당을 만들고, 양 팔 모양의 산줄기로 명당을 감싸 안은 전형적인 풍수형국을 보여주고 있다. 그 아래 명당수인 남강이 서에서 동으로 흐르고 있다. 비봉산 아래 읍치에는 本州, 객사, 진영, 향교가 자리 잡고 있다. 大寺池는 남강과 함께 矗石城의 垓字의 역할을 담당하고 있다. 지도에 보이는 성은 矗石城인데, 新增東國輿地勝覽에 따르면 石築으로 둘레가 4,359척, 높이가 15척, 샘과 우물이 각각 3개, 軍倉이 있었다고 되어 있다. 그 남쪽에 있는 누각이 유명한 촉석루이다. 성 안에 있는 忠愍祠는 1652년(효종 3년)에 사당을 세워서, 임진왜란 때 진주성을 지키다가 순국한 김시민 등을 배향하였던 서원으로 1868년(고종 5년)에 대원군의 서원 철폐령에 따라 헐렸다. 義岩은 임진왜란 때 義妓 논개가 진주성 함락의 애통함과 분노를 참지 못하여 왜장을 껴안고 이 바위에서 남강에 빠져 죽었다는 이야기가 전해 오는 바위이다. 오른쪽에 보이는 찰방은 소촌도의 찰방역을 의미하는 것으로 속역이 14개이다.(金在完)

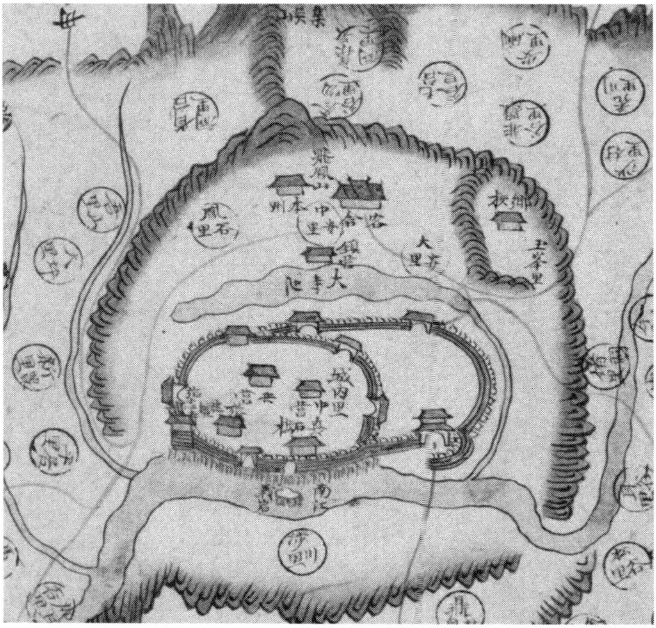

해동지도, 진주목 – 이상, 규장각 한국학연구원

진주성

현재의 '진주성'은 다른 도시들의 일반 읍성이 아닌 병영성이다. 그래서 옛날부터 이 곳에는 객사나 동헌과 같은 대표적 건축물들이 진주성의 바깥에 있었다. 또한 고지도를 보면 현재의 진주성은 진주병영성의 내성이며, 외성外城과해자 垓子까지 가지고 있었다.

진주 고지도 Old map, 서울대 규장각 소장

1920년대의 지도를 보면 많은 것을 확인할 수가 있다. 하나는 해자가 그때도 있었다는 것이고, 비교적 명확하게 외성의 조직도 있었다. 또한 도심부의 도시계획도로들이 놓여졌으며, 이미 이전부터 병영성 바깥으로도 도시가 있었음을 보여준다.

1920년 진주지도

Bonus Photo

Trace of water

진주박물관. 왜색논쟁의 기와가 있지만, 없으면 좋았을 듯

상평공단 Industrial area & delivery food

버스터미널

COMMON CITY

SURVEY ON SMALL CITIES
OF SOUTH KOREA

STORY

21

SAM-CHUN-PO

삼천포 三千浦

삼천포 가는 길 Way to Sam-Chun-Po

윗 그림은 진주에서 삼천포로 가는 길의 일부입니다. 여러분은 이곳에서 무엇을 발견하였습니까? 구획정리라는 말을 이 책에서 수도 없이 들으셨겠지만, 여기에서 한 번만 더 해보지요. 구획정리는 도시만의 용어가 아니라는 것입니다. 경작지의 패턴도 구획정리를 한 것인지, 아니면 지형적 조직이 그대로 남은 것인지 지도를 보면 확인할 수 있습니다. 또한 구획정리가 된 경작지는 대체적으로 구획정리가 된 도시, 마을과 함께 합니다.

이 사진은 조금 다릅니다. 금문리라는 마을은 여느 마을처럼 지형적 조직을 가지고 있습니다. 그러나 그 바깥의 경작지는 바둑판입니다. 이는 수변으로 경작지가 간척이 일어나 구획정리되고, 기존의 삶의 터는 그냥 살던 그대로 남겨놓은 것입니다. 이렇게 도시뿐만이 아닌 농촌의 경작지 또한 마찬가지로 '구획정리'의 대상이며, 우리는 지도를 보면서 이 땅에 대한 인간의 "개입의 역사"를 읽어낼 수 있다는 것입니다.

본래 삼천포는 '삼천포로 빠지다'라는 말의 어원을 가지는 지역입니다. 흥미로운 대목이 있어 인용합니다. 참조 하십시오.

"삼천포로 빠지다"라는 관용구가 전해 오는데, 이 표현은 '이야기가 곁길로 흘러가거나 어떤 일을 하다가 엉뚱하게 그르치다'는 뜻이다. 이 표현에는 여러 가지 민간어원이 있다.

첫째로는, 옛날에 어떤 장사꾼이 장사가 잘 되는 진주로 가려다가 길을 잘못 들어서 장사가 안 되는 삼천포로 가는 바람에 낭패를 당했다는 이야기에서 나왔다는 것이고, 둘째는 진해에 해군기지가 생긴 이래 해군들에 의해 나온 말이라는 것이다. 진해에서 서울로 휴가를 나온 뒤 귀대하는 도중에 삼랑진에서 진해 가는 기차를 갈아타지 않고 잘못하여 삼천포 가는 것을 갈아타는 바람에 귀대 시간을 어겨 혼이 나는 병사들 때문에 생겨난 말이라는 것이다.

세 번째도 기차와 관련된 설이다. 부산을 출발하여 진주로 가는 기차에는 삼천포로 가는 손님과 진주로 가는 손님이 함께 타는데, 기차가 계양역에 닿으면 진주행과 삼천포행의 객차를 분리하여 운행한다. 이 때는 반드시 방송을 통해 진주행 손님과 삼천포행 손님은 각각 몇 호차로 옮겨 탈 것을 알려 준다. 그러나 진주를 가는 사람이 잠들거나 하여 엉뚱하게 삼천포로 빠지게 되는 경우 때문에 생긴 말이라는 것이다.

– 위키백과, 삼천포

삼천포는 사천시의 일부입니다. 사천시의 전체 인구가 11만이고, 이곳 삼천포만은 약 5만 정도 된다고 하니 과천 등급의 규모입니다. 사천시는 진주 남부의 도시로서 사천공항이 있는 사천읍이 있고, 또 조금 내려가서 시청이 있는 신개발지인 용현지구가 있습니다. 그 밑에 주도인 삼천포가 있지요. 이렇게 사천은 몇 개의 도시지역들이 연합된 연합도시의 성격을 가집니다. 아직까지 시의 주도는 삼천포지역입니다.

01 도시형태 Shape of the city

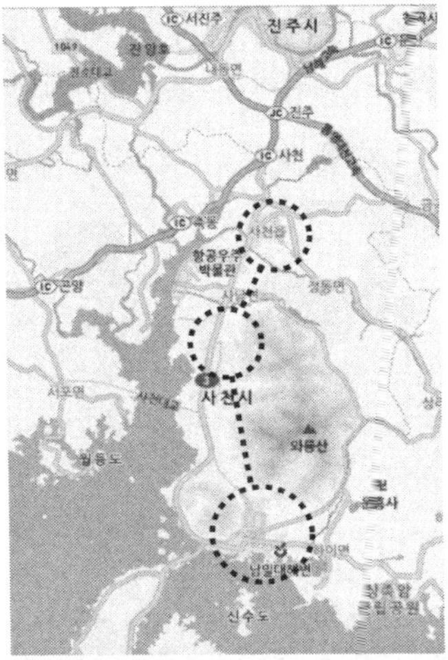

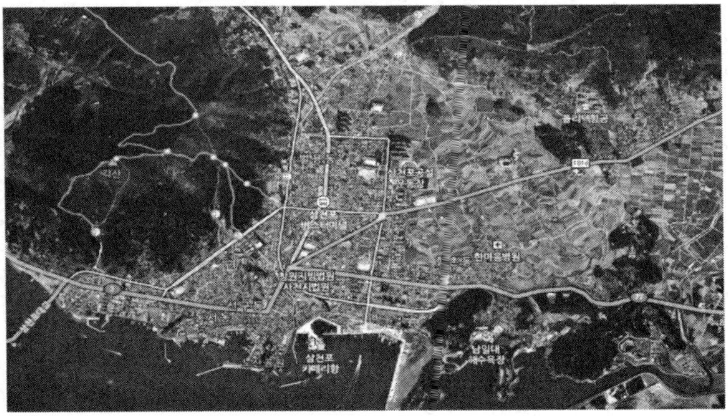

삼천포는 약 800m급의 와룡산이라는 진산을 북쪽에 가지고 있습니다. 그리고 그 양 옆으로 와룡산의 산자락이 내려와 600m급의 산들이 양 옆에서 에워싸고 있습니다. 그 사이에 형성되었으니 자연스럽게 도시는 바다를 향하는 삼각형의 형태를 띠게 됩니다.

02 도시조직Urban fabric

도시조직은 준령들에서 내려오는 물줄기가 바다로 향하면서 물길을 내고, 그것에서 길이 만들어지고, 건물의 점유가 시작된 지극히 지형적 도시조직을 가지고 있습니다. 윗 그림의 삼천포의 시내부분 우측의 농경지 패턴을 보면, 시가지의 물길의 흐름, 도시의 흐름을 미루어 짐작할 수 있습니다.

시의 중심부는 구획정리의 조직(3기)이 나타나고 있고, 산세로 올라가면서 이러한 물길의 흔적 위에 도시계획도로가 놓인 전형적 2기의 도시조직이 나타납니다.

중심(위)과 산세의 도시조직 Difference between Central, hill side urban fabric

삼천포 재래시장 Old market

비탈면의 풍경, 삼천포

구획정리조직은 어김없이 재래시장(삼천포중앙시장)을 낳았고, 2기의 조직은 이러한 다양한 비탈면의 풍경을 만들어냅니다.

삼천포 내항 : '보통의 항구풍경 Typical scenery of Korean harbor'

삼천포의 내항의 모습을 멀리서 보면 매우 아름답습니다. 그러나 이곳에는 많은 일들이 조용히 벌어지고 있습니다.

Scene of inner harbor

Repairing ship

사람들이 모여 배를 뚝딱거리며 고치고 있습니다. 많은 사람들의 손놀림이 분주합니다. 어민들에게 배는 생계수단입니다.

아래의 좌측 사진은 공장에서 얼음을 만들어 부두로 쏘아주는 얼음공장과 통로입니다. 우리의 어항에 반드시 필요한 시설입니다. 외국에선 잘 보지 못했습니다.

해변가의 포장마차는 빼놓을 수 없는 풍경입니다.

Ice factory

Street pub with raw fisheries

다음 페이지의 좌측 사진은 내항의 모습입니다. 배를 정박하는 항구지만, 이곳에도 엄연한 정박 질서가 있는 듯 보입니다. 작은 배가 좀 더 안으로 들어가

Car parking like automobile

Typical front side of raw fish restaurant

있고, 큰 배들이 좀 더 바깥쪽으로 나가 있습니다.

위의 우측 사진은 횟집입니다. 우리나라의 횟집의 유형을 살펴보는 것도 도시와 관련한 매우 흥미로운 연구주제일 것입니다 전형적인 유통과 가공, 소비와 판매가 한 군데서 일어나는 아주 흥미로운 공간입니다.

아래의 좌측 사진은 내항의 주도로 모습입니다. 큰 도로를 사이에 두고 많은 건어물 가게들이 자리 잡고 있습니다. 사진 속의 두 남자는 동남아인들입니다. 어부들도 요새는 외국인 노동자를 많이 쓴다고 하지요. 구룡포에서도 확인했던 사항입니다.

Dry fish street, Foreign workers

Harcware store in fishery cities

이전 페이지의 우측 사진은 철물점인데 항구 근처에서는 가장 필요한, 요긴한 상점입니다. 본래 어구들, 그물망이나 기타 장구와 같은 잡철들이 작업상 많이 쓰이겠지요. 모터부터 온갖 어구 일체가 이곳에서 수리되고, 판매됩니다.

이러한 항구의 풍경은 국내 어디를 가나 있는 "보통의 항구풍경"일 것입니다.

도시와 방재

방재안내판 Index panel of emergency

이 사진은 내항의 주도로에 있었던 지진해일 대비 방재안내판입니다. 지진해일이 일어났을 경우의 예상 침수깊이와 대피경로, 대피소까지 친절하게 설명되어져 있습니다. 이는 매우 필요한 도시계획 도면입니다. 제가 잠시 있던 네덜란드와 베니스의 경우에도 이러한 침수에 대비한 도시계획적 방재메뉴얼을 잘 갖추고 있었지요.

네덜란드의 경우 돌드레흐트Dordrecht라는 남부도시가 기억납니다. 그 곳은 침수에 대비하여 둑의 높이와 도로면의 건축물의 입면까지 세밀하게 가이드가 되어져 있었던 것으로 기억합니다. 베니스는 유명한 "아쿠아알타Aqua alta"(겨울-초봄까지 수위가 올라가 시가 물에 잠기는 것)를 아예 관광 상품화 시켜 부츠와 우비를 관광객을 상대로 팔기까기 합니다. 시는 아예 아쿠아알타시즌이 되면 인터넷에 그 날의 바닷물의 높이와 예상 침수시간까지 알려 줍니다. 이러한 대피통로와 안내도는 말할 것도 없고요. 필자는 아내와 베니스의 집에 있을 때 새벽이면 울리는 아쿠아알타의 사이렌 소리를 잊을 수가 없습니다.(우리는 그것을 신령의 소리라 했습니다. 잠이 덜 깬 새벽녘에 들리는 고음이면서 미성이었던 사이렌소리가 정말 신비로웠습니다.) 아무튼 이렇게 도시계획 또한 건축도면에서 방재, 피난계획도를 작성하듯 이러한 고려는 필수사항입니다.

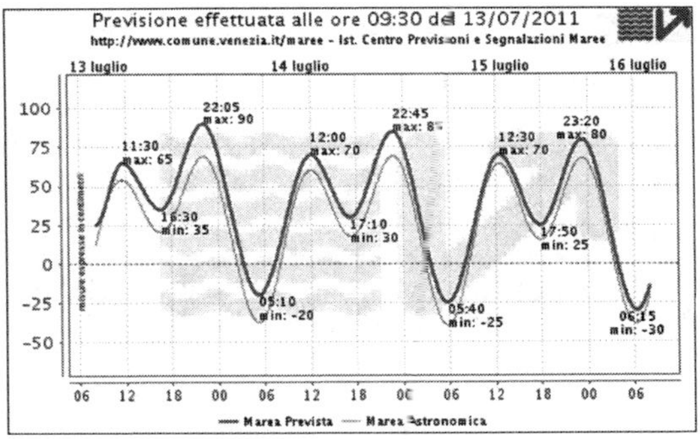

베니스시청사 홈페이지의 아쿠아알타 예고표Aqua Alta time-table in Venice city hall

후감

구항의 분위기를 기억하면서 신항으로 향하는 택시를 탑니다. 그런데 신항은 말로만 신항이지 방파제만 있을 뿐 항구로서의 기능은 거의 없는 곳이었습니다. 인터뷰를 시도합니다.

Qus: 삼천포에 그리 사람이 많아 보이진 않습니다.
Ans: 그렇지요. 뭐 인구 5만이 몇 년째 5만이에요.

Qus: 대부분 어업에 종사하시지요?
Ans: 그렇다고 봐야죠. 그런데 그것도 요새 힘들어요. 무슨 합리화인가 뭔가 때문에 어민들이 자꾸 준다는 거 아닙니까? 무슨 인구가 있어야 도시가 살텐데. 여기 공무원들이 그나마 있는데도 다 진주쪽에서 살고, 직장만 여기에 있는 사람들도 많아요. 애들 교육이니, 뭐 그런거 때문이겠지요.

다음 매일경제의 기사 또한 현 한국 어촌의 현실을 보여줍니다.

70년대부터 80년대 후반까지만 해도 우리나라는 어업 강소국이었다. 하지만 장기적인 대책은 세우지 않은 채 남획이 이뤄지는 바람에 어족자원의 씨가 마르기 시작했다. 60년대 1520만t에 달했던 우리나라의 수산자원량은 2008년 835만t으로 반 토막이 났다.
위기에 봉착한 것은 연근해 어업 뿐만이 아니다. 90년대 초반까지만 해도 외화벌이의 첨병 구실을 했던 원양어업은 90년대 유엔 해양법 도입의 영향으로 쇠퇴의 길을 맞고 있다. 원양어업 생산량은 90년 91만9312t에 달했지만 2008년에는 66만6182t으로 쪼그라들었다. 각국이 연안해 보호에 나서고 중서부태평양지역기구(WCPFC) 등 지역 수산기구들이 어획 쿼터·금어기 설정 등 규제에 나서는 바람에 해외 어장이 갈수록 줄고 있기 때문이다. 게다가 380척에 달하는 원양어선마저 평균 선령이 27년일 정도로 노후화됐다.
열악한 장비와 인력 노후화는 세계 어업 쿼터 전쟁에서 약점이 되고 있다. 대부분의 국제수산기구는 각국 원양어선들의 과거 어획 실적과 기여도 등을 토대로 쿼터량을 할당하고 있기 때문이다. 국내 임금이 오르면서 선원을 구하기도 하늘의 별 따기다. 업계 관계자는 "2012년 산업기능요원제가 폐지되면 어업 후계 인력의 다른 산업 유출도 더 빨라질 것으로 예상된다"고 밝혔다. 게다가 세계무역기구-도하개발어젠더(WTO-DDA) 협상에서 어업 부문은 비농산물 시장접근 분야에서 논의되기 때문에 농업처럼 산업적으로 보호받지 못하는 실정이다.
-매일경제 2010.04.22-

도시가 활성화 되려면 도시가 외양만 화려해서는 안 될 것입니다. 이렇게 도시의 먹을거리이자 필수 영양분인 산업 자체가 위축이 돼 버리면 도시는 아무리 멋지더라도 활력을 잃게 마련이지요. 산업이 있어야 사람이 모이고, 사람이 모

Flagcard messages for urgent urban planning

여야 돈이 돈다는 것은 만고의 진리입니다.

케이블카와 출렁다리는 산업이 좀 나아진 이후에 해도 늦지 않을 것 같습니다. 케이블카 해 놓고 타지도 않을 바에야 철거하는 비용이 더 듭니다. 모 도시들의 사례에서 보았던 경전철의 저주가 기억납니다. 그래도 삼천포는 남해 어항의 전형을 그대로 간직한 아름다운 소도시임에는 틀림없습니다.

03 제언 : 다공성의 도시, 삼천포

●

- 산세를 활용한 수공간의 조성 : 물길 복원 및 정비, 주요 도로와의 교차점의 소공원 조성
- 자전거길, 공원조성을 통한 도시 공공성 강화
- 버스터미널 주변 블록의 소형 역세권 개발

Porous city, Sam-Chun-Po

The city locates in the southest part of peninsula in front of South sea. Mountainous geographical condition makes the city economy that half agriculture, half fishery conditions.

Due to the fact that Mt. side is very near, so waterway is very strong and powerful to formulate the town, it could be shown in urban fabric.

Starting making porous city, waterway could be the best tool for urban and natural vitality. On top of that, Bike path also could take great role to add it. Small area of bus terminal impact zone could help the economic conditions and commercial culture provider into this small and cozy fringe cities of South Korea.

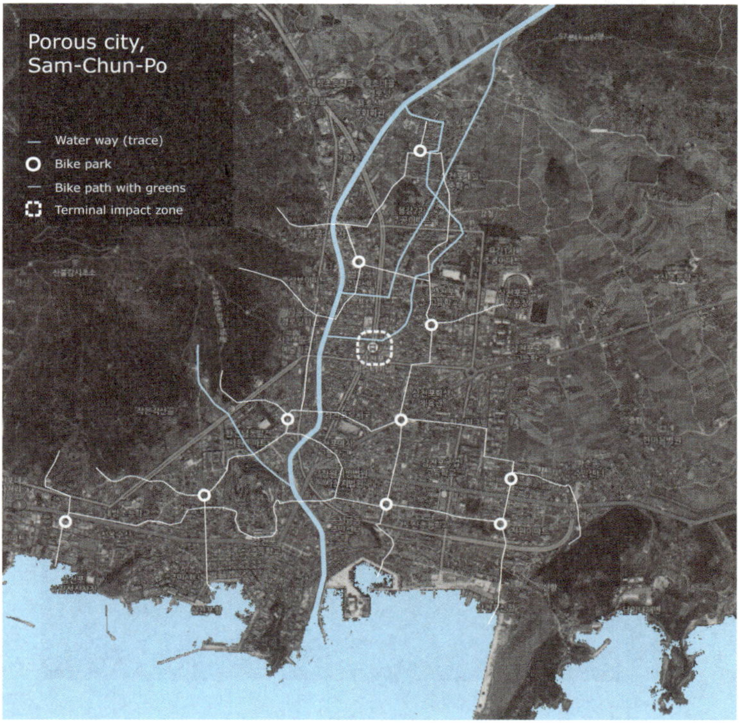

Bonus Photo

Wall drawing

Harbor, but very close to Mt.

Water channels near time-run buildings

COMMON CITY

SURVEY ON SMALL CITIES OF SOUTH KOREA

STORY

22

AN-SUNG

인구 16만의 도시, 안성입니다.
기차역이 없는 도시입니다.

안성 安城

〈면적〉_553.46km²

〈세대〉_71,976가구(2011.2)

〈총인구〉_156,839명(2011)

〈동급〉_경기도 포천, 경남 진해와 동급, 55위

〈행정동〉_읍 1개, 면 11개, 행정동 3개

〈법정동〉_33개

안성시(安城市)는 대한민국 경기도의 최남단에 있는 시이다. 동쪽은 이천시, 서쪽은 평택시, 남쪽은 충청남도 천안시 서북구와 충청북도 음성군과 진천군이, 북쪽은 용인시와 마주보고 있다. 이곳을 지나는 도로로는 평택에서 강원도까지 이어지는 38번 국도와 경부고속도로, 중부고속도로가 남북으로 관통하고 있다.

01 도시형태 Shape of the city

●

안성은 200-400m급의 낮은 산세와 안성천의 사이에 존재하는 소분지의 도시입니다. 시의 형상을 보니 한경대학교를 기점으로 구 도시가 비교적 정방형으로 존재하고, 그 옆으로 아파트 조직들이 들어섰습니다. 안성산단이 시계의 북쪽에 위치하고 있습니다. 아마도 산단이 아파트들보다는 먼저 조성된 것으로 판단됩니다. 안성은 대동여지도에서 보면 읍치가 있던 고도시였습니다. 시가지 북동쪽에 안성 향교가 있군요. 향교가 있는 도시는 대부분 지방읍치가 있던 도시였다고 서두에서 이야기 했습니다.

02 사회성 : 대학과 도시 Sociality : Univ & city

●

요사이 혁신도시니 기업도시니 하는 말들이 많습니다. 이는 바로 기업(이나 공사)을 도시가 유치하여 그 지역발전에 기여하자는 슬로건에서 탄생한 일종의 기획된 도시입니다. 기업이 지방도시에 유치되면 도시로서는 많은 발전의 기회를 얻을 수 있습니다.

가장 큰 이유는 바로 인구수의 증가입니다. 인구수가 늘면 정주환경이 더 필요합니다. 도시는 확대됩니다. 또한 인구는 인구수만큼의 지방세의 원천입니다. 자본금이 늘어나는 건 그만큼 시세가 확장됨을 의미합니다. 그렇기에 모든 도시들은 기업유치에 혈안이 되어 있습니다. 그래서 기업도시, 혁신도시들이 생겨나고, 국제업무단지, 최근의 과학비즈니스벨트 등 온 나라가 시끄러운 이유입니다. 여기서 언급하고자 하는 대학교 또한 기업체와 마찬가지로 들어오면 그 지역에 많은 기여를 할 수 있습니다. 안성은 두 개의 큰 대학이 있습니다. 하나는 중앙대 안성캠퍼스이고, 하나는 한경대학교입니다.

Campus town by Government, land-readjustment technique

중앙대는 내리라고 하는 '대학인마을'이 근처에 있습니다. 그것이 자생적으로 형성된 곳인가가 궁금했었는데 이렇게 1994년에 안성군(당시는 군이었군요)이 구획정리사업을 통해 마련해 준 것이었습니다. 이렇게 지자체는 대학을 위해 마을까지 정비해 주는 배려를 해주었습니다. 그래서 그런지 지도상에서도 이 마을은 대학교와 매우 공간적으로 연결되어 있습니다. 최근에 서울시에서 "캠퍼스타운 조성계획"을 마련하겠다 발표를 했었습니다. 이는 중앙대 내리마을과 같은 구획정리수법이 아닌 재개발지역을 대상으로 하고 있습니다. 아무튼 그 안이 "캠퍼스타운"이 "아파트타운"이 되지 않기를 바래 봅니다.

사실 대학교와 도시는 두 가지 방식으로 만납니다. 하나는 이렇게 중앙대와 같이 구분이 별로 없이 만나는 경우가 있지만, 대부분의 경우는 담을 치고 도시와 단절합니다. 대학이 도시와 공간적으로 단절되면 먼 길을 돌아가야 하는 만큼이나 지역주민들이 불편을 겪는 것은 당연하겠습니다. 이곳의 또 다른 대학인 한경대학교도 사정이 비슷합니다. 지역도시와 대학과의 공간단절은 대학에 대한 존재 자체를 "자랑스럽고, 고마운 우리 대학"이 아닌 "담벼락을 친 남의 땅"으로 생각하게 하는 것은 아닌지 걱정스럽습니다. 필자가 경험한 베니스건축대학IUAV이나 벨기에의 루벵대KU-Leuven와 같은 경우는 더 극단적으로 대학과 도시가 만납니다. 아예 도시 자체가 캠퍼스이지요.

한경대학교와 안성Univ & city

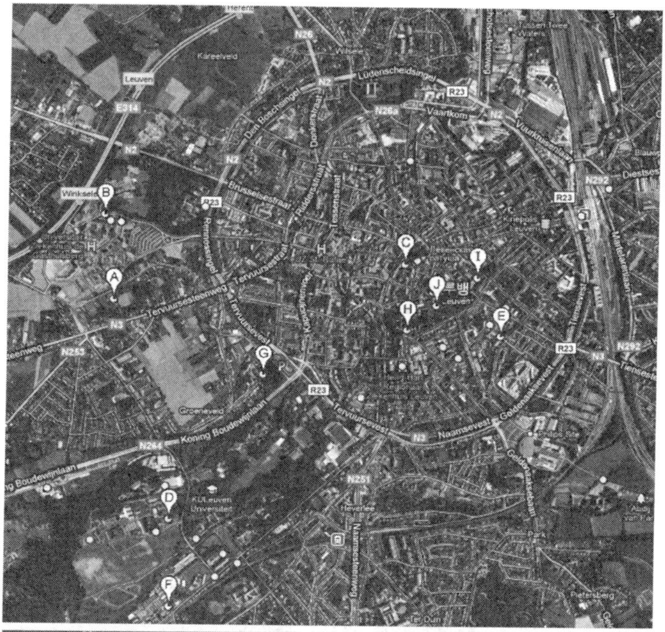

벨기에-루벵대, 베니스-베니스건축대학 Univ& city, KU-Leuven, IUAV

03 도시조직 Urban fabric, loose grid by geography

안성 도시조직

안성시의 도시조직을 보면 진주와는 또 다른 느낌의 구획정리조직을 보여줍니다. 진주의 것이 완전한 직방형 다각정리의 딱딱한 느낌이었다면, 이곳은 지형적 도시의 흔적에 가급적 맞추려 했다고나 할까요. 매우 느슨한 느낌의 구획정리이면서도 도시의 기능엔 모자람이 없어 보입니다. 여기엔 딱딱한 그리드조직에서는 찾아보기 힘든 다이내믹한 풍경의 변화를 가지고 있습니다. 생각컨대, 이곳 안성은 일제강점기의 철도가 지나가지 않아 보통 역세권에서 보여지는 구획정리의 압력을 받지 않은 도시이기 때문일 것입니다. 물론 개발론자들은 그때 도시가 제대로 되지 못했다 말할 수도 있겠지만요. 그러나 필자로서는 이 안성의 그리드는 다른 소도시들이 추구해야 할 도시조직정리의 하나의 사례가 아닐까 생각됩니다. 무조건적인 직교그리드가 아닌, 지형적 조직을 최대한 존중하는 그리드 말입니다. "느슨한" 그리드라도 전 페이지의 사진처럼 이렇게 젊음의 거리도 있고, 재래시장도 수용할 수 있습니다.

물길의 흔적 / 재래시장과 젊음의 거리. 이 둘 모두 힘겹게 북쪽의 이마트와 싸우고 있는 '동지'들

04 사회성Sociality : 낙후된 도심Backward city center

●

오래된 구획정리지역의 재래시장 주변은 어디를 가나 좀 낙후된 느낌은 어쩔 수 없습니다. 이곳 안성도 도시 하층계급의 사람들이 모이는, 정주하는 장소였습니다. 특히나 그 모습은 안성천변으로 내려오면서 낙후도는 좀 더 심해집니다. 이쯤에서 필자는 중국인 상점들이 있지 않을까를 예상했는데, 역시나 그것은 적중됩니다.

재래시장 근처와 '월드 푸드' Old market & world food

시계와 붙어 있는 안성산단 말고라도 이곳 안성 부근에는 많은 중소내륙산단들이 있습니다. 중소내륙산단이니 그리 자본금이 크지 않은 대공단의 하청업체들이나 소자본의 공장들이 주를 이룰 것입니다. 이러한 산단이 있으면 곧 이들이 존재합니다. 그리고 이들은 이렇게 도시의 낙후된, 약간은 음지이어서, 땅값은 저렴하면서도, 도심에 가까운 이러한 곳에 세를 형성합니다. 한국 도시들에서 나타나는 중국동포들의 맵을 GIS맵 등으로 표현해 본다면 어떻게 나타날까요. 필자의 예상으론 어느 도시이건 낙후된 도심이나 재래시장 근처에 많이 나타날 것입니다.

05 수공간Water : 안성천과 둑방 하부의 도시

●

안성천은 둑의 상부를 도로로 사용하고 있습니다. 천변의 모습은 그리 잘 활용되고 있는 것 같지는 않습니다. 또한 둑의 하부에는 낙후주거지역이 존재합니다. 예로부터 침수의 위험지역, 낙후지역이었을 이곳이 아직도 이렇게 그대로 남아 있는 것입니다. 앞으로도 얼마간은 이러한 풍경이 지속되겠지만, 시 당국

안성천과 하부의 도시 Water & beneath the city

은 이런 낙후된 곳의 일부 땅을 매입하여 쾌적한 공공시설을 제공하여도 좋겠다 생각해 봅니다.

06 교통, 도시조직 Transportation, urban fabric

●

본래 안성 터미널은 구도심의 서측면에 위치하고 있었습니다. 그런데 터미널이 시계를 떠나 동쪽으로 이전한 후 이곳은 이렇게 주차장으로 사용되고 있습니다. 과거의 흔적이기도 한 도시는 이렇게 과거의 흔적을 아직도 가지고 있습니다.

구 안성 버스터미널 건물 Old terminal building

지금은 피자가게가 들어가 있는 이 건물이 과거엔 터미널 건물이었다 하는군요.

사실 지방도시들에서 터미널이 이전되는 것은 이전되는 터미널을 이용하여 그곳에 어떤 신도시, 새로운 정주환경을 개선하고자 하는 이유도 크지만, 교통성 개선의 측면이 주된 이유가 됩니다.

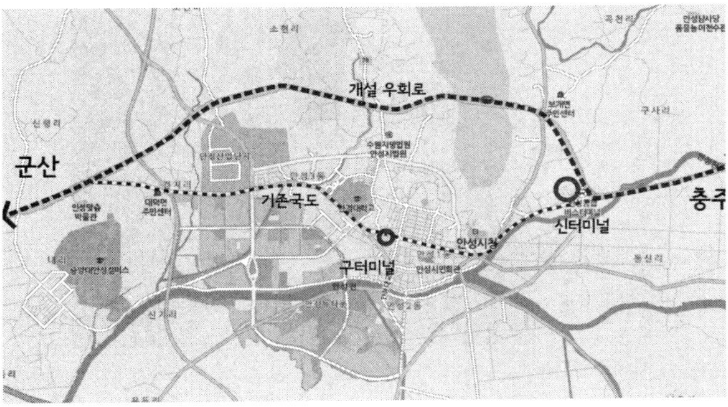

기존 도로와 신설 우회로 Existing road, newly build detouring

이곳 안성도 예전부터 시계를 관통하는 통과도로를 가지고 있었고, 그렇기에 이렇게 도심에 터미널이 있었겠지요. 그러나 안성 시계의 북쪽 산세에 터널이 뚫리면서 새로운 우회 접근로가 확장되었고, 그 접근로가 이젠 주된 안성의 광역교통망의 통로로 이용되게 된 것입니다. 신터미널은 그래서 탄생한 것이지요.

현재도 평택-중대-공도지구-안성으로 연계되는 시내버스의 경우는 안성 시계를 통과하지만, 성남-평택-안성에서 충주까지 가는 내륙광역버스는 시계를 통과하지 않고 우회합니다. 훨씬 빠른 이동성을 보장받는 것이지요. 이는 비단 안성에만 일어나는 일이 아닙니다. 도시유형학적으로 우회로와 신터미널, 도심과의 관계를 잘 살펴보면 많은 도시적 현상들을 설명할 수 있겠지요. 흥미로운 연구대상입니다.

안성의 신터미널 부지는 몇 년째 이렇게 골조만 남긴 채로 지어지지 못하고 있습니다. 경제위기의 여파인지 매우 보기 안쓰러운 안성의 관문입니다.

안성 신터미널

07 제언 : 다공성의 도시 – 안성을 위한

안성은 비록 경부축에 소속된 도시이지만, 이 근처의 기타 도시들과는 서울에의 종속관계에서는 조금 다른 위상을 가지고 있습니다. 여타 경부축에 있는 도시들이 서울로의 통행량이 전체 통행량의 30%를 상회하는 반면, 이곳은 10%를 밑돌고 있습니다.(한국지리지. 수도권편) 산업단지 현황을 살펴보아도 비교적 큰 기업은 없지만, 나름대로 작은 중소기업들로 이루어진 산단을 많이 가진 도시였습니다. 그렇기에 이곳 안성은 "생산의 도시" 성격이 더 강한 것이지요. 젊음의 거리도 다른 곳에 비해 그리 강한 상업밀도를 가지고 있지 않았습니다.

필자가 보기엔 좀 소비의 성격, 상업공간이 만들어내는 도시성urbanity을 좀 더 부각시켰으면 좋겠다 생각해 봅니다. 외지인의 입장에서 본 안성은 "안성맞춤", "안성탕면"(별 관계는 없어 보이지만) 등과 같이 뭔가 모르게 풍요로운 도시의 느낌을 주지만, 실상은 많이 낙후된 이미지를 가지고 있습니다. 그렇다고 '디자인 서울' 과 같은 겉모습만을 추구한다면 이는 더더욱 아니겠지요.

지역천인 안성천변을 좀 더 다듬고, 물길로 이루어진 길들을 이용하여 좀 더 풍요로운 자연성을 회복합니다. 또한 뉴타운도 좋지만, 낙후된 지역의 길이나 공원 등의 공공영역을 개선하여 지역주민들의 자력갱생을 유도하여 보다 쾌적한 정주환경을 제공하면 좋겠다 싶습니다.

●

저안

- 소역세권(신 버스터미널 주변) 조성
- 둑길 하부의 낙후도시의 공공성 부여 : 공원, 공공시설 투입
- 물길의 현실적 복원 : 주 도로와의 교차점에 공원 조성
- 공공영역의 질 제고를 통한 거주민의 자력갱생 유도
- 관아의 복원

●

Porous city, An-Sung

The city locates near Seoul metropolitan area, but it's not that dependant on the other satellite cities. Anciently it's very famous for the wooden ware. Population is 156,339 (2011).

Urban fabric is shown as very typical type of Korean old ciites, water-oriented. So later, although planning grid system attached, the original system is still could be perceived. It could be called as "Loose grid" system.

Of course water way revival / strengthening is the key for this city's vitality. Crossing point of existing main road could be developed as water park.

Porous city, Ansung
for loose grid city,
river front wet city
water way, trace
water park

참고자료

대동여지도, 안성

광여도 - 안성

안성군은 지금의 안성군 안성읍, 보개면, 금광면, 미양면, 대덕면에 해당하며, 읍치는 안성읍 구포리와 명륜리 일대에 있었다. 안성은 충청도와 경계를 접하고 있는 고을로서 조선 후기에 경기 남부와 충청 북부에서 지금의 이천시 장호원장과 더불어 가장 번창했던 곳이다. 특히 鍮器가 유명하여 "안성맞춤"이라는 용어가 생긴 곳이기도 하다. 고을의 鎭山은 飛鳳山이며, 진산에서 뻗어 내린 산줄기가 읍치를 감싸고 있다. 읍치에는 수령이 집무를 보던 衙舍와 임금의 殿牌를 보관한 客舍만 간단히 표시하였다. 하지만 다른 지역에 비해 매우 확대·과장되어 있다. 안성천이 고을의 한가운데를 가로질러 서남쪽으로 빠져 나가는데 평택시를 지나 아산만으로 들어간다. 읍치 아래에 있는 沙溪書院은 金長生(1548-1631)을 배향하여 안성읍 도기리에 세워졌는데 홍선대원군의 서원철폐령 때 완전히 毁撤되었다. 그 아래쪽에 있는 青龍寺의 대웅전은 보물 824호로 지정되어 있다.(이기봉)

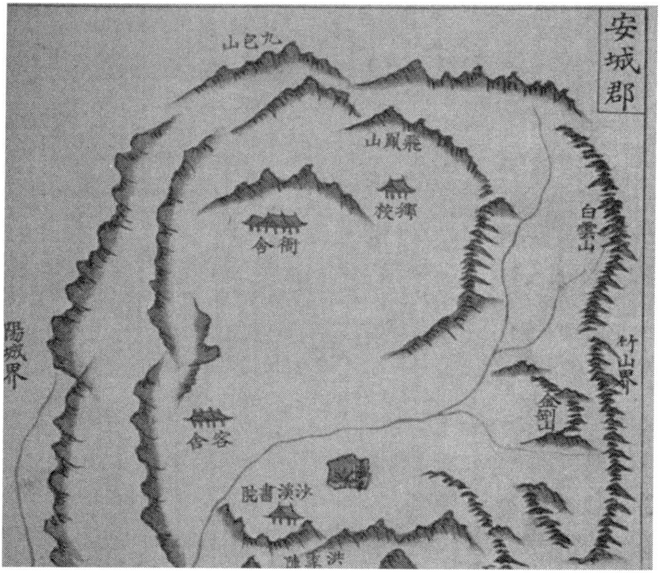

광여도, 안성 – 이상, 규장각 한국학연구원

Bonus Photo

Mt, road & water

From old type loof tile

Run-out old pubs near river dyke

COMMON CITY

SURVEY ON SMALL CITIES OF SOUTH KOREA

STORY

23

O-SAN

인구 12만의 도시, 오산입니다.

오산 烏山

<면적>_42.76km²

<세대>_64,821가구(2010.4)

<총인구>_122,784명(2011)

<등급>_충남 공주, 경북 영주와 동급, 67위

<행정동>_행정동 6개

<법정동>_24개

시의 역사를 보니 화성군 소속의 중심도시였다가 1989년에 오산시로 승격되었습니다. 비교적 최근에 시로 격상되었는데[22], 다시 통합논의가 일어나고 있습니다.

01 도시형태 Shape of the city

●

높이 150m정도의 높지 않은 산세를 양 옆으로 끼고, 오산천이 시계를 관통하고

오산 시가지

22) "오산시(시장 곽상욱)가 화성군에서 분리돼 다급 시(서기관)로 출범한 지 22년 만에 나급 시(부이사관)로 승격됐다. 오산시는 지난달 30일 기준 시 인구가 6만4821가구 16만6809명으로 지방자치법이 정한 15만명 이상을 2년동안 유지함에 따라 1일자로 나급 시로 승격했다고 밝혔다. 이에 따라 이진수 부시장도 이날 서기관에서 부이사관으로 승진, 임용됐다."- 수원일보, 2010년 7.2

있습니다. 북쪽으로 동탄, 수원과 연계되고, 아래로 송탄, 평택과 연계되어 서울 시계의 1호선 라인과 연계됩니다.

02 도시교통 : 경유터미널의 위상 Transportation, Transit terminal

●

오산역과 버스터미널이 근거리에 위치하고 있습니다. 그렇기에 이곳은 시계의 중심으로서 자연스럽게 중심상권이 밀집한 지역이기도 합니다. 그런데 이 오산이라는 곳은 광역교통망의 측면으로 볼 때 경기도 중남부의 경유지 역할을 합니다. 어떤 교통편의 종착, 출발점이 아닌 종주도시에 종속된 경유도시, 중간기착도시라는 의미입니다. 다른 중소도시들이 얼마 안 되는 거리에 위치하고 있어 오산은 그 중간에서 매우 편리한 이동성을 보장받고 있습니다. 그러나 역시 중간기착지인 관계로 연착 및 입석의 불편이 있는 모양입니다.

오산터미널

오산터미널 O-San terminal – 바닥에 그어진 버스 정차선

터미널의 형상 또한 부지가 좁은 관계로 승하차장, 박차장 등이 따로 마련되어 있지 않고 사방에서 들어오는 버스들이 종착지별로 땅바닥에 금을 그어놓고 받아들였다 나가는 식입니다. 또한 승객들도 터미널 안에서 차가 들어오는 것을 확인하지 못해 방송으로 안내를 해 주고, 아예 밖에서 대기하고 있는 중간기착지 특유의 "간이스러운" 풍경을 제공합니다.

03 도시조직 Urban fabric

●

오산시내의 중심은 둘로 나뉘어 있습니다. 하나는 재래시장과 젊음의 거리가 위치한 구시가지와 오산시청이 위치한 신시가지입니다. 신시가지는 십 수년 전 택지개발로 조성된 부지입니다. 시간이 다르고, 도시조직이 다르니, 당연히 가지고 있는 도시성과 사회적 계층이 다를 수 밖에 없습니다.

조심스러운 생각이지만, 이곳 오산 대부분의 시가지가 일제 때 만들어진 곳이 아닐까 생각해 봅니다. 1864년에 완성되었다는 대동여지도에는 지명만 존재

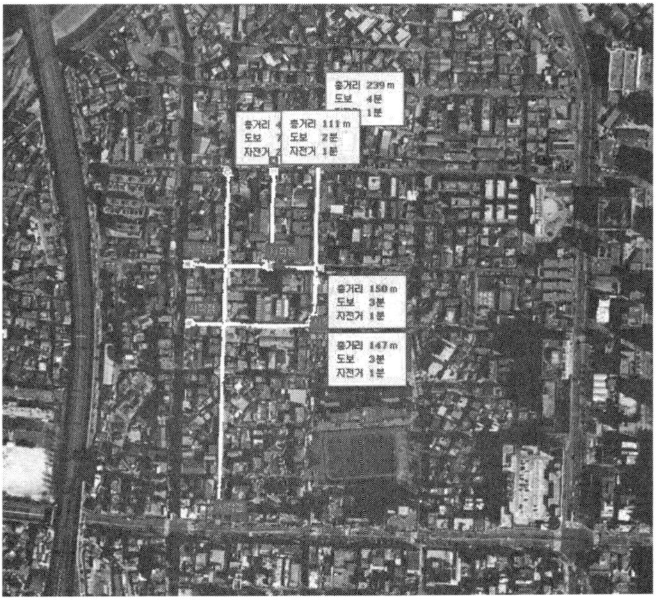

오산 중앙시장 Old market place

하는 촌락이었을 곳이 이렇게 시가지의 구획정리조직으로 발전하게 된 것에 대한 추측입니다.

중앙시장

중앙시장의 조직이 매우 길고 범위가 넓습니다. 전체 길이를 따져보니 대략 1,060m가량 됩니다. 또 장변의 최대길이가 400m이니 제가 본 영주 재래시장에서의 길이에 맞먹습니다. 아무튼 이 시장은 그 크기만큼이나 구도심의 대부분의 지역을 커버하고 있습니다. 그만큼 구도심 어느 곳을 가도 재래시장의 흐름을 느낄 수 있습니다. 그러나 크기에 비해 내부는 그리 활성화 되진 못한 것 같습니다.

오산 중앙시장

04 사회성, 교통 Sociality, Transportation

●

중앙시장에서부터 양꼬치집의 표기를 보고 이곳도 중국 교포들이 많이 살고 있겠다 생각합니다. 아니나 다를까 구도심 곳곳에서 이들 교포들의 삶의 흔적들이 보입니다. 다문화 가정 공부방의 현수막입니다. 종교단체에서 봉사활동을 하는군요. 역시 종교라는 것은 어떤 믿음의 중요성도 있지만, 지역 커뮤니티의 중심 조직체로서 기능하고 있음을 확인합니다.

오산 중앙시장

위치상으로 경기지역, 특히 전철 1호선과 엮인 수도권 서남권역, 지하철 4호선의 안산지역권 등에서 수도권의 생산경제활동이 가장 왕성하게 일어납니다. 따라서 이들 중국 동포들도 이름도 듣지 못한 시골 어느 동네보다는 이곳, 이 지역에 모여 있는 것이 지극히 당연한 일입니다.

사실, 중국 동포들을 겉으로 보면 매우 거칠다는 느낌을 받습니다. 영화 "황해"의 이미지가 생각나네요. 필자는 안산시 원곡동, 서울의 가리봉을 답사하면서 그들의 얼굴들과 표정들을 보았습니다. 그때 당시 마치 통일이 되면 북한지역 사람들의 얼굴 및 인상이 저렇겠구나 하는 상상을 해 보기도 하였습니다.

안 그래도 드센 한국인들의 사회 안에서 이렇게 자신들의 간판을 내고, 기어이 뿌리내리는 이들을 보면 참으로 대단하다는 생각이 듭니다. 또한 정작 함께 생활하는 토착민들은 어떤 마음으로 이들을 대할까가 궁금해집니다. 이들을 인정하면서 가는 것일까요. 아니면 마지 못해 함께 있는 것일까요. 전자이기를 바래봅니다.(아무래도 중앙시장과 같은 곳은 상인연합회 같은 곳이 있을 것이고, 이들의 승인을 득했으므로, 이들이 이렇게 영업을 할 수 있었겠지요.)

영화, "황해"

중앙시장 주변 Area near old market, 오산

시장과 연계된 지역도시는 비교적 낙후되어 있습니다. 시장 근처 어느 젊은 분이 있는 부동산에 들어가 인터뷰를 시도합니다.

> Qus: 이곳은 예전부터 이렇게 중국 상점들이 많았나요?
> Ans: 네 그렇습니다.
>
> Qus: 무엇 때문에 이들이 이곳에 있는 걸까요?
> Ans: 아무래도 일자리가 이 근방에 있어서겠지요. 식당일도 많이 하시고, 남자분들은 공장일들 나가시고. 여기 부동산 거래의 30%가 이분들 몫입니다.

이 대화를 통해 이미 이들의 경제권이 낙후도시에 상당한 영향을 미치고 있음을 알게 됩니다.

05 수공간Water : 오산천

●

오산천은 오산 시계를 관통하고 있습니다. 수변 정비가 자연형 경계edge를 가지

오산천

면서도 홍수범람원을 이렇게 오픈 스페이스로 느슨하게 활용하고 있어 정비가 모양새에 치중하지 않은 자연스러운 모습입니다. 〈OO르네상스〉, 〈수변도시〉 거창한 슬로건 필요 없습니다. 수변은 기본적으로는 자연에게 내주어야 하는 자연 영역이기에 인간의 활용을 제한해야 하는 곳입니다.

06 공공건물 Public building

●

오산시청사가 있는 곳은 택지개발지역입니다. 그래서 아파트들과 그 앞으로 도로변을 따라 근린시설 건물들이 들어서 있습니다. 여느 개발지의 모습 그대로이지요.

한국의 아파트지역의 근린생활시설들을 보면 더 이상의 도시성이 발현될 수 있을까가 의심스러울 정도로 밀도가 높습니다. 많은 사람들이 이를 두고 자폐적 방의 문화, 잡종의 문화 등의 네이밍을 붙여 주었습니다. 유럽 사람들이 이 모습

택지개발지역의 상업건물 Commercial buildings of New city area

오산시청사 City hall building O-San

을 보면 어떤 느낌이 들까요. 그네들이 가지는 거티상업과는 거리가 먼 이 풍경을 말입니다. 거리와의 교류가 없었던 아파트 문화는 건물로 응축된 상업문화를 만들었습니다. 응축되었으니 그 혼합성과 복잡함의 밀도는 세계 어느 곳에도 없습니다. 오산의 신시가지 역시 그러합니다.

오산시청사가 신축 조성된 대략 15년 전의 시기는 오산 뿐만이 아닌 한국도시의 전체적인 팽창기였습니다. 많은 도시들에 신규 택지개발지들이 조성되었고, 그 대부분의 개발지는 이렇게 아파트 단지로 대표되는 도시성을 탄생시켰지요.

그 당시 필자 또한 건축설계사무소의 초년병으로서 많은 현상설계에 참여하였습니다. 대부분 이와 같은 신규 택지개발지에 "채워넣는[infill]" 프로젝트들이었지요. 오산시청사 같은 경우도 그 당시엔 아무 것도 없는 대지에 토지이용계획도 하나로 미래의 모습을 예견하여 설계를 해야 했습니다.

이제 많은 시간이 지나 이곳을 보니 지금의 건물의 형태로 조성된 것이 나았겠다 싶습니다. 왜냐면, 그때 우리의 안은 지금보다 좀 더 화려하고, 과장되었지요. 오산시가 가진 그 정도의 재정능력을 고려했을 때 지금의 안이 더 소박합니다.

최근의 건축설계 현상설계들은 그때의 시절에 비한다면, 참으로 많은 보지 못했던 재료들과 형태들로 이루어진, 스팩터클의 경연장이 되고 있습니다. 소도시를 돌아보고 있는 필자가 느낀 것은 시의 재정능력에 맞는 검박한 설계가 당선되어야 한다고 주장하고 싶습니다. 공공의 청사가 화려하다고 그 도시가 대접받지 않습니다. 성남시청은 그 대표적인 예이지요. 현상설계 심사를 담당하시는 많은 한국의 교수님들, 관계자들, 꼭 명심하셨으면 합니다.

후감. 글로벌 오산을 위한

아무래도 중국 동포들은 언어의 한계, 교육의 한계 때문에 한국 사회에서 밑바닥, 하층계급의 일을 맡을 수 밖에 없겠지요. 또한 이들을 결국 받아들이게 되는 계층도 결국엔 한국의 하층사회, 하층의 도시계급, 저지가의 도시지역일 것입니다. 오산시청이 있는 신도시지역이 아닌 재래시장의 구도시지역이라는 것입니다. 구도시일수록 젊은이들 보다는 나이 드신 분들이 많겠지요.

이들은 아무래도 우리 같은 젊은이들보다는 이들을 대할 때 좀 더 아량을 가지고 상대하지 않을까 생각해 봅니다. 그러면 젊은이들 세대들은 어떤가요. 젊은이들은 이들을 맞아들일 준비가 되어 있을까요, 별로 그럴 것 같지 않습니다. 정작 필자도 "social mix"의 가치를 절대적으로 믿고 있지만, 필자조차도 이들을 길에서 만나면 별로 부딪히고 싶지 않는 것이 솔직한 마음입니다.

결국 해결책은 시간일 것입니다. 시간이 흘러 이들의 입지가 좀 더 당당해지고, 좀 더 밝은 곳에서 이들을 보게 되고, 이들의 표정에 좀 더 자신감이 배어날 때, 진정한 교류가 이루어지겠지요. 그러한 미래를 위해 우리는 도시계획적 씨앗을 뿌려야 합니다. 종교단체 뿐만이 아니라, 시가 좀 더 나서서 이들을 위한 도시계획적 고려를, 시설을 마련해야 할 것입니다.

07 제언 : 다공성의 도시, 오산

●

- 신, 구도심의 공간적 연계 강화 : 경계부의 처리, 다문화프로그램 도입
- 구도심의 자력재개발 유도 : 공공시설의 확충
- 오산역, 오산터미널의 환승역세권 개발

●

Porous city, O-San

The city is one of small cities of Seoul Metropole. But due to the somewhat long distance, commenters are not so much compare to more northern part cities. Population is 122,784(2011). Main industry is located near the city range in forms of small and scattered industrial complex.

Urban area is departed two. One is old city, which has water-oriented urban fabric, and old market has dominating it's atmosphere. The other is new city, with city hall as a center, apartment buildings and condensed commercial buildings infilled in that area. The division is very clear, in terms of spatiality, also sociality. Old and decayed center area has a lot of foreign workers.

Water and water stream also is vital factor to deal with this spatial division and decayness. Bike path and park as well. Not too much, affordable development of Train impact zone is also necessary for the change of city's atmosphere, or image, which has been somewhat decayed and negative small industrial cities.

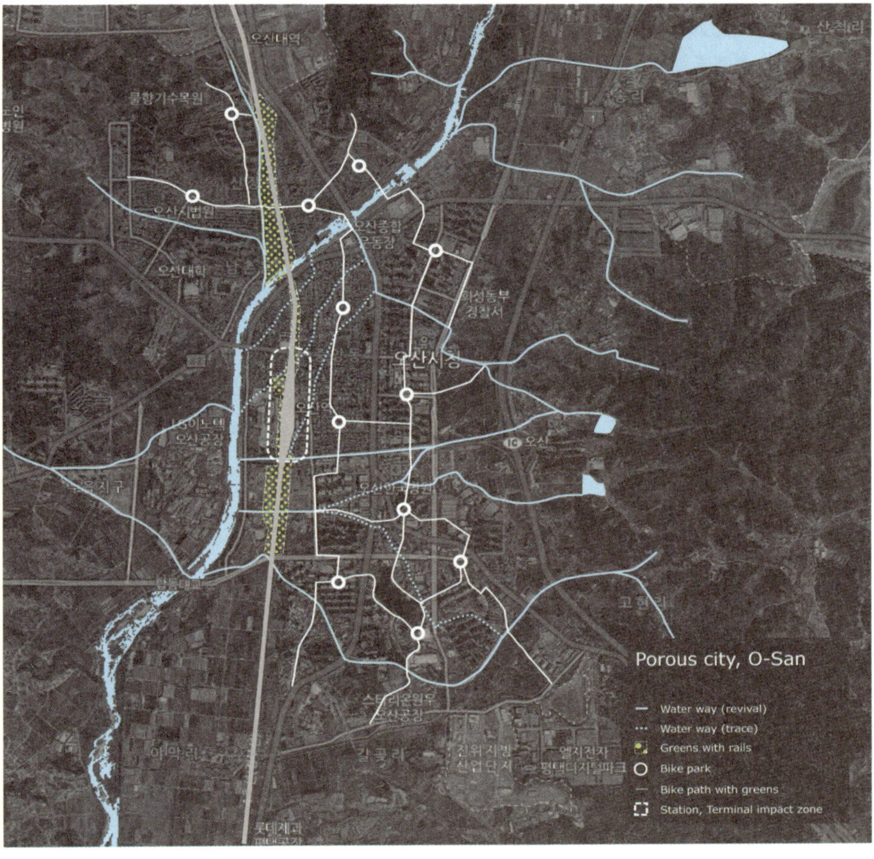

참고자료

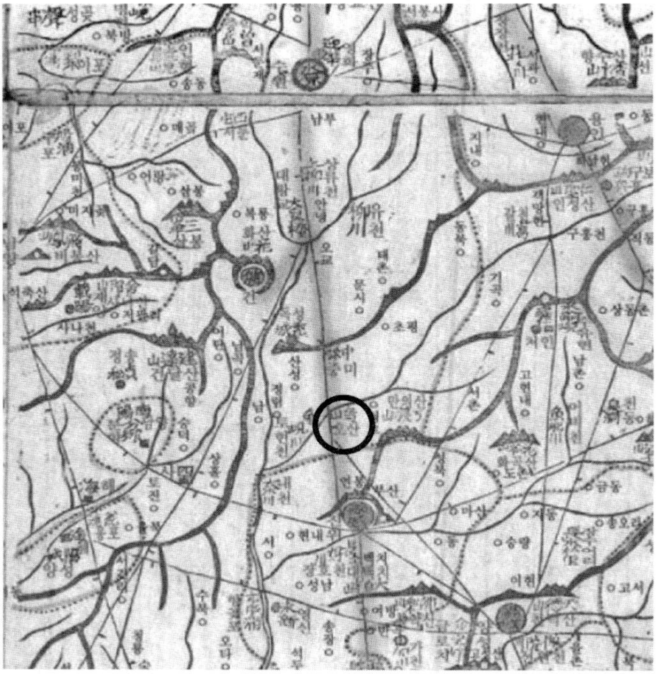

오산 – 대동여지도

Bonus Photo

오산 버스터미널, 버스를 기다리는 사람들 Waiting bus

Condensed urbanity

COMMON CITY

SURVEY ON SMALL CITIES OF SOUTH KOREA

STORY

24

JE-CHUN

인구 14만의 도시, 제천입니다.

제천 堤川

면적_882.47km²

세대_53,228가구(2011.1.4)

총인구_139,403명(2011)

등급_경북 김천, 전남 광양과 동급, 60위

행정동_읍 1개, 면 7개, 행정동 9개

법정동_28개

제천시(堤川市)는 대한민국 충청북도 북동부의 시이다. 1940년에 제천면이 제천읍으로 승격하였고, 1980년에 제천읍이 제천시로 승격되면서 신설되었으며, 1995년에는 제천군(옛 제원군)과 제천시 지역을 묶어 제천시로 통합하였다.

제천 가는 길 Way to Je-Chun

제천은 영동고속도로에서 원주를 거쳐 중앙고속도로를 통해 들어갑니다. 이천-여주 시계의 완만했던 산의 능선들이 원주를 넘어가면서 급해집니다. 산봉우리들이 코앞에 지나가기도 하고, 때로는 이렇게 장쾌한 경관을 제공해 줍니다. 산과 물. 우리나라의 모든 도시는 이 둘로부터 나오고, 이 둘로 모든 것이 설명 가능해집니다. 정주환경도, 경제도, 정치도. 그 모든 것의 기본판으로서의 땅. 그것을 연구하는 것이 지리地理입니다.

제천 가는 길

01 도시형태 Shape of the city

제천은 큰 산줄기인 원주권의 치악산 자락과 단양권의 소백산 자락의 중간에 위치한 소분지 지형을 가지고 있습니다. 소분지 지형에 어울리는 크게 위압적이지 않은 산세와 물길을 가지고 있습니다.

제천 시가지

비교적 정방형을 가진 제천 버스터미널 남부가 구도심을 이루고, 상부의 구획정리조직이 드러나는 곳이 이후에 도시가 팽창한 방향인것으로 보입니다. 또한 도시의 주변부, 특히 산언저리와 만나는 곳은 어김없이 아파트가 들어가 있습니다. 그래도 통경축을 생각하였는지 산의 직각방향으로 건물이 놓여 있습니다. 아주 다행입니다.

제천은 지도만 언뜻 보아도 다양한 시간의 퇴적양상을 느낄 수 있습니다. 향교가 있는 구도심, 제천역이 있는 일제시대, 청전동과 용두동의 최근의 아파트 지역까지 말입니다. 이번 소도시 답사를 통해 필자가 얻은 것 또한 이젠 대한민국의 어느 도시를 보더라도 지도를 보면 대충의 그 모습이 머릿속에 그려집니다. 뿌듯합니다.

제천 도시조직의 가장 큰 특징은 바로 용두천길과 등명로길입니다. 이 둘은 지금은 모두 복개되어 지표면상에서 도로로서만 존재하지만, 아직도 천의 흐름을 공간적으로 그대로 느낄 수 있는 도시기본판을 가지고 있습니다. 특히나 그것이 가능한 것은 공간적 수요가 크지 않았기에 구획정리의 필요성까지 느끼지 못한 채로 도시계획도로가 난 제2기의 도시이기 때문이지요. 필자는 먼저 향교를 올라갑니다.

제천 향교 가는 길 Old confucian temple road

향교의 의미

향교는 현 시대의 우리들에게 많은 도시사적 가늠자가 될 수 있다고 서론에서 이야기 했습니다. 어느 도시에 향교가 있다 하면 그 도시는 비교적 오래된 묵은 도시라는 것을 말해 줍니다. 또한 그 향교의 위치가 변하지 않았다 하면 이곳에서 얼마 떨어지지 않은 곳에 구도심이 있었다는 이야기가 되지요. 그렇기에 향교가 있고, 향교의 위치가 변하지 않았다면, 그 도시는 옛 도심을 가지는 매우 두터운 시간의 퇴적을 가진 도시라는 의미가 됩니다.

아니나 다를까 향교에서부터는 아주 쉽게 물길의 흔적을 느끼면서 내려올 수 있습니다. 구불구불한 도로를 따라 계속 내려가다 보면 중앙시장이 나오고, 차 없는 젊음의 거리를 만납니다. 이렇게 구도심의 물길의 흔적은 도시에너지를 느끼게 해주는 길잡이입니다.

향교 가는 길에 벽화가 그려져 있습니다. 필자가 다녀 본 소도시 중에서 김포 향교쪽도 이렇게 낙후된 도시에 벽화가 있었지요. 아무래도 아쉽게 낙후되어 가는 향교의 마을 "교동敎洞"의 쇠퇴를 아쉬워 하는 예술인들의 자발적 참여로 이루게 된 풍경일 것입니다.

용두천로는 그 "川"자가 가운데 들어가는 지명에서도 볼 수 있듯이 예전에 큰 물길이었음을 보여주고 있습니다. 물길이 복개된 이 도로는 폭이 굉장히 넓습니다. 양 옆으로는 주차장까지 조성했습니다. 이 또한 전형적 복개하천의 모습입니다. 여러분이 어느 곳을 갔을 때 이러한 큰 도로 양 옆에 노선주차장이 있는 곳이면 혹시 하천을 복개한 도로인지 눈 여겨 보시기 바랍니다.

향교 가는 길의 벽화 Mural

용두천로 Road covered waterway, 제천

재래시장의 행상들

재래시장과 차 없는 거리 Old market and pedestrian street

재래시장, 젊음의 거리

이곳 역시 재래시장은 천변인 용두천로를 중심으로 발달해 있습니다. 시장 주변에도 많은 노인분들이 자신의 경작지에서 가지고 온 조그만 작물들을 가지고 좌판을 벌어 놓으셨습니다. 역시 이들에게 이곳 시장은 삶의 터전입니다.

시장과 바로 인접하여 차 없는 거리가 있습니다. 이곳은 제천의 젊은이들이 모이는 구도심의 유일한 장소입니다. 이렇게 시장과 인접한 차 없는 거리는 매

차 없는 거리 Pedestrian street, 제천

우 흥미로운 혼합성을 보여줍니다. 노년의 문화가 젊음의 청년의 문화와 만나는 것이지요. 사진을 보면 차 없는 거리 한가운데 노인 분들이 좌판을 깐 경우도 있습니다. 휴일 오후, 많은 사람들이 오가고 있습니다. 둥그런 구조물이 흥미롭습니다. 크지 않지만, 이곳의 영역성을 잘 살려주는 구조물인 듯 보입니다.

"롯데리아Fast food store", 제천

차 없는 거리에 있는 제천 "롯데리아"입니다. 휴일 점심시간, 제천의 모든 젊은이들이 이곳에 있는 듯 합니다.

03 도시교통Transportation

●

제천은 그래도 버스들이 자주 보이는 도시입니다. 그런데 시민들에게, 혹은 관광객들에게 보다 쉽게 도시교통을 설명하게 해주는 방법에는 아주 서툴러 보입니다. 전체적인 노선도 하나만이라도 있으면 방문객은 아주 쉽게 도시의 형태와 연동된 도시교통의 이미지를 담아갈 수 있습니다. 이렇게 그림과 같이 대다수 시민들(특히 노년층)은 사용할지도 모르는 QR코드를 선전할 것이 아닙니다.

QR코드와 버스카드 문구

서울과 같은 대도시는 주로 신용카드로 교통결제를 하는 경우가 많습니다. 물론 이는 현금을 그냥 냈을 경우보다 저렴하기도 하구요. 그런데 아직, 이러한 요금체계가 지방별로, 도시별로 다릅니다. 전국적으로 확대되었다고는 하나 몇 개의 카드사의 것만 가능합니다. 추정컨대 각 지방은 그 지방에 유력한 카드사들을 몇 개씩 가지고 있고, 결재권을 이들에게만 이렇게 허용하고 있는 듯 보입니다. 앞으로는 어느 도시에서든 쓸 수 있는 카드 및 결재수단을 지자체들이 열어 준다면 시민은 참으로 편리할 것입니다.

의림지로 향하는 버스 안은 아래의 사진처럼 노인 분들만 가득합니다.

택지개발지역의 상업건물 Commercial buildings of New city area

04 수공간Water : 의림지

●

의림지는 국내 최초의 저수지라는 의미로서의 기술보다는 관광지화 된 산업시설, 즉 저수지 본래의 의미에 대해 생각해 보려 합니다. 본래 한국의 주 산업은 농업이지요. 농업 중에서도 벼농사는 만고의 으뜸 산업이었습니다. 벼농사는 땅을 평탄하게 하고, 그 평탄면을 바탕으로 용수를 공급해야 가능한 작물입니다. 그렇기에 한국은 많은 농업용 저수지들을 가지고 있습니다.

근래 들어 도시화로 인한 농업지대인 저수지 주변의 경작지가 사라지고 도시가 들어선 경우가 많습니다. 분당의 율동공원과 같은 사례가 대표적인 사례겠지요. 최근에 들어서야 이러한 농업용 저수지들이 도시공원의 소중한 자원으로 인식되고 있습니다. "워터프론트Waterfront"라는 이름으로 저수지 근처의 땅들을 개발하려는 움직임도 있지만, 그래도 농업의 유산으로서의 수공간이 이렇게 도시생태공간으로 재탄생하는 것은 매우 의미있는 일입니다.

의림지

05 제언 : 다공성의 도시, 제천 - 물길. 복원은 없는가

●

제천의 시가지를 보며 가장 크게 필자에게 와 닿았던 것이 바로 물길조직이었습니다. 한국의 모든 소도시가 다 그렇지만, 제천은 지도만 보아도 확연히 드러나고, 그 길을 걸어 보면 더 더욱 드러납니다.(제천의 용두천을 걸어 보면 구 성남시의 경우가 생각납니다. 성남시도 거대한 물줄기 몇 개가 복개된 채 도시의 광로체계를 이루고 있습니다.) 이 거대하게 자국을 남긴 도시의 옛 물길에 대해, 그리고 지금도 분명히 그 밑을 흐르고 있을 물길에 대해 어떻게 생각해야 할까요.

물론 이를 다 복원을 하면 더 좋은 것은 없겠지만, 이는 불가능할 것입니다. 그렇다면, 일부 가능한 구간만이라도, 선이 안 되면 점적으로라도 옛 물길의 흔적을 살려보는 노력이 몹시 필요해 보입니다. 그나마 구획정리가 되어버려 옛 물길의 흔적조차 없는 곳보다는 사정이 훨씬 좋습니다. 이렇게 도시의 기본판이 바뀌지 않으면 최소한의 복원의 실마리라도 잡을 수 있습니다. 많은 건축가와 도시계획가가 단지화에 가장 반대하는 이유가 이런 도시의 기본판을 갈아엎기 때문입니다.

●

Porous city, Je-Chun

The city is famous for the oldest ancient man-made reservoir 'Yeo-Rim-Ji'. It represent the ancestor's idea of water management which is essential for agriculture in Korea. Population is 139,403(2011).

Atmosphere of the city is relatively energetic, among many factors, the closeness of old market area and young pedestrian street could help to this. Due to the city's old history, the fabric is still shown the water oriented strucuture, but major 2 big waterway had been covered into main road of the city.

Like any other Korean small cities, water issues is the central to the city as well. Along the road structure, from Mt. to riverbed, waterway could be added with existing road-structure. This is the first and foremost step towards the city making porous.

참고자료

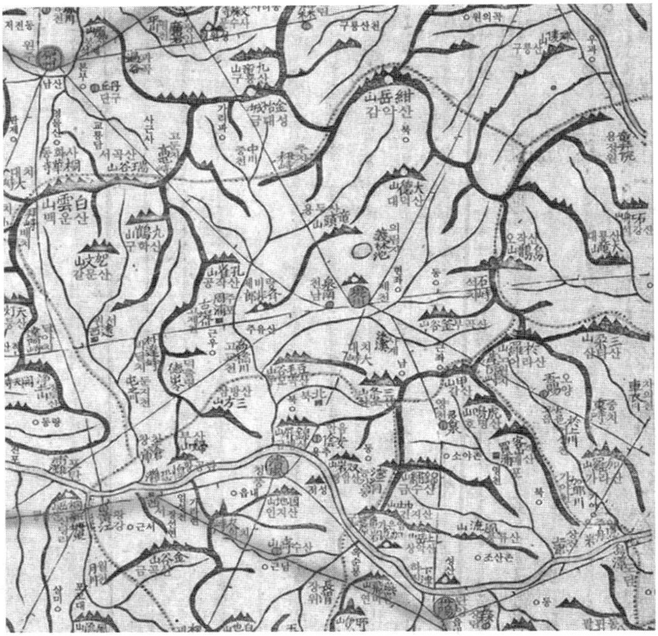

제천 - 대동여지도

1872년 지방도 - 제천현

제천현지도堤川縣地圖, 지금의 충북 제천통합시 백운면, 송학면, 봉양읍 일대. 산지로 둘러싸인 분지의 지역으로 산지는 山圖의 기법으로 맥세를 강조하여 표현하였다. 의림지 주변의 수목과 폭포, 그리고 읍치로 이어지는 각 봉우리는 보다 회화적으로 표현하였다. (중략) 제천읍치의 입지는 역사적으로 변동이 있었는데 堤州 때의 읍치는 遠西面에 있었고, 조선 태종 때 堤川으로 바뀐 이후의 읍치는 近右面에 있었는데 이것을 후에 이곳으로 옮긴 것이다. 이 지도에서 가장 특징적으로 그려진 의림지는 김제의 벽골제, 밀양의 수산제 등과 더불어 오랜 역사를 지닌 저수지로 잘 알려져 있다. 저수지의 수위가 높기 때문에 이곳에서 나오는 물줄기가 폭포를 이루고 있다. 이 저수지의 물은 고도차를 이용해 아래 지역에서 이용할 수 있었는데 바로 밑의 退堤는 이 물을 가두어 관개에 이용했던 대표적인 제언으로 볼 수 있다.

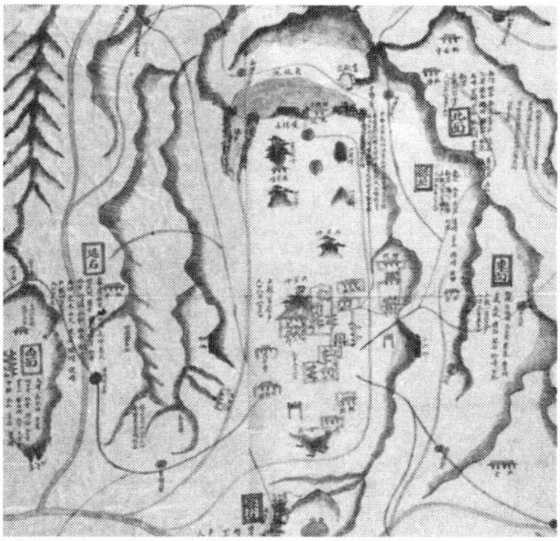

1872년 지방도 – 제천현, 규장각 한국학연구원

의림지

의림지는 우리나라의 대표적인 수리시설 중의 하나로, 조성 연대는 확실하지 않으나 삼한 시대부터 있었던 것으로 알려져 있다. 신라 진흥왕 때 악성樂聖 우륵于勒이 개울물을 막아 둑을 쌓았다는 이야기가 전하고, 그로부터 700년 뒤 이곳에 온 현감 박의림朴義林이 좀 더 견고하게 새로 쌓은 것이라고도 한다. 조선 세조 때 정인지鄭麟趾가 체찰사體察使로 이곳에 왔다가 3도의 병력 1,500명을 동원하여 대대적으로 공사를 시행했다는 기록 등이 있다. 규모는 만수면적 13만m^2, 최대 수심 13.5m이다. 제림은 의림지 제방 위에 조성된 소나무와 버드나무 숲이다. 주종은 수백 년 묵은 노송이며 버드나무, 전나무, 은행나무, 벚나무 등이 함께 자라 아름다운 경관을 자아낸다.

농업용수가 넉넉지 못한 이 고장에서 방죽 아래쪽 청전동青田洞의 농사는 전적으로 이 의림지 못물에 의존하는 형편이다. 주변에 영호정暎湖亭 · 경호루鏡湖樓 등의 정자와 연자암, 용바위, 홍류동, 홍류정지 등의 휴식처 뿐 아니라 해빙기에 산란을 하러 모이는 빙어도 유명하여 단양지역의 대표적 명소로 알려져 있다. 1976년 12월 21일 충청북도기념물 제11호로 지정되었다가 2006년 12월 4일 명승 제20호로 변경되었다. 제천시에서 관리하고 있다.

[출처] 네이버 백과사전

Bonus Photo

휴일 Holiday – 의림지

Residential farmland

제천 중앙쇼핑센터 Empty building

영화 박하사탕 Movie, peppermint candy

COMMON CITY

SURVEY ON SMALL CITIES OF SOUTH KOREA

STORY

25

CHUNG-JU

인구 21만의 도시, 충주입니다.

충주 忠州

면적_984.1km²

세대_80,519가구(2011)

총인구_208,557명(2011)

동급_경기도 광주, 충남 아산과 동급, 47위

행정동_읍 1개, 면 12개, 행정동 12개

충주시(忠州市)는 대한민국 충청북도에 있는 시이다. 동쪽으로 충청북도 제천시, 서쪽으로는 음성군, 남쪽으로는 괴산군과 경상북도 문경시, 북쪽으로는 강원도 원주시 및 경기도 여주군과 인접하고 있다.

충주 가는 길 Way to Chung-Ju

제천에서 충주로 향하는 기차를 탑니다. 이곳은 산세들과 물길이 바로 연접해서 만나며, 또한 풍부한 석회석을 노린 일제 때부터 만든 기찻길이 있어 산세, 물길, 토목구조물이 만나는 아름다운 풍경을 제공합니다. 영화 "박하사탕"의 촬영지이기도 합니다.

영화 '박하사탕' 촬영지 Film location, peppermint candy

01 도시형태 Shape of the city

충주는 주위의 인등, 계명, 보련산 등으로 에워싸인 소분지 형태의 도시입니다. 분지의 영역이 그런대로 크고 남한강 줄기가 잘 발달해 있어 예로부터 충청 조운의 중심지로 자리매김하였습니다. 시가지 내로 충주천이 관통하고 있습니다.

도시의 형태를 보면 충주천을 남북으로 북쪽에는 연수동 구역이 신시가지로 시청사와 함께 개발되어 있고, 남쪽으로는 성내동 및 문화동 구역으로서 천과

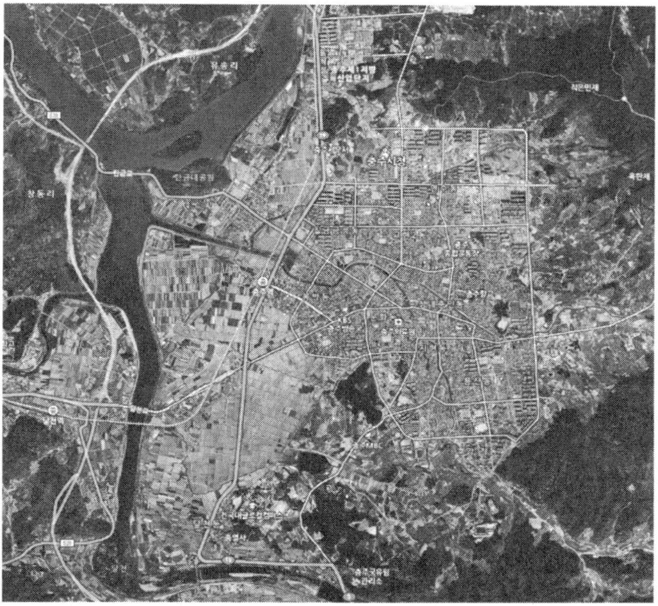

제천 시가지

함께 하는 구시가지입니다. 이렇게 도시는 비교적 정방형으로 조성되어 있으나, 산세로 둘러싸인 한계가 있어 도시발전의 축은 산세들을 넘어서 이루어집니다. 최근의 충주 기업도시 부지도 충주대학교의 서쪽으로 산세를 넘어야 갈 수 있습니다.

02 도시조직Urban fabric : 물길의 다양한 처리양상Ways of water treatment

●

충주시를 지도로만 보아도 다양한 물길의 처리방법을 읽을 수 있습니다. 다음 페이지의 사진에서 편의상 물을 하얀색으로 표현하였습니다. 위에서부터 살펴보면, 먼저 택지개발이 이루어진 연수동 부근의 물길은, 산에서 발원한 물줄기

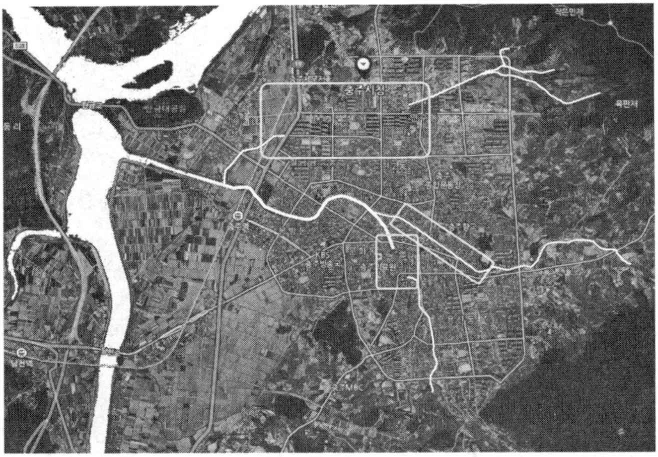

물길의 양상

들이 도시구역을 통과하면서 완전히 단절되어 끊겨져 있음을 볼 수 있습니다. 물론 도로 하부엔 이들이 관거로서 흐르고 있겠지만, 기존의 지형조직을 깡그리 무시한 다분히 엔지니어적 접근입니다.

중간부의 물길을 보면 지형적 흐름을 잘 타고 있으나 시계를 통과하면서 직강화된 물길이 나옵니다. 이는 아주 전형적인 수변공간의 도시적 처리입니다. 최대한의 택지를 개발하고자 하천의 영역으로 남겨 주어야 하는 수변공간들이 개발된 것이지요.

제일 아래도 또한 하천이 내려오다가 끊겨 있습니다. 이것은 그 상부를 복개하여 주차장으로 사용하고 있는 지역입니다. 그래도 이곳은 그 상부로 건물이나 구조물들이 올라가 있지 않아 복원이 용이한 구조입니다. 이렇게 충주시 하나만 보아도 한국이 가진 하천, 수공간에 대한 도시적 대응 및 점유의 유형을 알 수 있습니다. 당연하게도 필자가 말하려는 것은 되도록 수공간이 연수동 부근처럼 처리되는 것은 바람직하지 않다는 것입니다.

연수동

유적지인 탄금대를 다녀오면서 택시기사 분에게 인터뷰를 합니다.

Qus: 여긴 어디가 젊은이들이 많이 모이는 데입니까?
Ans: 잘 안 모이는데요? 충주사람들은 다 다른 곳으로 나가려고 한답니다.

Qus: 그래도 좀 알려 주시면,
Ans: 여긴 젊은 사람들은 성서동이라고 옛날부터 도시 중심부가 있어요. 그 곳에 차 없는 거리가 있고요, 그쪽이 좀 시끌시끌하지요. 좀 나이든 사람들은 소주 한 잔 먹으려면 연수동으로 갑니다. 그곳은 조성된지 얼마 안 된 곳입니다.

이 인터뷰에서 매우 흥미로운 부분을 발견하지 않으셨습니까? 젊은 사람들은 오히려 옛날 도심으로 가고, 장년층은 오히려 신도시로 갑니다. 청년층은 호주머니 사정이 넉넉지 않습니다. 그래서 영세 상인들이 있는 대학가나 구도시조직이 많이 남아 있는 도심으로 갑니다. 서울이면 종로, 종각 등을 연상하면 되겠지요. 경제활동이 활발한 장년층은 넉넉하게 쓰면서, 비교적 대공간이 가능한, 시설적으로 쾌적한 곳을 찾습니다. 그러기엔 아무래도 신도시 지역의 중심상업지역이 어울립니다. 서울로 치자면, 강남의 테헤란로 전면부의 상업지역, 분당, 일산의 신도시 중심지역들이 될 것입니다.

충주의 신도시 지역인 연수동의 도시풍경은 필자가 수없이 보아온 신도시 지역의 택지개발지역에 다름 아닙니다. 물론 이곳도 십 수년이 흐른 시간을 가지고 있어 나름대로 정주민의 기억들이 자라나고 있겠지만, 몹시 단조로운, 어디서나 볼 수 있는 풍경이기에 필자의 발걸음이 빨라집니다.

연수동, 아파트 단지Apartment complex

연수동, 단독택지지역Single housing area

그래도 단조로운 아파트 지역보다 단독택지 지역은 이렇게 도시의 다양성을 느낄 수 있어 지루하지 않습니다.

재래시장과 차 없는 거리 Old market & pedestrian street

이곳 역시 제천과 비슷하게 재래시장조직과 차 없는 젊음의 거리가 붙어 있는 형국입니다. 이는 아마도 구획정리조직이 그리 크게 형성되지 않은 구도심을 가진 도시들에게 공통적으로 나타나는 모양입니다.

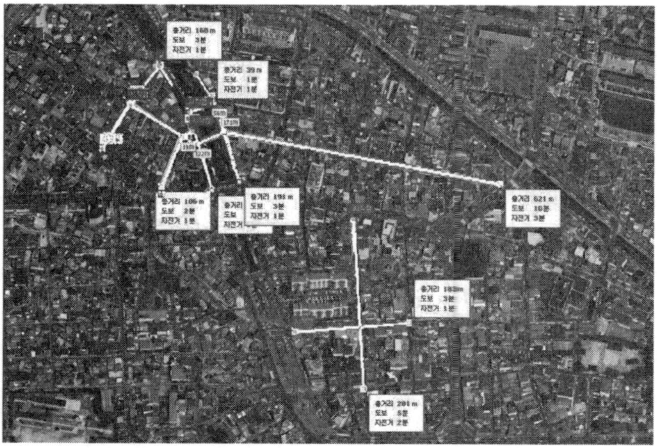

사진의 좌상단이 재래시장이며, 열십자의 하부가 젊음의 거리입니다.

먼저 재래시장의 형태를 보면 매우 흥미롭습니다. 천변을 따라 평행하게 조성된 양 옆의 선형상가에, 중간 중간의 다리들이 그대로 상업가로가 된 형국을 가지고 있습니다. 이는 대부분의 재래시장이 천변을 복개하여 그 상부를 활용하는데 반해 하천의 물길을 그대로 둔 매우 이례적인 형상입니다. 전체적인 길이를 따져보니 거의 1,300m가 됩니다. 지금까지 본 시장 중에선 가장 깁니다.

연속되는 재래시장길

천변을 통과하는 다리형태의 시장

이 장면에서 피렌체의 베키오다리가 생각납니다. 겉모양이야 비할 수가 없겠지만, 내부의 분위기는 훨씬 좋지 않습니까?

다리형태의 시장 내부 음식점Restaurant on water stream

자, 이젠 젊음의 거리로 갑니다. 바로 옆에 있습니다. 폭 4m 밖에 안 되는

Pedestrian road front side

Pedestrian road back side

이곳에 이렇게 밀집도 높은 상업풍경을 만들고 있습니다. 흥미롭지 않으십니까? 이 젊음의 거리와 재래시장은 도시의 기본판이 같다는 것 말입니다.

뒷 블록으로는 이렇게 먹자골목이 형성되어 있습니다. 한 켜가 상업, 의복, 잡화의 공간이라면, 한 쪽은 이렇게 '먹자거리'가 있어야 구색이 됩니다. 누군가 '한국 도시의 차 없는 거리의 유형 연구' 등을 해 보아도 매우 흥미로운 연구주제가 될 것 같네요.

조금 더 가니 앞서 언급하였던 복개된 하천위의 상부 주차장이 나옵니다. 이는 주위의 재래시장과 젊음의 거리 등을 오는 차량을 위해 조성된 것으로 추정

Parking area on covered river

됩니다. 이제는 주차문제를 이렇게 해결하는 시대는 지났습니다. 조속한 정비가 필요한 곳입니다.

04 도시교통 Transportation

●

이곳 충주도 버스와 택시가 대중교통수단의 전부입니다. 그런데 언급하고 싶은 것이 버스의 빈도가 매우 빈약하다는 것입니다. 물론 휴일이어서 그런지는 모르겠으나 다니는 버스를 거리에서 보기조차 매우 힘들었습니다. 그와는 반대로 택시는 어느 곳을 지나가도 마주칠 수 있습니다. 이렇게 버스체계가 열악하기에 콜택시 문화가 많이 발달해 있는 듯 보입니다. 언제부터 이곳 충주가 이렇게 잘 살았는지는 모르겠군요. 다른 하나는 버스체계가 이렇다면 비교적 평탄한 이곳에 자전거 도로망을 깔아주어도 좋을 듯 싶습니다.

다음 사진은 충주시내의 버스노선도입니다. 한눈에 보기에도 커버되지 못하는 곳이 많을 뿐더러, 그 빈도수도 매우 낮아 불편하기 이를 데 없습니다.

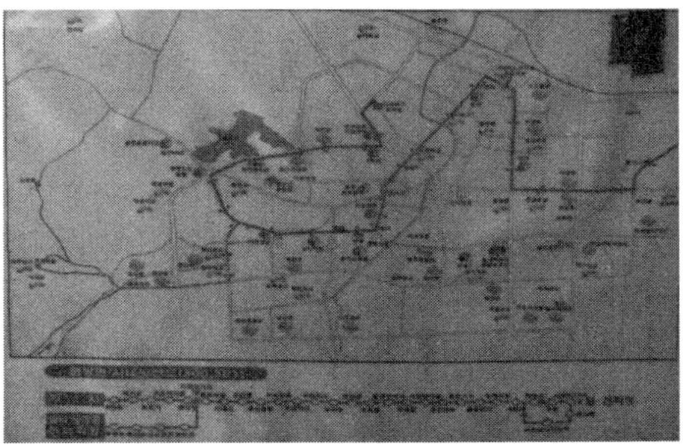

버스 노선도 Bus-route, 충주

05 수공간Water : 충주천

시계를 양분하는 충주천의 모습입니다. 다음 페이지의 사진에서와 같이 충주는 산자락으로 둘러싸여 사방팔방으로 물이 흘러 들어오는 곳입니다. 한국지리지를 보면 충주는 예로부터 남한강 줄기를 따라 조운이 활발했던 지역이었음을 확인합니다. 아직 천변의 모습이 그리 정리되어 있지는 않습니다. 겉모양에 치우치지 않고, 자연성을 간직하면서도 인간의 쓰임새에 부족하지 않을 생태하천으로 거듭나기를 바랍니다.

충주천

호암지와 문화컴플렉스

충주 시내의 남부를 보면 인공저수지인 호암지가 있습니다. 이 또한 일제 강점기 수탈을 위해 조성한 산업시설이 현대에까지 이르러 훌륭한 도심공원으로 기능하고 있는 사례입니다. 더군다나 이곳은 도서관, 공연장, 체육관 등이 어우러져 도시민들에게 훌륭한 문화컴플렉스의 기능까지 제공하고 있습니다. 군산의 사례(은파관광지)에서도, 앞서 제천의 사례(의림지)에서도, 산업유산인 저수지

호암지, artificial reservoir at Japan's colonization

들은 훌륭하게 도시의 오픈 스페이스로 기능하였음을 보았습니다. 이렇게 이들은 그 조성이유야 어떻든 간에, 향후 도시에 훌륭한 자양분으로 기능할 수 있음을 보여주고 있습니다.

호암지 문화컴플렉스, 광장 Reservoir front square

호암지 전경, "이곳은 쥬네브 Geneva가 아닙니다." 'This is not Geneva'

●

후감

충주는 예로부터 중원을 대표하는 한국 국토의 중심점입니다. 그렇기에 지리적 중요성 때문에서라도 수많은 전쟁이 일어났던 싸움터이기도 했을 것입니다.(탄금대라는 유적지를 가보면 임진왜란 때의 신립장군의 기념탑이 있습니다.) 충주는 또한 그 지리적 중요성 못지않게 도시가 가진 천혜의 자연경관과 적당한 크기의 산세와 분지가 있습니다. 지도상으로만 보아도 참으로 그 도시의 지세를 읽을 수가 있지요. 시내 중심부에서 호암지를 가려면 작은 언덕을 하나 올라야 합니다. 이곳에 오르면 이러한 충주의 전체적인 전경을 볼 수 있습니다. 도시가 이렇게 전경으로 획득될 때 그 도시의 전체적인 심상을 획득할 수 있습니다. 그리고 그럴 때의 즐거움이 바로 도시답사의 가장 큰 기쁨이기도 합니다.

06 제언 : 다공성의 도시, 충주

●

- 수공간의 복원
- 소규모 역세권개발/철도변인근의 띠녹지 조성
- 자전거 도로/공원의 도입
- 버스체계의 개선 : 빈도수 향상

●

Porous city, Chung-Ju

Chung-Ju is locates in the middle of the nation, surrounded by Mt. area but relatively large space of

flat land. Historically, location is very important for military / economical viewpoint. Population is 203,557 (2011)

Old market area is very long compare to other small cities, and it is along the river, which is not that well maintained. Pedestrian area is very energetic.

Using flat urban area's land condition, bike road and park is very affordable matter to insert. From the Mt, waterway could be also restored and reopen the water channels. It gives fresh natural atmosphere to the orthogonal urban areas.

참고자료

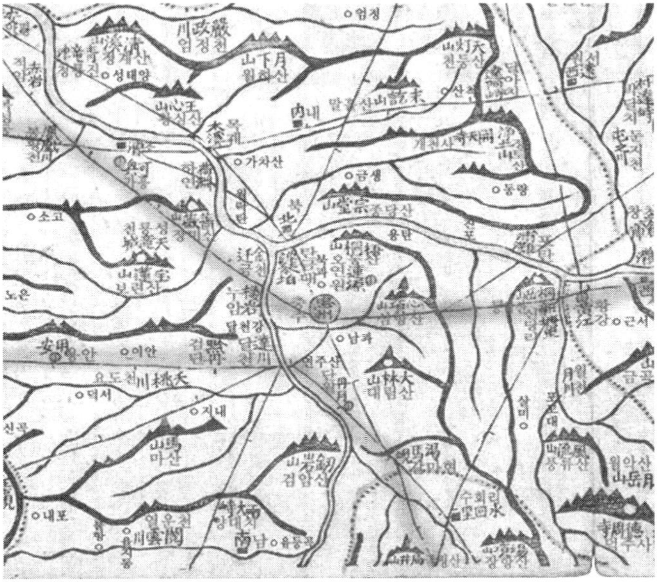

충주 – 대동여지도

충주목 - 해동지도

옛 충주목은 목사의 주재지로서 현 충주시, 주덕읍, 이류면, 신니면, 가금면, 앙성면, 금가면, 동량면, 노은면, 산척면, 엄정면, 소대면, 살미면, 괴산군 불정면 3개리, 괴산군 감물면, 제천시 덕산면을 포함하는 큰 읍이었다. 18세기 중엽 당시에도 충주목은 42개 면을 거느리는 大郡였다. 또한 충주는 임란 이후 공주로 옮겨가기 전까지 충청감영이 있던 곳이다. 읍치는 현재 충주시 성내동 일대에 있었다. 지금도 이곳에는 "객사터", "경영루터", "성문터", "습사장", "감옥터", "동헌터" 등 예전의 지명이 남아 있다. 지도에 보이는 원형의 충주읍성은 충렬왕 3년(1277) 충주성을 개축할 당시 礎石에다 연꽃을 화려하게 놓았었다고 하는데, 지금은 읍성의 흔적을 거의 찾아 볼 수 없다. 지도에 보이는 가흥창은 조선 세조 때 덕흥창(금천면 창동 소재)에서 옮겨 온 창고이다. 중종 16년(1512) 때 70칸 규모의 倉庫를 축조하였고, 그 후 현종 10년(1669)에 49칸을 증축하였다. 이 가흥창에서 관리하는 세곡 수납 관할

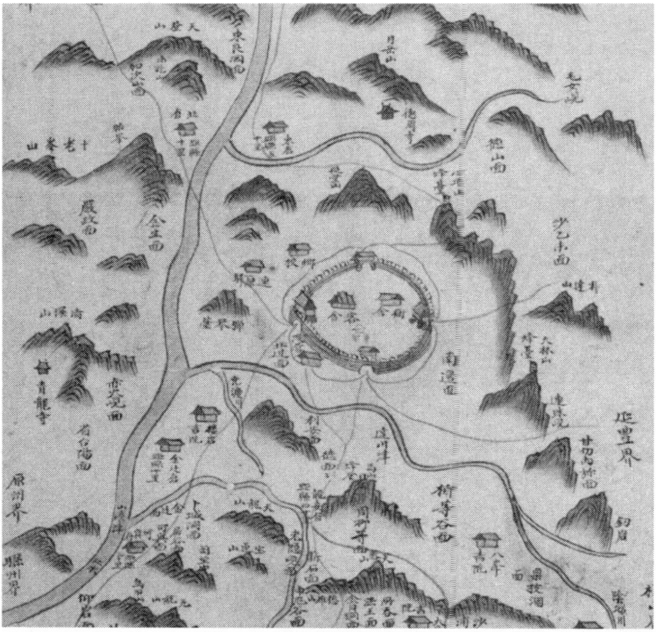

충주목 – 해동지도(이상, 규장각 한국학연구원)

구역은 충청도의 14개 읍, 경상도 12개 읍에 달하였다. 충주에는 左水站 소속의 漕運船 15隻이 배치되어 있었다. 충주목 관하의 주요 창고로는 東倉, 北倉, 南倉, 社倉, 金遷倉이 있었고, 주요 서원으로는 八峯書院, 樓岩書院이 있었다.(金在完)

충주관아

충주는 1395년(태조 4년) 충청감영이 되었고, 1895년(고종 32년) 감영제를 폐지하고 23부제를 실시할 때 충주부가 되었으며, 1896년(고종 33년) 13도제를 실시할 때 충청북도의 관찰사부(도청)가 되었다. 1908년(융희 2년) 충청북도 관찰도(도청)가 청주로 옮겨갈 때까지 충청북도의 중심도시였다. 따라서 많은 관리들이 사무를 본 관청건물이 남아 있었다.

[의의와 평가] 충주의 관청건물 중 현재 남아 있는 청녕헌(충청북도 유형문화재 제66호)과 제금당(충청북도 유형문화재 제67호), 산고수청각은 일제강점기에 일본 당국이 사용한 건

물들이다. 당시 일본인들이 사용한 용도를 보면 일본인들이 충주에 들어와 충주지역을 어떻게 장악해 갔는지 알 수 있다.

[출처] 디지털향토문화 충주편

탄금대

탄금대는 원래 대문산 혹은 견문산으로 불리던 작은 산으로 그 밑에는 남한강과 달천이 합류되는 곳이며 산세가 평탄하면서도 남한강 쪽으로 나 있는 기암절벽에 소나무 숲이 우거져 경치가 탁월한 국민관광지이다.

1400여 년 전 신라 진흥왕 때에 가야국의 악성 우륵이 이곳에 와 풍치를 상미하며 항상 산상대석에 앉아서 가야금을 연주하던 곳이라 해서 지금까지 탄금대라 불리고 있다.

임진왜란 때에는 신립장군이 배수진으로 왜적과 맞서 싸우다가 장렬히 최후를 마친 곳이기도 하다. 산 정상 부위까지 포장이 잘 되어 있고 역사적 뒷 이야기 이외에 넓은 야외음악당과 충주문화원, 권태응 선생의 감자꽃 노래비, 충혼탑, 궁도장, 신립장군의 애환이 담긴 열두대와 순절비, 탄금대토성, 대흥사 등이 자리 잡고 있다.

[출처] 충주여행 길잡이

Bonus Photo

탄금대

충주시청 City hall

Mainly, old market was open in near water

충주대 앞의 원룸건물들 Studio type housing near Univ

COMMON CITY

SURVEY ON SMALL CITIES OF SOUTH KOREA

STORY

26

CHUNG-JU

인구 13만의 도시, 공주입니다.

공주 公州

면적_940.6km²

세대_49,671가구(2010.3.31)

총인구_131,140명(2011)

등급_경기도 하남, 오산과 동급, 66위

행정동_읍 1개, 면 10개, 행정동 5개

법정동_24개

충청남도의 동부 중앙에 있는 시. 농업과 양잠 · 낙농 · 양돈업 등이 성하다. 명승고적으로 백제의 유적지 및 계룡산 국립공원 등이 있다. 1995년 1월 행정구역 개편 때 공주군을 통합하여 도농복합 형태의 시를 이루었다.

01 도시형태 Shape of the city

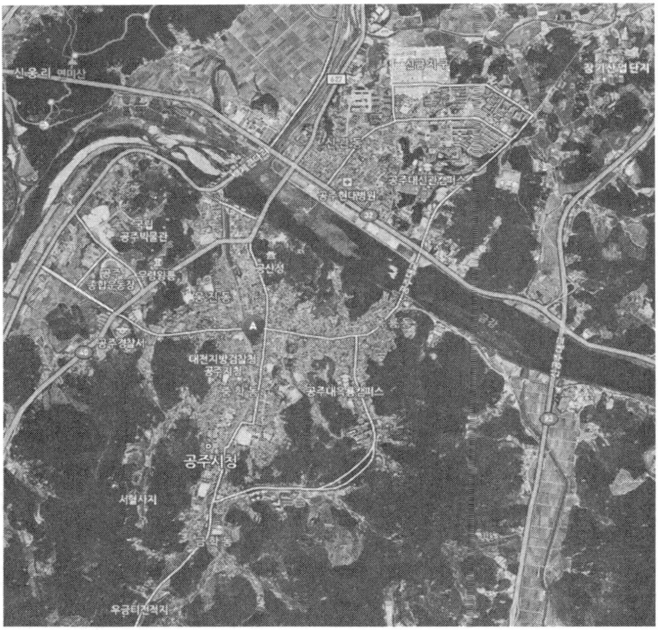

공주 시가지

공주는 천년의 시간을 가진 한반도의 고도古都입니다. 시가지가 남측의 계룡산 자락에서 내려오는 산자락에 둘러 싸여 있고, 가운데로 큰 강인 금강이 흐르고 있습니다. 방어개념의 도성축조에 치중했을 포곡식包谷式의 공산성을 필두로 한 시가지 남측이 오래된 도시를 이루고 있고, 남측보다는 산세가 약한, 배후지가 넓은 북측으로 신도시를 형성하고 있습니다. 산세에 의한 배후지의 한계가 있는 시계 남측으로 KTX 호남선 공주역이 놓인다 하니, 그것을 중심으로 역세권 도시가 조성되면 강남북의 균형을 어느 정도는 맞출 수 있겠습니다.

02 수공간^Water : 금강

●

금강은 공주에 있어 큰 생태적, 경관적 자산입니다. 강폭이 500m에 달하는 큰 하천으로 그 광대한 시감이 아주 인상적입니다. 강변으로 펼쳐지는 현대도시와 구도시의 경관이 대조적입니다.

공산성측(구도심)과 금강 Old city view

신관동(신도심)과 금강 New city view

근대의 문화유산인 금강철교는 금강의 또 다른 랜드마크입니다. 필자는 처음엔 이것이 일제가 놓은 기찻길로 생각을 했었는데, 일제는 이곳 공주에 기차

공산성에서 본 금강철교 Old steel bridge

를 설치하지 않았습니다. 이 철교는 본래는 양방향이었으나 현재는 1차선만 활용되고, 한 차선은 인도로 내 주었습니다. 그래서 강남과 강북의 주요 연결은 거리상 가까운 금강철교를 이용하지 못하고, 주로 공주대교로 돌아서 이루어집니다. 문화재 보호를 위한 어쩔 수 없는 선택으로 해석됩니다. 금강철교에 대해 해설을 붙입니다.

금강철교

1933년에 준공한 철교로 당시 한강 이남에서 가장 긴 다리였다. 경성과 목포를 잇는 1등도로 구간 내에서 중요한 지역이었던 공주읍과 장지면을 연결하기 위해 건설하였다. 이후 6.25전쟁 때 2/3 정도 파괴되었으며, 1952년에 다시 복구하였다. 규모는 폭 6.4m, 길이 51.3m로 근대 교량사적, 조형적 가치를 가지고 있다. - 네이버백과사전

금강의 천변은 넓은 강폭 덕택에 공간적으로 아주 여유롭습니다. 홍수위면의 운동영역과 평수위면 위의 자연의 영역이 잘 조성되어 있습니다.

금강 Relatively wide riverbed

03 도시조직Urban fabric : 확연히 다른 강남북

공산성과 구도시

구도시와 신도시의 도시조직은 확연히 다릅니다. 구도시는 천년의 시간을 간직한 공산성이 있고, 공주 향교가 있는 교동, 그리고 일제 때 "본정통"이라 불렸던 반죽동거리를 가지고 있습니다. 공산성은 비록 방어의 읍성이어서 유적의 흔적만이 남아 있지만, 아직도 성의 위세가 대단합니다. 이곳과 비슷한 이태리의 베네토 지방의 시타델라cittadella라는 도시가 있습니다.

이태리, 시타델라Cittadella

공산성Old castle

그곳이 광활한 평지의 베네토지방에 우뚝하게 솟아 있던 유럽의 시타델이라면, 이곳은 한국, 백제가 낳은 산성의 시타델이라 할만합니다. 산성이기에 하부도시와는 출입문 부위를 빼면 맞닿아 있지 않습니다.

중심가로

구 시가지의 중추를 이루는 중심차도의 모습입니다. 차도변을 따라서는 상업이 어느 정도 있지만, 재래시장과 차 없는 거리부분을 빼면, 많은 부분에서 한 켜만

중심가로 Central street has very thin urbanity

들어가도 상업의 세가 약해집니다.

●

“본정통(本町通, 혼마치)”

일제시대의 “본정통” 반죽동거리 Main commercial street in Japan's colonization

반죽동거리

이곳 분들과 인터뷰에서 처음 들은 말입니다. 일제는 일제시절 그들이 새롭게 조성한 중심가로를 '본정통'이라 칭하였습니다. 이곳 공주의 본정통이 반죽동이라 하는데, 알고 보니 본정통은 서울을 비롯한 한국의 어느 도시에서도 존재하는 일종의 보통명사였습니다. 그런데 유독 충청도 분들이 본정통이라는 표현을 왜 아직도 잘 사용하는지는 잘 모르겠습니다. 이들 공간조직들이 아직도 잘 남아 있으니 그렇게 부르는 것이겠지요.

그리드 조직이 확연히 나타나는 이곳은 비록 쇠락하고, 밀도도 남루하지만, 현재, 젊은이들의 차 없는 거리로 기능하고 있습니다. 그러면 차 없는 거리의 대부분이 일제시절 본정통지역이었을까요. 연구대상이지만, 필자가 보기엔 상당한 연관이 있는 것 같습니다. 어떤 지역이 특별하게 상업이 발달하는 것은 이유가 있는 것이니까요.

재래시장

반죽동지역에 바로 붙어서 재래시장들이 들어서 있습니다. 구획정리조직의 길이 그대로 시장으로 형성되어 도시조직과 일치하고 있지요. 여러 도시에서 느낀

재래시장의 도시조직Old market fabric, 기본판

점이지만, 구획정리조직은 이런 재래시장의 에너지에 많은 활력을 받고 있습니다. 재래시장의 활성화는 그래서 시장 활성화 측면 뿐만이 아닌 그 지역, 구획정리지역 전체의 활성화로 해석되어야 합니다. 또한 천변쪽으로는 둑방상가를 조성하였네요. 그런데 이 부근에서 이제까지는 볼 수 없었던 재래시장의 새로운 풍경이 나타납니다.

중앙시장의 광장Square in old market

시장조직 중의 하나의 도시블록을 정리하고 아예 시에서 '재래시장마당'으로 조성해 놓은 것입니다. 필자는 이런 마당이 잘 조성되면 재래시장의 활성화에 도움이 되었으리라 생각하였습니다. 상인분에게 인터뷰를 시도합니다.

Qus: 이 마당이 언제 조성되었습니까?
Ans: 한 2년 되었나?

Qus: 그래 조성된 이후 좋아졌나요?
Ans: 좋긴 뭘 좋아. 처음엔 좀 반짝했어. 전국노래자랑도 하고 그랬지. 그런데 이런 거 해가지고 여기 활성화에 별 도움 안 돼. 문제는 인구야 인구. 인구가 있어야 먹고 사는데.

Qus: 네 그렇군요.
Ans: 옛날에는 이곳 1층이 상가잖아, 2층엔 사람도 살고 그랬어, 여관도 많았고, 그런데 신관동(공주의 강북)이 생기고 나서 죄다 그쪽으로 가버렸어. 옛날 본정통이라던 반죽동도 이젠 동 이름도 없어졌잖아. 큰일이야.

역시 인구가 문제입니다. 그래도 필자가 보기엔 이런 노력은 건축-도시계획 종사자로서 앞으로도 계속 되어야 한다고 생각합니다. 그런데 광장의 디자인은 좀 문제가 있어 보입니다. 너무 그늘이 없이 이벤트만 생각했군요.

둑방시장

옆의 둑방시장으로 향합니다. 둑방시장은 옛 국회의원 한 명이 영세민들을 위하여 이곳에 장사를 할 수 있도록 좌판을 깔아주었다고 합니다. 그분도 우울한 어린 시절을 보냈던 모양이지요. 그렇기에 이곳 상인들은 토지 소유권이 아닌 지상권만 있는 것이지요. 시가 공주천 환경정화를 위해 이곳을 철거한다고 하니, 한 가게의 권리금이 3천만원까지 올라가더랍니다. 아무튼 천변에서 보았을 땐 정비가 필요해 보이는 것은 사실입니다. 여지없이 '생존권 보장'의 플래카드가 보입니다. 모쪼록 원만한 해결을 기원해야지요.

둑방시장 Dyke market, 공주

공주천

공주천은 구도심을 중심에서 관통하고 있는 매우 훌륭한 생태자원입니다. 산책길 등과 같은 공적 공간이 기본적으로 조성되어 있고, 양 옆으로 도로가 나 있어 접근성도 좋아 보입니다. 또한, 이런 하천과 함께 약간의 오픈 스페이스들이 마련된다면 더 좋을 것입니다. 나주천의 모습이 떠오릅니다.

04 도시조직 Urban fabric, 사회성 Sociality : 신관동

●

공주의 강북도시, 신관동은 현대도시입니다. 그렇지만, 이곳이 하나의 시간만 가진 곳은 절대 아닙니다. 시계의 바깥은 아파트 단지지만, 신관동의 안쪽, 즉 금강변쪽으로는 구획정리조직입니다. 이 둘 모두 흥미로운 혼합의 양상이 발견됩니다.

다음 페이지의 사진을 보면 아파트와 함께 물길의 도시조직, 주거와 경작지가 아직도 남아 있습니다. 아주 전형적인 한국 도시들의 교외풍경입니다.

조금 더 신관동의 중심가로로 내려옵니다.

신관동 혼합지역 Mixed Function area in new city

우수관거를 공사하고 있습니다. 거리를 따라 흐를 수 있는 이러한 우수들은 지표에 머무르지 못하고, 땅 속의 튜브 속으로 그냥 방류됩니다. 만일 이들이 지표로 나온다면, 그것이 가능하기만 하다면, 지금보다는 훨씬 도시가 생태적으로 풍요로워지지 않을까 생각해 봅니다.

신관동 중심가로 Underground water channel in New city

혼합성Mixity, Mixed function area

공주천

큰 필지조직들이 나타나는 터미널 근처로 옵니다. 도저히 고도의 공주라고는 믿기 힘든 경관들 혼합되어 나타납니다.

좌측 사진을 보면 정비공장 바로 옆 모텔들이 들어서 있고, 우측 사진은 또 공장식 간이건물을 삼등분으로 쪼개어 터미널의 배후위락기능을 담당하고 있습니다. 큰 대지면적을 필요로 하는 이러한 도시서비스 공장들을 구도심에서는 수용이 불가하였을 것입니다. 이에 이러한 기능들이 강 건너 신관동 부지에서 하나 둘씩 생겨났고, 이후 터미널이 오면서 배후위락기능들과 결합하였습니다. 더 나아가 트인 조망권을 기획한 천변 부지들이 모텔과 아파트를 지으면서 이러한 다양한 경관을 양산했다 추정해 봅니다. 아무튼 매우 흥미로운 사회적, 공간적 혼합이 나타나는 신관동의 풍경입니다.

05 취약공간Urban fracture

●

본래 이곳에 있던 터미널 부지는 매각된 모양입니다. 하지만 아직 본격적인 개발이 이루어지진 않은 모양입니다. 1991년 신축 이후 정기적 보수가 이루어지지

Like abandoned, but still lived building

않아 방치되어 현재 이르고 있다 합니다.(향토문화대전, 공주시) 그런데 이곳의 간판을 보면 아직도 많은 개별 업종들이 들어가 사용하고 있는 것으로 보입니다. 아직 에어컨 실외기도 철거하지 않았습니다. 의원부터, 호텔, 카바레에서 영어 학원까지 정말 다양합니다. 건물주가 누구인지는 모르나 본격적인 개발이 이루어지기 전까지 임시로 건물공간을 나누어 임대사업을 하고 있습니다. 구조보강과 외관 등을 보강하여 그대로 흥미로운 혼성건물로 살렸으면 좋겠다 생각해 봅니다.

구 터미널 건물 주위엔 이렇게 버려진 공간이 방치되어 있습니다. 방치된 공

'버려진' 공간Unused land, 공주

간 대부분은 유동자본의 흐름이 문제가 생겨 나타나는 일시적 현상이겠습니다만, 도시공간에 있어 정리되지 못한 이러한 취약공간은 그야말로 도시의 "깨진 유리창" 공간이 되어 버릴 수 있습니다. 이렇게 계속 방치된다면, 공주시민에게도 득 될 것이 없겠지요. 아마도 추후 이곳엔 교통결절성을 활용한 업무, 상업시설 등이 들어설 것으로 보입니다.

06 도시전략, 도시연합Urban strategy : 행복도시와 공주

행복도시Site for new central government city, 세종시 공사 현장

●

공주에서 청주로 향하는 길, 엄청난 토목공사의 현장을 지나칩니다. 그것은 말로만 듣던 행정중심 복합도시였습니다. 실로 그 규모가 엄청나더군요. 현재 '첫마을' 은 건축물의 건축이 끝나 분양 중에 있고, 나머지 부지들은 도로 및 정지작업공사가 한창 진행 중에 있습니다. 답사 도중 만난 많은 공주시내의 행복도시의 분양광고가 이 도시의 영향권에 들어가 있음을 확인시켜 주었습니다. 최근의 항공사진에서도 자연의 땅에 새겨지는 인공의 개발이 들어가고 있음을 보여주고 있습니다.

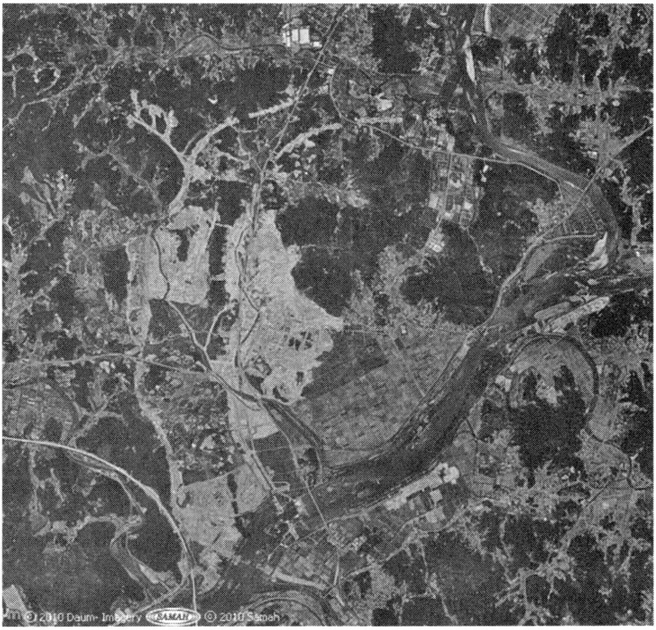

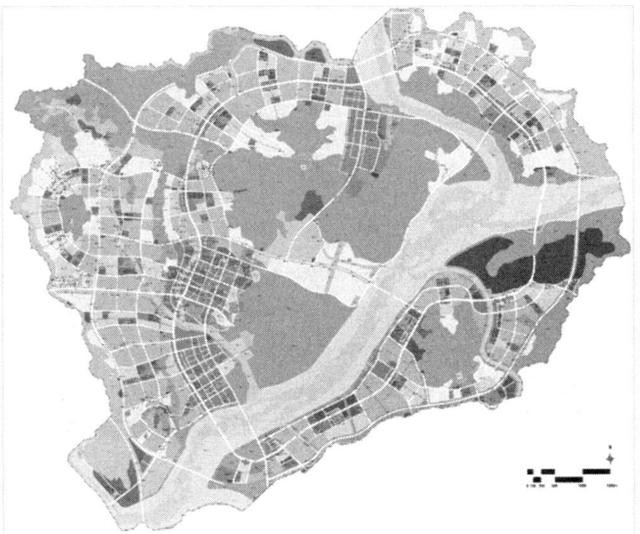

느껴지십니까? 이 반원형의 도로의 모습이?

필자보고 행복도시의 도시개념을 다시 잡으라 한다면, 저는 이렇게 하고 싶진 않습니다. 이곳의 원 지형인 산세와 물길과 길의 구조를 뒤엎는 것이 아닌, 그 기본구조를 따르면서 마치 포도송이의 포도가 열린 형상으로 길의 구조에 매달려 있는 정주단위를 꿈꿔 봅니다. 동탄에서 그 대략의 그림을 그려보았으니 여기에선 생략하지요.

07 제언 : 다공성의 도시, 공주

●

공산성에서 공주의 구 시가지를 보면 산세에 폭 파인 아름다운 분지의 형상을 느낍니다. 그 분지사이로 공주천이 흐르고 있지요. 공주천은 그래서 구 시가지의 생태적 핵심공간이며, 끊겨 있는 녹지 네트워크의 골격입니다. 도시에서 물의 중요성은 아무리 강조해도 지나치지 않습니다.

공산성에서 본 구 시가지 Old city view from ancient castle

제안

- 터미널 부지의 역세권조성
- 가능한 물길 복원/강화 : 상태축의 조성

Porous city, Gong-Ju

The city lacates in middle part of Korean peninsula, and surrounded by Mountains. Due to the big river, from the ancient times, the city was former capital of old nation, Baek-Je. So there is powerful ancient castle, but inner buildings don't exist unfortunately. Population is 131,140 (2011)

The city is divided very clearly between North & South in terms of history, urban fabric, culture, and building type. South is old city, there are still many place with a lot of old spatial structure. Main urban fabric is water-oriented, or old plot readjustment in Japan's colonization period. North is new city. there are very mixed conditions of urban fabric, and function as well.

Waterway revival could be the main key for making porous this city, due to it's spatial structure relatively remained many places. It could bring new naturality embedded urbanity to deep, corner area. Around the terminal building, now abandoned, office zone with commercials could be developed as small terminal impact zone.

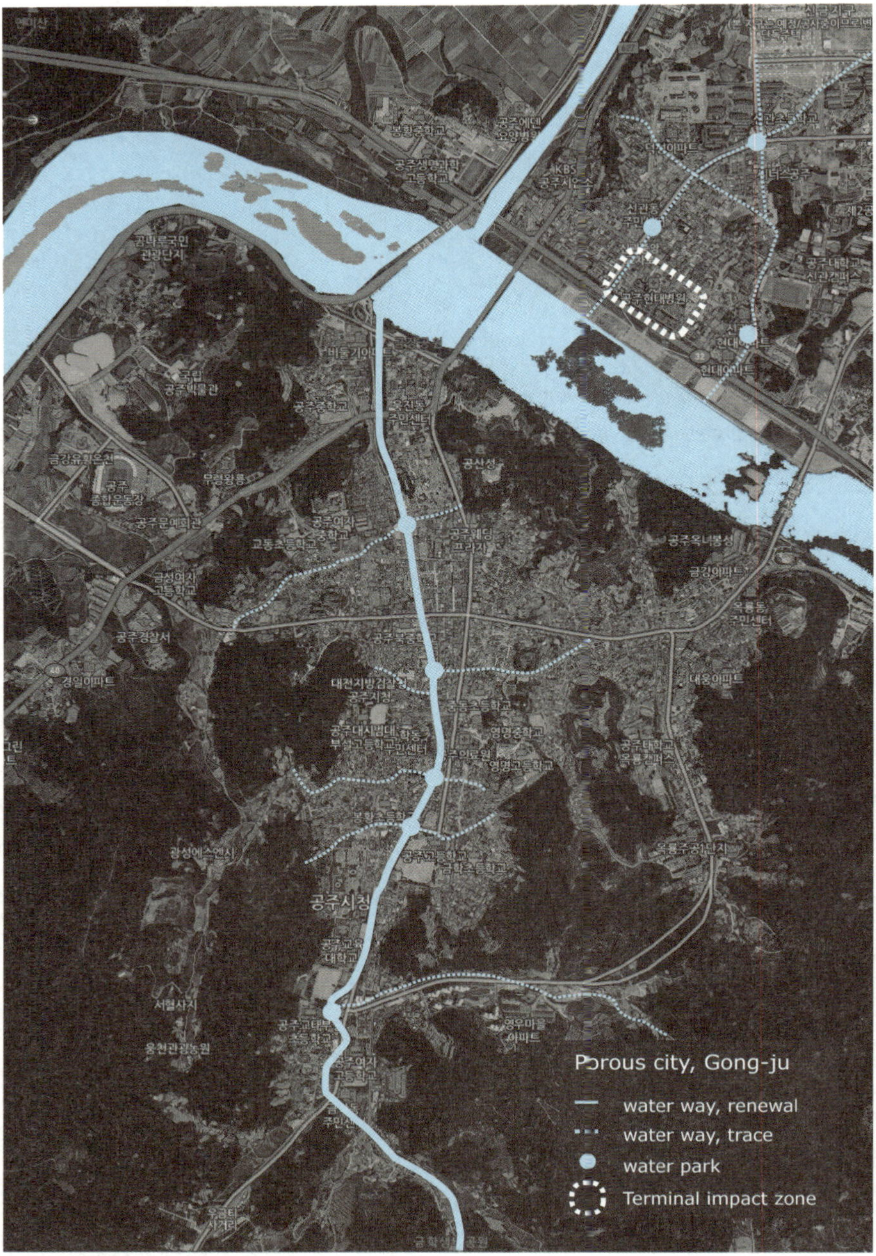
Porous city, Gong-ju
water way, renewal
water way, trace
water park
Terminal impact zone

참고자료

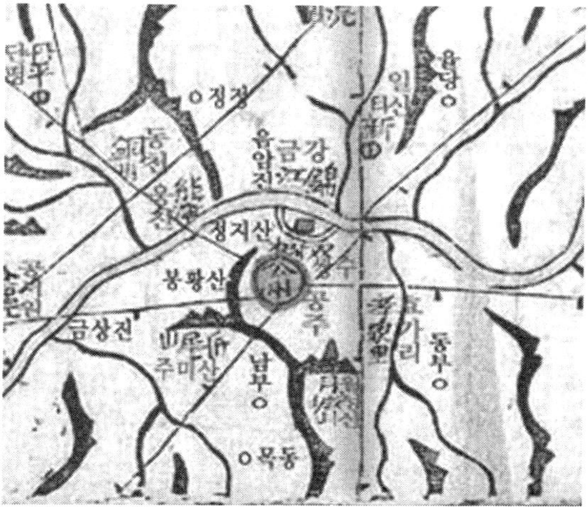

공주 – 대동여지도

해동지도 - 공주목

공주목은 지금의 공주시, 유구읍, 계룡면, 이인면, 우성면, 탄천면, 반포면, 장기면, 의당면, 정안면, 사곡면, 대전직할시 유성 부근을 포함하는 큰 고을이었다. 읍치는 조선시대의 관아가 자리했던 금강 변의 公山城 부근의 중동지역 일대였다. 공주목은 18세기 중엽 26개 면을 거느리는 大郡이었고, 牧使가 주재하는 충청도의 4목(충주목, 청주목, 홍주목, 공주목) 중의 하나이었다. 공주는 천안에서 차령을 넘어 호남지방으로 가는 도로와 금강이 만나는 수륙 교통의 요지로서 선조 31년(1598)에는 충주에서 충청감영이 옮겨 와 더욱 발달하였다. 新增東國與地勝覽의 形勝條에 "웅천(공주)은 바다에 연하였고, 계룡산은 하늘을 들어 바쳤다"고 기록되어 있다. 또는 "계룡산이 진산이 되고, 웅진이 襟帶를 이루었다"고 기록되어 있다. 즉, 공주는 산과 강이 어우러진 고을임을 알 수 있다. 지도에 보이는 雙樹山城은 일명 公山城이라고 하는데, 북쪽 2리에 있고, 523년(백제 성왕 1년)에 웅진성으로 수리하였던 것이다. 1603년(선조 36년)에 수축하였다. 공주지방의 사찰로는 마곡사가 또한 유명하다. 마곡사는 계룡산의 갑사 · 동학사 등 충남의 70여 개 말사를 거느린 큰 사찰이다. 유구는 차령산맥 산간지역의 중심지로서 鄭鑑錄의 十勝之地 중 한 곳이다.(金在完)

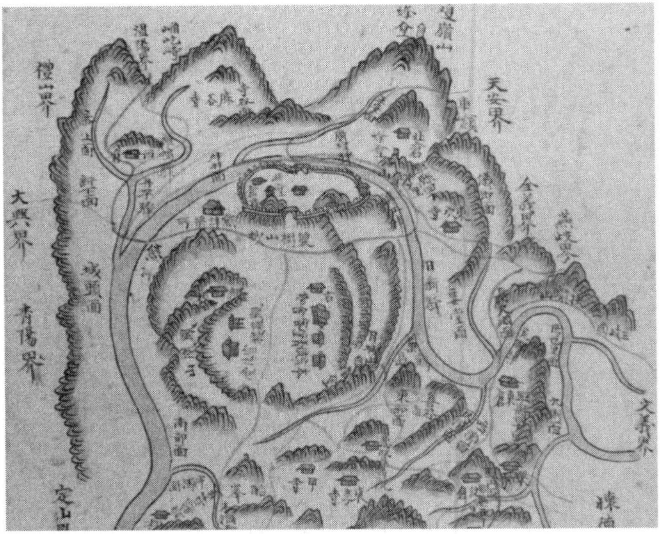

공주목 – 해동지도(이상, 규장각 한국학연구원)

공산성

백제시대 축성된 산성으로 백제 때에는 웅진성으로 불렸다가 고려시대 이후 공산성으로 불리게 되었다. 475년(문주왕 1년) 한산성漢山城에서 웅진熊津으로 천도하였다가, 538년(성왕 16년)에 부여로 천도할 때까지 5대 64년간의 도읍지인 공주를 수호하기 위하여 축조한 것으로, 당시의 중심 산성이었다. 해발 110m인 공산公山의 정상에서 서쪽의 봉우리까지 에워싼 포곡식包谷式 산성이며 성의 둘레는 2450m이다. 평면으로는 동서 약 800m, 남북이 약 400m이며 사방에 석벽이 남아 있다. 원래 토성이었는데 조선 중기에 석성으로 개축된 것이다.

동쪽과 남쪽 성벽은 돌로 쌓아 높이 약 2.5m인데, 전면만을 석축하였으며 내면은 토사 · 잡석으로 다져 붙였고, 너비는 3m이다. 동쪽 성벽 밖에 토성이 있는데, 높이는 무너져서 알 수 없으나 너비는 약 3m이다. 서쪽 성벽은 본래 토축土築된 위에 돌로 쌓아 외면만을 축조하여 높이는 4m 정도이다. 지금은 원형을 알 수 없는 서문터(현재는 통로) 남쪽은 석재로 쌓았는데, 너비 4.5m, 높이 3m이다.

성벽 안에는 7~8m의 호壕가 남아 있다. 북쪽에는 조잡한 석축성벽石築城壁이 높이 2m, 너비 1.5m 정도로 남아 있으며, 수구水口도 있다. 남쪽에 남문터(현재 鎭南樓)가 있고, 그 서쪽은 높이 3m, 너비 3.7m로 석축하였고, 성내에는 너비 11m의 호가 있다. 진남루鎭南樓 앞의 넓은 터는 백제의 궁터이고, 공북루拱北樓의 윗부분은 건물터로 추정된다. 또, 이 부근에는 우물터 3개가 있다. 성내에는 후대에 세워진 영은사, 광복루光復樓, 쌍수정雙樹亭, 연못터 등이 남아 있다.

[출처] 네이버 백과사전

Bonus Photo

금강과 유채꽃

New city

Old man, old market

Central street

COMMON CITY

SURVEY ON SMALL CITIES OF SOUTH KOREA

STORY

27

CHUNG-JU

인구 63만의 도시, 청주입니다.

청주 淸州

《면적》_153.45km^2

《세대》_249,342가구(2011.04)

《총인구》_626,614명(2011)

《등급》_경기도 용인, 안양과 동급

《행정동》_일반구 2개, 행정동 30개

충청북도의 중앙에 있는 시. 교육도시로 충북대학교를 비롯한 5개 대학이 있다. 과일, 채소 등의 재배와 한우 · 젖소의 사육이 활발하며, 섬유, 전자, 식품공업이 발달하였다. 명승지로 석교, 상당산성, 명암제, 용두사, 앵마장 등이 있다. 충청북도의 도청 소재지이며, 청원군의 군청 소재지이다.

도시의 原도시(옛 도시)의 풍경을 추적하는 것은 매우 흥미롭습니다. 도시의 과거는 바로 도시의 역사이자, 도시의 미래를 위한 시금석이기에 그렇습니다. 특히 개발의 힘, 자본의 힘이 어느 나라보다 요동치는 한국 땅에서 도시의 과거를 찾는 것은 조금 더 나은, 지금까지의 개발과는 다른 개발을 위한 모티브를 찾을 수 있다고 믿기 때문입니다.

01 도시형태 Shape of the city

청주는 무심천을 중심으로 구도심인 상당구와 개발지역인 흥덕구로 나뉘어 있

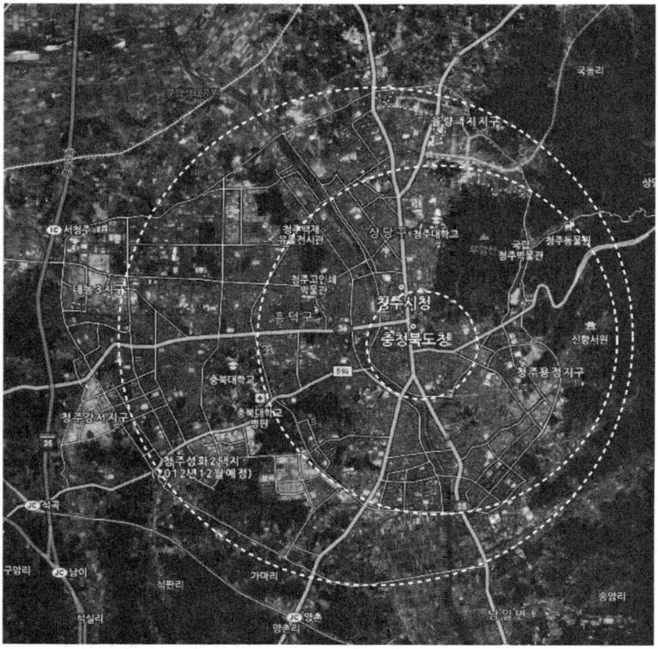

나이테의 도시 Growth ring of city, 청주

습니다. 전체적으로 보면 충북도청이 있는 도심부를 중심으로 대략적인 3개의 링을 그릴 수 있습니다. 물론 도심부에서 바깥으로 갈수록 젊은 도시들이 나올 것입니다. 청주는 이렇게 유럽의 도시 같은 도시의 나이테가 관찰되는 도시입니다.

60만급의 도시만 되더라도 전체적인 도시답사는 불가능합니다. 그렇기에 중심에서 바깥으로 혹은 그 반대로 우리가 마치 건축물의 단면을 자르듯이 도시를 파고들어 갑니다. 그러면 비록 전체 도시를 돌지 않더라도, 그 "섹션section"에는 그 도시가 가지는 대부분의 성질이, 요소가 들어가게 마련입니다. 나이테별로 도시섹션section을 담아, 기술합니다.

세 번째 링, 세 번째 영역

02 도시조직Urban fabric, 수공간Water

●

세 번째 영역은 터미널부근의 신도시조직과 후기구획정리 조직을 가지고 있습니다. 그렇기에 가경동을 중심으로 많은 아파트 단지들이 들어서 있고, 터미널을 중심으로는 상업지역들이 매우 압축적으로 나타나고 있습니다. 그것은 항공사진만 보더라도 확연히 드러납니다. 또한 논과 밭을 점유지로 사용한 구획정리 조직이 광활한 면으로 개발되어 있습니다. 이 면적이 큰 만큼 복수의 재래시장을 가지고 있습니다.

청주 고속버스터미널 근처의 상업지역 Commercial arae near bus terminal

가경터미널 시장 Old market near bus terminal

이 가경터미널 시장은 매우 흥미로운 공간을 보여줍니다. 인근의 사용밀도가 떨어진 건물의 2-3층을 임대하여 이곳 재래시장의 커뮤니티 공간으로 활용하고 있는 것입니다. 마치 백화점이나 할인마트가 주부들의 마음을 잡기 위한 이른바 '문화센터'를 활용하는 것과 같은 맥락이지요. 이렇게 재래시장도 힘겹게 이들과 경쟁하고 있습니다.

세 번째 링이 끝나는 지점에 금강의 지류가 흐르고 있습니다. 비교적 최근에 개발 된 아파트와 함께 정비된 모습입니다. 생태적 측면에 치중된 모습이 보기에 아주 편합니다.

가경동을 흐르는 금강의 지류

두 번째 링, 두 번째 지역

03 도시조직Urban fabric

●

도시기본판은 이 지역 또한 구획정리가 대부분입니다. 그러나 이미 곳곳에 산비탈 쪽으로 아파트 단지들이 새로이 들어서고 있습니다. 또한 도심부로 들어가면서 선형으로 조성된 기존의 상가들이 매우 밀도 있게 나타납니다. 그런데 구획

대로변 상가Commercials in wide road

소로변 상가Commercials in middle road

재래시장(복대가경시장) Old market in inner road

정리조직도 대로를 만날 때와 소로를 만날 때 도시기본판의 양상, 상업공간의 양상이 많이 다르게 나타납니다. 물론 조닝의 개념으로 보면 대로변은 상업지역, 소로변은 주거지역입니다.

대로에 면한 상가들이 주로 7-10층 정도의 접근성 좋은 중층 규모의 건물에서 주로 수용되는 고지가 프로그램들로 구성된다면, 소로에 면한 상가들은 2-3

구획정리지역의 도로별 상업필지의 현황 Hierarchy of commercials by road width

층 규모의 저층건물에서 수용되는 근린생활시설들로 구성됩니다. 유흥, 위락업 또한 대형점포는 대로에서, 소형점포는 소로에서 나타납니다. 이곳, 매우 혼합된 프로그램이 전시된 선형도로변 상가들을 보면서 문득 서울의 장안동의 이미지가 떠오릅니다. 서울의 장안동이나 마찬가지로 이곳은 혼합성의 활력은 매우 강하나 구획정리 특유의 공공성 부족이 느껴지는 지역입니다. 물론 한 켜 더 들어오면 주거지역 특유의 재래시장이 나옵니다. 구획정리시대가 만들어 놓은 도시상업 기본판이 가진 공간의 양상. 매우 흥미롭습니다.

04 도시교통 Transportation : 고속버스터미널의 이전부지 Relocation of transportational hub

청주는 도시의 팽창과 함께 교통결절점의 이전의 양상이 매우 극명하게 나타납니다. 무심천과 가까워지면서 청주종합운동장(1965년 건립, 향토문화대전)이 나타납니다. 운동장의 위치를 보면 또 흥미로운 현상을 발견할 수 있습니다. 대부분의 지방도시의 공설운동장은 조성 당시의 그 도시의 끝부분에 설치했다는

청주 종합운동장 Public stadium signals the location as the end of the city when it was built

곳이지요. 1965년 당시 지어졌다고 하니 청주인들의 기억에 도시의 끝은 바로 이 운동장이 있는 곳이었던 모양입니다.

또한 구도심의 외곽부였던 두 번째 링 지역에 이 지역과는 전혀 어울리지 않은 아주 큰 주상복합이 있습니다. 인터뷰 결과 매우 놀라웠던 것이 이곳이 바로 예전의 시외버스터미널 부지였다고 하는 군요. 지금의 가경동의 버스터미널이 세 번째 링의 도시외곽지라면, 약 40년 전의 도시외곽은 바로 이 지역이었다는 이야기가 됩니다.

구 터미널 부지위의 초고층 건물 High-rise on ex-terminal site

아쉽게도 이 건물은 글로벌 위기 때 분양을 추진한 이유로 아직까지 미분양인 곳이 남아 있다고 합니다. 좌우간 그때 당시 왜 이런 건물이 들어올 수 있었는지는 정말 도시계획-건축적인 어떤 논리를 가져다 보아도 필자의 눈으론 자그마한 구획정리조직의 건물들과는 전혀 어울리지 않는 부조화스러운 건물입니다.

05 수공간[Water] : 무심천

●

드디어 청주의 무심천에 들어옵니다. 이제 첫 번째 링으로 들어오는 것이지요. 아까 지류에서 보았듯이 무심천 또한 자연의 영역을 최대한 배려해 주고 있습니다. 최근의 판교 등지에서 보이는 탄천의 인위적 디자인보다 훨씬 여유롭고 풍요롭습니다. 여기에 단지 그늘 막을 제공할 수 있는 약간의 식재가 더 들어갔으면 좋았겠다 싶습니다.

무심천

첫 번째 링, 첫 번째 지역

06 도시조직[Urban fabric], 도시교통[Transportation]

●

첫 번째 링 안의 지역이 가진 가로명, 지역명을 살펴보면 이곳이 어떤 지역이었

복합상업건물의 내부와 외부 Feel the difference between in& out of the commercials in the city center

는가를 확인할 수 있습니다. "성내길", "서문시장", "성안동"은 이곳에 읍성이 있었다는 것입니다. 지역명과 향교의 위치 등을 따져 보았을 때, 현재의 청원군청 인근 지역이 관아자리였을 것 같고, 상부 중앙동이 옛 일제 강점기의 본정통 자리였을 것으로 여겨집니다. 과거야 그렇다 하더라도 이곳은 명색이 청주의 도심, 현재도 청주의 명동입니다.

청주 홈플러스 바로 앞 건물이 근사한 소규모 몰로 개발되었습니다. 그런데 이 현대식 몰이 만나는 지역은 이렇게 옛 도시입니다. 정말 흥미로운 아시아적 풍경이지요. 그 홈플러스는 또한 이곳의 본래 고속버스 터미널 부지였다고 합니

청주 본정통, 차 없는 거리 Pedestrian street from Japan's colonization periods

다. 그것이 도심교통 혼잡 등을 이유로 가경동으로 종합버스터미널체계로 이전한 것이지요. 그런데 위치상 도심에 이러한 홈플러스가 허가가 났다는 것은 매우 이해되지 않는 군요.

홈플러스 이야기를 들은 필자는 철도역이 궁금해졌습니다. 청주역은 현재 시경계의 서쪽 아주 멀리 떨어져 있습니다. 그런데 또 놀라웠던 것은 현재의 청주시청 자리에 청주역이 있었다는 것이었습니다. 그리고 현재의 상당로가 옛 철길이었고, 그것으로 인해 옛 읍치의 공간구조가 완전히 바뀌었다 기록하고 있습니다.(향토문화대전) 참으로 흥미로운 도시의 변천입니다. 철도 또한 시 중심부에서 서서히 도시외곽으로 떠나고, 그 떠난 자리에 새로운 도시기능으로 채워진 것입니다.

이렇게 철도역과 터미널 역은 도시에 있어 "뜨거운 감자"입니다. 너무 가까이 해서 도심에 두면, 그 도심은 매우 혼잡스러울 것입니다. 그래서 가급적 이 두 교통의 결절점은 계속 시의 변두리를 찾아가게 마련입니다. 그런데 여기서 생각해보아야 할 대목이 있습니다. 바로 필자가 있었던 네덜란드의 수도 암스테르담의 경우입니다.

19세기말 철도가 암스테르담의 북부 IJ 강변으로 자리 잡았습니다. 그런데 이는 현재까지 네덜란드의 수도인 암스테르담에 있어 철도로 인한 도시-수변의 단절과 북부로의 도시팽창에 대한 저해요인으로 작용하고 있습니다. 그로 인해 현재까지 수많은 논의와 무수한 대안이 그려졌음에도 불구하고, 아직까지 그 위치는 변하지 않습니다. 한국 같았다면, 청주역이 두 번이나 시의 팽창으로 옮겨졌듯이, 이것도 한 두 번 북쪽으로 옮겨졌을 것입니다. 그 옮기지 않은 주 이유는 바로 그동안 쌓여 있던 암스테르담의 도시이미지, 도시에 대한 기억입니

암스테르담역, 네덜란드 Amsterdam station, Netherlands

다.(최근에 들어서야 이 역사는 그대로 두면서 강 하부에 터널을 굴착, 북쪽으로 연결시킨다는 안을 통과시켰습니다.) 참 시사하는 바가 큽니다. 한국과 네덜란드의 역사에 대한, 교통결절점에 대한 의식의 차이입니다.

07 도시전략 Urban strategy : 도시연합 – 충청권 다이아몬드

●

좀 거시적인 이야기를 하지요. 도시연합의 네트워크적인 형태를 유럽에서 꼽는다면, 네덜란드의 란스타드 Randstad[23], 벨기에의 플래미쉬 다이아몬드 Flemishi Diamond[24], 독일의 루르 Ruhr[25]가 대표적입니다. 이 도시연합체들은 각각의 소도시들의 장점을 살려 다양성을 유지하면서도, 연합체의 개념을 내세워 메트로폴리

23) 암스테르담, 헤이그, 로테르담, 유트렉의 연합
24) 브뤼셀, 브뤼헤, 겐트, 루뱅과의 연합
25) 뒤스부르크, 에센, 보쿰, 도르트문트 등

스적 장점 또한 추구하고 있습니다. 또한 풍부한 자연요소로서의 미개발지들이 중간에 있어 단일거대도시에선 느낄 수 없는 쾌적함을 가지고 있지요.

이런 시각으로 공주지역을 인근과 연계해서 생각해보면 대전-공주-천안-청주로 이어지는 비스듬하게 기운 다이아몬드형 도시연합가능구조가 나타납니다. 지금까지 이렇게 기능하고 있던 구조가 행복도시가 들어오면 그 중간의 미개발지로서의 생태공간이 사라지고 맙니다. 그럴 바에야 아예 행복도시를 기획하지 말고, 그 프로그램들을 잘게 쪼개어 기존 소도시들에 나누어 주었다면 어땠을까 생각해 봅니다.

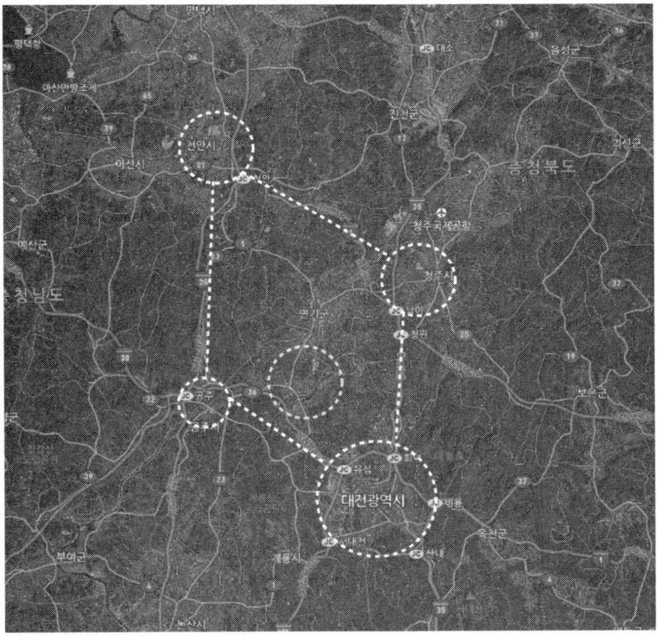

"충청 다이아몬드City alliance - Chungchung Diamond" – 천안+청주+공주+대전(가운데 원은 세종시)

08 제언 : 다공성의 도시, 청주

- 청주읍성의 복원
- 자전기길/공원 설치를 통한 공공성 함양
- 생태거점의 연결을 통한 생태네트워크 조성

porous city, Chung-Ju

Chung-Ju is the city locates in the middle of Korean peninsula. So, from ancient times, the city has been taken very import one in terms of military and economical strategies. So, it had ancient city wall around 1,000 years before, but unfortunately passing through the modernization periods, it totally destroyed. But recently the excavation has continued.

The city shape looks like 'tree-ring' shape, which means each ring has it's different time, surely getting closer to the center, the city has long history.

Making porous this city also has similar matters to deal with. Water ways restoring in some areas, and making bike park in the area which has very few considering publicity in a isotropic manner. Recent excavation area should be designated as historic area.

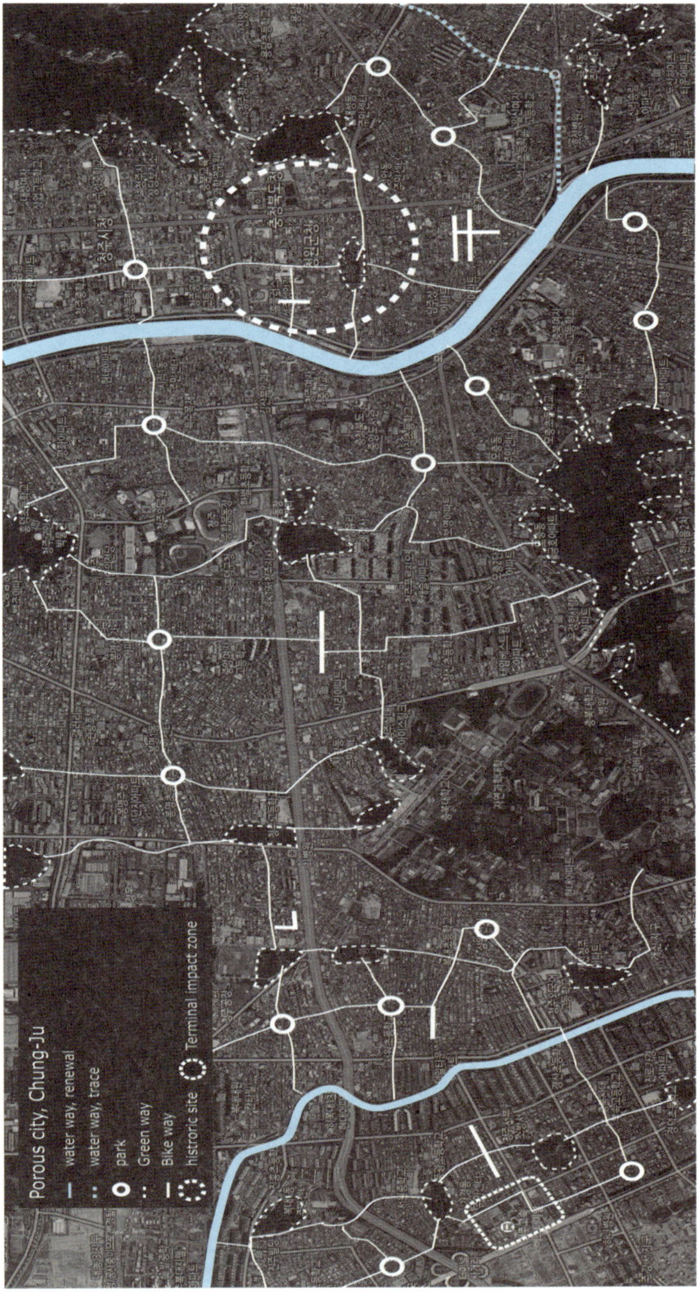
Porous city, Chung-Ju
water way, renewal
water way, trace
park
Green way
Bike way
histroric site
Terminal impact zone

참고자료

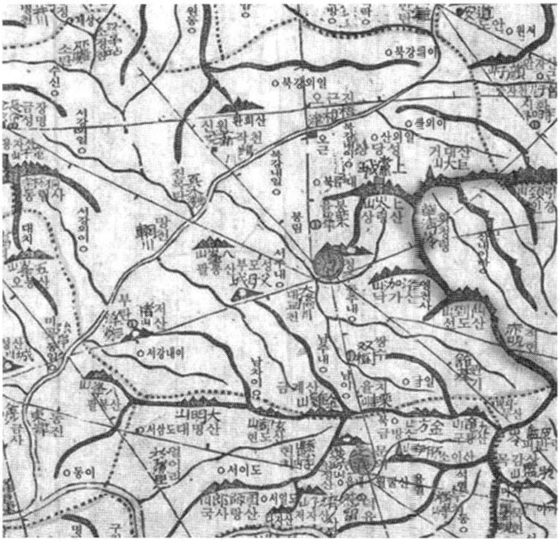

청주 – 대동여지도

해동지도 - 청주목

청주목은 여러 차례 일시 강등되기도 했으나 충주 · 공주와 함께 목사가 주재했고, 1402년(태종 2년)에 설치되었던 忠淸兵營은 1416년(태종 16년)에 충남 해미로 옮겨갔다가 1651년(효종 2년)에 다시 돌아 왔다. 또한 鎭管으로서 2군(천안, 옥천), 10현(직산, 목천, 문의, 회인, 청안, 진천, 보은, 영동, 황간, 청산)을 거느리고 있었다. 청주목은 현재 청주시, 내수읍, 오창면, 옥산면, 강외면, 강내면, 북이면, 북일면, 낭성면, 미원면, 남이면, 천안시 수신면 그리고 괴산군 청천면을 포함하는 지역이었다. 읍치는 청주시 상당구 우암동, 대성동, 수동 부근이었다. 청주목의 진산은 읍치 동 1리에 위치한 당이산(唐羡山, 壯岩山, 臥牛山의 별칭이 있음)이다. 청주 읍성은 우암산(지도에는 臥牛山,338m) 아래, 無心川 동쪽 연안의 저지대에 남북방향으로 긴 장방형의 성곽으로 축성되었다. 지도에서 보이는 바와 같이 4개의 성문을 갖고 있고, 성안에는 兵營, 本官, 客舍 건물이 있으며 성 밖에는 鄕校와 中營이 위치하고 있다. 충청도 군현에서 장방형의 성곽을 가진 군현은 淸州牧과 忠淸水營 뿐이다. 지도에서 읍치 서북쪽에 鳳林藪가 보인다. 청주의 지형이 북쪽이 허하므로 이곳에 숲을 조성한 곳으로 수백 년 된 나무가 5리에 뻗어 있다. 일종의 裨補風水의 예로 볼 수 있다.(金在完)

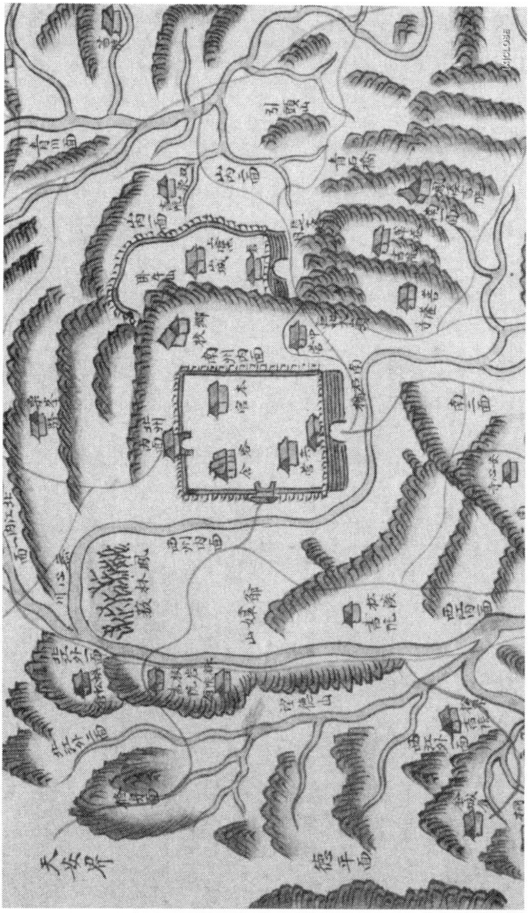

청주목 – 해동지도(이상, 규장각 한국학연구원)

청주읍성

청주읍성의 전신은 아마도 통일신라가 구주오경제九州五京制를 갖추던 신문왕대 특히 685년부터 689년까지에 걸쳐 축조되었다고 여겨진다. 우리나라 읍성으로서 축조연대를 문헌으로 알 수 있는 가장 오래된 성에 속한다.

조선시대의 청주읍성은 현재의 청주 시가지에서 무심천無心川[옛 대교천]의 동쪽에 있으며 고려시대부터 있어온 성터가 기본이 되어 조선시대에 이어진 것으로 전해진다. 『세종실록

世宗實錄』 지리지地理志에서는 읍성은 석축이고 둘레가 1,084보인데, 성 안에 우물 13개가 있어 사철 마르지 않는다고 하였다.

한편, 1910년 한일합방이 되면서 관찰부 대신 도청이 청주에 설치되었고, 1911년 4월 착공하여 1915년에 마친 시구 개정사업을 명분으로 하여 먼저 사방의 성벽을 헐어 그 돌을 이용하여 하수구를 만들고 남석교에서 일직선으로 남문을 경유하여 북문으로 통하는 간선도로 즉 성안길(중앙로)을 개수하였다. 따라서 그 성벽 자리는 지금까지 도로의 구실을 하였으므로 성벽을 찾아볼 수가 없다. 이처럼 일제에 의해 헐려서 지금은 존재하지 않으나 읍성이 존재했던 터전을 알 수 있고, 과거 읍성의 존재에 대하여는 문헌기록이 남아 있다. 현재의 청주시는 읍성이 없기 때문에 역사도시로서의 면모를 확연하게 알 수 없을 뿐만 아니라, 읍성이 아닌 다른 유적들을 통하여 역사도시로서의 면모를 짐작할 수 밖에 없다.

[출처] 디지털 향토문화대전, 청주편

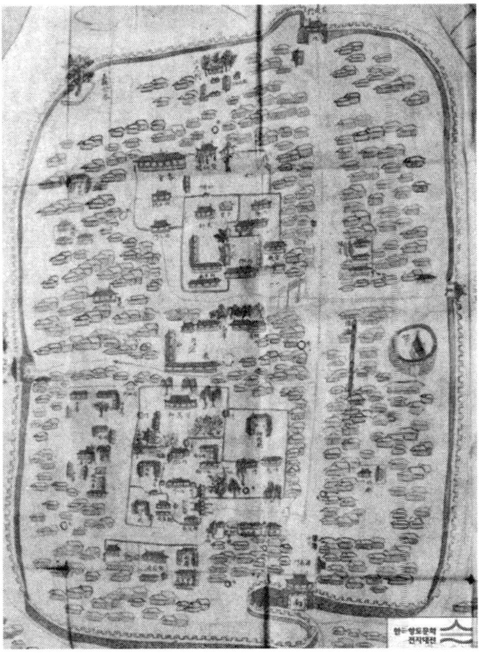

청주읍성도

Bonus Photo

도심

청주 델리카트슨

COMMON CITY

SURVEY ON SMALL CITIES
OF SOUTH KOREA

STORY

28

SOK-CHO

인구 9만의 해안도시, 속초입니다.

속초 東草

면적_105.25km^2

세대_35,615가구(2008)

총인구_88,386명(2011)

등급_전북 남원, 제주도 서귀포시와 동급, 78위

행정동_행정동 8개

법정동_13개

속초 가는 길 Way to Sok-Cho

동해로 가는 엑서더스 Exodus for East sea

본래 서울에서 강원도 동해까지 가는 길은 강원도로 향하고 싶은 서울 시민의 "엑서더스 Exodus" 욕망이 만들어낸 산물이라 말해도 좋을 것 같습니다. 무더위가 기승을 부리는 여름이면 누구나 할 것 없이 최고의 휴양지로 동해바다를 꼽지요. 이러한 인구 1/2이 몰려 있는 경기권, 서울권의 지리적 위상이, 개발이 상대적으로 늦어 연결성이 부족했던 강원도에 많은 새로운 연결선들을 꽂아 넣고 있습니다.

얼마 전 서울–춘천이 전철로 연결되었지요. 버스 또한 서울–춘천고속도로가 완공되어 있었습니다. 부족한 재원으로 인한 민자의 형식으로 지어진 도로입니다. 물론 필자가 구입한 승차권에도 이 도로의 이용금액이 포함되어 있겠지만, 서울–속초를 2시간대 초반으로 달릴 수 있다는 것은 경이로운 일임에 분명합니다.

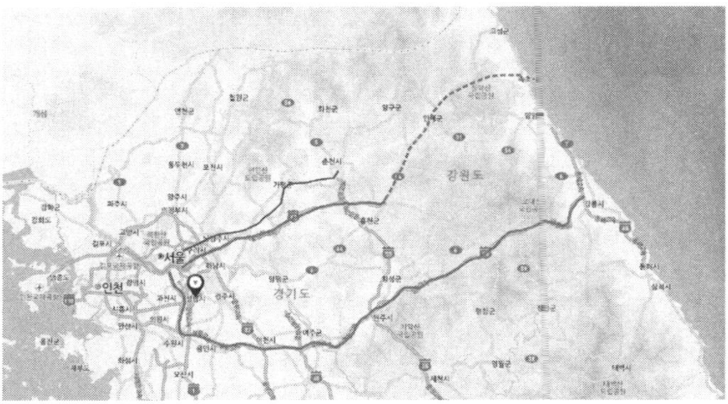

서울 – 강원 엑서더스의 두 갈래길(가느다란 실선은 경춘선 전철구간) 2 Ways of east sea Exodus

기존의 영동고속도로는 고속도로를 축으로 한 소도시들이 연결되어 있어 아무래도 진출입구가 많고, 그래서 병목현상도 많습니다. 반면에 이 서울-춘천코스는 기존의 시가지를 우회, 빠른 연결성을 보장하고 있습니다. 앞으로 홍천에서 속도까지의 국도부분만 고속으로 바뀌면, 더 빨라지겠네요. 속도의 경쟁력만으로만 보면, 기존 서울-강릉축이 아닌 빠른 엑서더스를 보장하는 서울-속초축, 강원 북부로의 이동이 앞으로는 더욱 많아질 것 같습니다.

또한 이 고속도로는 신설된 경춘선 전철화 구간과 함께 서울-춘천간의 기존 도시들에 어떤 파급효과를 주는지 살펴볼 연구대상일 것 같습니다. 사실, 이 구간은 강촌 부근을 빼면 시가지 발달이 잘 안된 지역이지요. 앞으로 새로운 교통축에 의해 어떤 도시들이 부흥하고, 어떤 도시들이 쇠락하는지 나타나겠지요.

화양강 휴게소에서 바라본 "마운틴 디퓨자 Mountain diffusa of Young-Dong Province"

가는 길은 역시 남한 최고의 산세를 자랑하는 강원권의 험준한 산세의 연속입니다. 이태리의 베네토가 "시타 디퓨자 Citta-diffusa"[26] 지역이라면, 이곳은 단연

26) *베네토의 시타디퓨자 : 광활한 베네토지방의 평원에 조성된 도시영역으로서 옛 로만그리드(Roman Grid)를 따라 농경지와 주택지가 결합되어 광활하게 분산된 지역을 일컫는 용어. - 필자주*

코 "마운틴 디퓨자Mountain diffusa" 지역입니다. 유럽에 있을 때 스위스 지방의 연합 도시에 대한 책을 본 적이 있습니다. 알프스 남부의 산악도시들은 산악지형에 적응한 소도시들이지만, 이곳, 강원도의 산악도시들은 말이 산악이지, 다 산세를 굽이 흐르는 천들을 배경으로 형성된 도시들입니다. 좀 차이가 있지요.

소양호

월요일 아침, 속초행 버스에 몸을 싣고 풍경 하나라도 놓칠새라 눈을 뜨고 창 밖을 보는데, 물의 흔적이 큰 하천이 나옵니다. 무얼까 곰곰이 바라보다가 깨달습니다. 그것은 소양호였습니다. 그런데 물이 많이 빠져 있습니다. 요근래 비가 안 왔지만, 상당히 넓은 면적의 하저면이 드러나 있었습니다. 이렇게 댐이 크면 그 환경에 미치는 여파도 큰 모양입니다. 그러려면, 애초에 초대형 댐을 기획할 것이 아니라, 작은 댐을 여러 개 만들었다면 어땠을까 생각해 봅니다. 참고로 소양호의 제원과 그림을 붙여 봅니다. 면적 1,608ha, 저수량 27억t, 수면직선거리 60km, 굴곡수면거리 120km

바닥이 드러난 소양호River bottom exposed

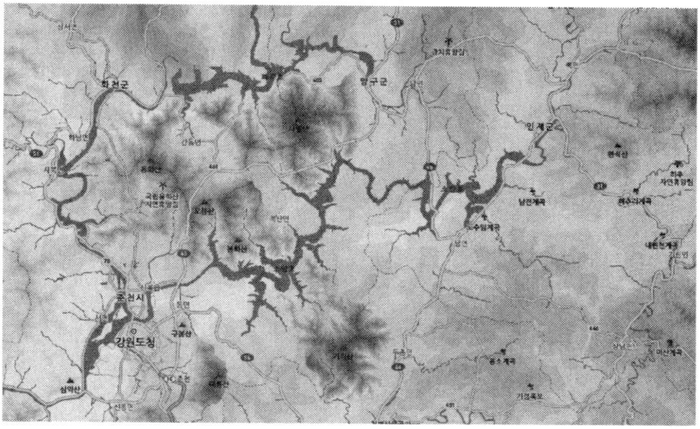

소양호 영역Territories of So-Yang reservoir

군대와 도시

버스는 원통터미널에 잠시 들립니다. 자주 말하는 경구에서 “인제 가면 언제 오나 원통해서 못살겠네”로 익숙한 군대가 주둔한 지역이지요. 구글에서 확인해보면 많은 군대들을 확인할 수 있습니다. 한국의 군대들은 대부분 비도시지역에 있습니다. 군대라는 단위가 어떤 생산을 하는 기반이 아니고, 보안상의 이유로 당연히 기존 도시에서는 감춰진 곳에 있는 것이지요. 그렇기에 평상시에는 군인들은 도시성이 빈약한 군대조직에 있다가도, 휴가나 외박이라도 나오면 기를 쓰

군인의 도시Military and city, 원통

고 도시를 느끼려 합니다. 이를 배경으로 한 것이 군사도시이지요.

이렇게 군사도시들은 군대에 있는 사람들에게 최소한의 도시성을 충족시켜 줍니다. 이것은 도시에의 공원이 최소한의 자연성을 충족시켜 주는 것과는 정확히 반대 상황입니다. 한국의 군대는 대부분 사단단위의 실전부대의 틀을 가지고 있습니다. 해군과 공군의 사정은 잘 모르나, 필자가 경험했던 육군의 사례를 보면, 사단 사령부가 있고, 그 밑에 몇 개의 연대와 대대가 있고, 사단의 직할대가 6-7개 정도가 있습니다. 물론 이 밑에는 중대도, 소대도 있지만, 어떤 파견대의 형식을 제외하면, 이 정도의 군대단위가 지역을 점유하는 기본적 단위가 됩니다. 이렇게 군대는 엄격한 위계에 대한 공간적 분할을 기본으로 하는 정주단위입니다.

위치적 측면으로 보면 사단 사령부는 인근 대도시와의 연계가 가장 좋은 교통의 길목에 위치하는 경우가 대부분이지요. 그리고 사단 사령부에서 멀지 않은 곳에 의무대, 헌병대 등의 직할대가 위치합니다. 연대 사령부는 사단사령부에서 떨어져 할당된 위수지역의 중심을 차지하며, 위하 대대들이 또 각각 할당된 작은 위수지역의 전방에 배치됩니다. 물론 전시와 같은 비상상황이 발생하면, 몇 차에 걸친 시나리오에 따라 위수지역이 바뀌게 될 것입니다.

이렇게 비도시지역을 점유하는 군대들은 각각의 소비도시, 군사도시들을 끼고 있습니다. 0사단은 철원, 0사단은 원통, 0사단은 포천. 그런데 재미있는 것은 이러한 군사도시들은 전통적인 농업도시 등의 생산기반이 있는 기존 도시라는 것과 또 하나는 이들이 가지는 군대의 숫자도 하나가 아니라는 것이지요.

필자가 있던 철원의 경우만 하더라도, 위수지역인 0사단 말고도 수 개의 사

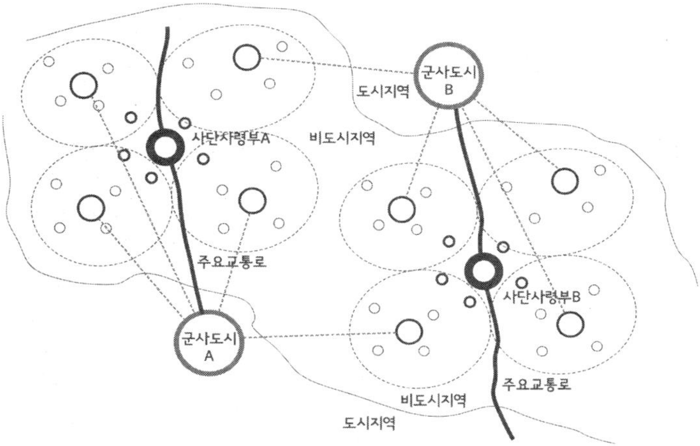

군대와 군사도시, 사회적 Mixte(혼합성)의 실험장

단 및 대대들의 병사들이 휴일이면 거리를 활보하던 장소였습니다. 바로 군인들의 문화충돌, 혼합성이 일어나는 곳이지요. 물론 잘못된 혼합성 mixite의 결과는 패싸움이 될 것입니다. 제가 유럽에서 경험했던 도시의 사회성에 대한 시나리오 중 "글래디에이터 시나리오 gladiator scenario"가 있습니다. 파리의 소수인종 밀집지역 ethnic community들에 대한 연구였는데요. 모로코인들과 남미인들의 밀집지역에 어느 종족이 그 지역을 장악했을 경우를 상정한 이야기였습니다. 아무튼 군사도시의 양상들은 사회-도시-지리학에 있어 어떤 사회적 혼합성 mixite을 실험할 수 있는 실험장이 되기도 할 것입니다.

01 도시형태 Shape of the city

●

속초의 모습은 청초호라는 호수를 중심으로 강한 환형을 가진 도시입니다. 청초호는 이른바 석호潟湖입니다. 석호에 대해서는 다음의 글을 참조하십시오.

군대와 군사도시. 사회적 MIXITE(혼합성)의 실험장Military and city, testing ground for social mixity

석호

해류, 조류, 하천 등의 작용으로 운반된 토사가 바다의 일부를 폐색함으로써 바다에서 호소가 떨어져 나오거나, 해안 가까이에서 바람이 모래를 운반하여 호소와 바다를 분리한다. 이들 호소는 수심이 얕고 바다와는 모래로 격리된 데 불과하므로, 지하를 통해서 해수가 섞여드는 일이 많아 염분농도가 높다. 바다와 수로로 연결된 것도 있으며, 기수호(汽水湖)가 많다. 생물환경은 수생식물이 적고, 기수성, 담수성의 부유성 플랑크톤이 존재하는데, 담수호에 비해서 플랑크톤이 풍부하여 부영양호(富營養湖)가 많다. – 네이버 백과사전

동해안에는 이렇게 석호가 많이 발달해 있습니다. 가장 유명한 경포를 비롯해 화진포, 송지호등이 대표적 동해의 석호들입니다. 석호는 그 자체로 훌륭한 경관을 제공하는 관광자원인 셈이지요. 석호가 서해안에 잘 없는 건 조수간만의 차가 심해 물이 안정적이지 못한 이유이지요.

02 도시조직(도시기본판) Urban fabric

도시조직을 살펴보면 대번 속초의 옛 도심은 청초호의 북쪽임을 알 수 있습니다. 도시기본판의 2기의 형태, 지형적 조직+도시계획도로가 나타납니다. 즉, 본래의 속초는 북쪽 도심을 가지고, 시의 영역이 확장되면서 청초호를 중심으로 환형으로 감싸 안은 형국이 된 것이지요. 아무튼 구도심의 지역에는 재래시장과 나뭇가지의 도시조직을 가진 영세민들이 사는 언덕이 그대로 남아 있습니다.

속초 관광수산시장 Old market on water-oriented fabric

자생적 도시조직이 그대로 남은 낙후 도심지역입니다.

재래시장의 위치가 길에서 비뚤어져 있지요. 이는 자생적 도시와 도시계획 도로가 서로 어긋나서 그렇습니다.

또한 울산바위쪽으로 향하는 시계의 경계 부위에는 이렇게 아파트단지들이 많이 들어서 있습니다.

시가지를 넘어 바다가 보이는 경관을 획득하기 위한 아파트들의 고층화가 경계부에서 일어나고 있습니다. 자칫 하다가는 설악산을 품은 도시 동쪽의 통경축을 해치지 않을까 걱정됩니다.

다음 사진은 속초시청이 있는 속초의 중심 "로데오 거리"입니다. 특별히 차

중앙거리 Central street

없는 거리를 특화시킨 것이 아니라, 도시의 중앙로를 상업특화거리로 운영하고 있습니다.

03 수공간 Water : 청초호와 다양한 수변공간들

●

도시 중앙에 있는 청초호는 속초의 상징입니다. 그러면서도 속초의 다양한 풍경을 선사하는 경관 공급원이기도 합니다. 청초호를 거닐면 조선소와 같은 공장지

조선소 Small shipyard

역, 너른 엑스포 공원과 휴식시설, 호변을 따라 늘어선 위락시설들, 또한 길게 늘어선 선원시설 등을 볼 수 있습니다. 이전 페이지의 아래 사진은 조그만 배를 수리하는 조선소의 모습입니다. 밑에 레일이 보이지요? 이는 조그만 배를 육지로 끌어들이는 가이드레일의 기능이었습니다. 아쉬운 것은 조선소가 위치하는 곳들 전부가 철조망으로 막혀 일반인들의 접근을 막는 모습입니다. 연출된 공원의 모습이 아닌, 일상의 모습이 더 훌륭한 경관자원이 됨을 아직 모르는 모양이지요.

청초호를 면해 몇 개의 큰 건물이 있습니다. 하나는 젓갈 공장이었는데 운영을 하지 않는 듯 보이고, 하나는 그것을 미술관으로 바꿔 사용하고 있는 것으로 보입니다. (주)이뿐이도 미술관으로 바뀔까요.

공장과 미술관, Abandoned factory buildings & gallery

엑스포 기념탑 Memorial tower of Expo

청초호변을 따라 조성된 공원사이로 전망탑이 보입니다. 이는 1999년에 열린 관광엑스포를 기념으로 조성되었다고 합니다. 하나의 이벤트가 이런 도시의 영구적 랜드마크를 제공합니다. 너른 공원이 잘 조성되었다 느끼는데 〈연약지반〉이라는 말이 나옵니다. 당연히 석호면의 지반이 좋지 않겠거니 생각했는데, 충격적인 말을 듣습니다. 이곳 호반의 워터프런트 부분이 대부분 매립지역이라 하는군요.

매립지

청초호 매립지 Reclamation land

호변을 지나가다 보면 많은 이렇게 놀고 있는 땅을 볼 수가 있었습니다. 자연적인 흔적도 전혀 없고, 빈 땅에 포장도 안 돼 있어 먼지가 날리는 광활한 땅. 바로 이것들이 매립지였던 것이지요. 분양을 생각하고 매립을 했건만, 현재는 이렇게 먼지만 날리는 형국이 참으로 안타깝습니다.

매립지에 대한 지역신문의 기사를 인용합니다.

> **사색이 있는 공간 - 청초호, 비극을 품은 시민공원**
>
> 저녁 늦도록 노을이 길게 늘어져 있는 요즘, 아이들과 자전거를 타고 엑스포 공원을 자주 찾는다. 지난 겨울만 해도 너른 땅 위로 황량한 모래 바람이 불더니 새로 단장된 놀이터와 작은 운동장, 그리고 호수를 따라 들어선 산책로에 이제 제법 사람 냄새가 든다. 더구나 얼마 전 일부 구간이 차 없는 거리로 지정되면서부터는 자전거나 롤러블레이드 타기가 그 어디보다 자유로워 아이들이 한껏 달리는 모습에 마음이 놓인다.
>
> 이른 아침이면 운동하는 사람들이 공원을 메우고, 저녁이면 이렇듯 가족들이, 연인들이 몰려드는 이곳 엑스포 공원은 속초시민의 사랑을 잔뜩 받는 공간이 되고 있다.

그런데 이 공원이 이렇듯 시민공간으로 자리 잡고 있는 데는 아이러니하게도 속초시가 빚더미 때문에 앓고 있는 속병 덕분이라면 덕분이다.

큰고니며, 고방오리며, 도요며, 제비갈매기며 수십 종이 넘는 겨울철새가 빼곡히 날아들던 청초호를 환경단체의 절절한 반대를 무릅쓰고 매립을 강행했던 데는 개발을 앞세우며 전통과 역사를 순식간에 파괴해 갔던 박정희식의 개발 논리가 급하게 먹혀들었기 때문이리라.

해서 금방 수백억의 흑자를 가져다 줄 노다지가 되리라 했던 이곳이 미분양이라는 현실적인 장벽 앞에 황량한 벌판으로 남겨지게 되었다. 그리고 우리들은 이곳에서 자전거를 타고 산책을 하고, 또는 호숫가에 앉아 몇 안 되지만 그래도 소중한 철새며, 갈매기의 한가로운 비상을 보면서, 그토록 갈망하던 도심 속 시민공원을 갖게 되었다. 뉴욕의 센트럴파크나, 런던의 하이드파크가 부럽지 않는.

얼마 전 청초호 유원지의 수익금에 관한 속초시와 시민단체의 공방을 한 지역신문에서 읽었다. 5년 내로 분양이 끝나고 259억원의 흑자를 예상하고 있는 속초시의 발표와 이 발표에 대해 분양에 대한 낙관의 현실성과 흑자 규모의 터무니없음을 지적하는 시민단체의 논란이었다. 시민단체의 지적이 사실이라면 오랫동안 빚더미에 세금을 들이부어야 한다는 걱정이 앞선다. 그리고 그 지적이 상당히 타당성과 설득력을 가지는 것도 사실이다.

하지만 요즘 청초호에 나가 있다 보면 솔직히 속초시의 낙관을 그대로 믿고 싶다. 259억원의 흑자를 예상하다니, 이 말을 바꾸면 굳이 이곳이 100% 다 분양되지 않아도 적자는 아니라는 말이고, 그렇다면 이곳을 지금처럼 시민공원으로 놓아둘 수도 있다는 말이 아닌가? 너무 야무진 꿈을 내비치는 것일까?

청초호 매립지는 어떻든 얼마가 되든지 시간이 흐르면서 조금씩 분양이 되든지 돈이 급한 마음에 임대가 되든지 할 것이다. 조만간 공사가 시작되고 다시 흙먼지가 날리고 공원이 원래의 도면대로 옹색해지게 되면, 이곳을 찾는 시민들도 급격히 줄어들 것이고, 오랜만에 밝은 목청을 마음껏 울리던 아이들의 목소리도 잦아들 것이다.

관광도시라 하여 항상 모든 편의를 외지인들에게 우선 내주었던 속초시민들이 오랜만에 점유해보는 공간, 청초호 공원이 퇴색해 갈 비극은 그리 멀지 않은 것 같다.

–장혜경(속초외국어자원봉사회)

속초항의 매립전의 사진이 있어 첨부합니다. 풍경의 변화가 굉장히 드라마틱 합니다.

위에서부터 1960년, 1980년, 1990년, 현재의 모습 Scenary changes of Seashore

매립지는 이곳만 있는 것이 아니더군요. 인근 대포항 또한 매립으로 몸살을 앓고 있었습니다. 먼저 대포항을 개발할 것이 아니라, 이곳부터 처리를 하고 했어도 늦지 않았을까요. 새만금에 영종도에, 이런 일들은 서해만 일어나는 것이 아니었습니다.

생산시설들

청초호변가의 남쪽으로는 굉장히 거대한 선형 구조들이 있습니다. 궁금해서 보았더니 어업종사자들의 임시숙소였습니다. 건물 하나 하나의 단위들은 그대로 하나의 회사가 되어 회사 하나, 배 하나, 그리고 숙소 하나 이렇게 공간적으로 할당이 되고 있습니다. 숙소에는 어구장비들부터 시작하여, 냉장고, TV, 소파

어부들의 영역 Fishery's area

에 있을 것은 다 있더군요. 이는 마치 자동차 주차장처럼 그들의 선박을 바로 앞에 놓고 옥외작업과 휴식과 거주를 다 할 수 있는 어민들의 '해상의 단독주택 겸 오피스'라 불러도 좋겠습니다.

●

후감

이렇게 청초호는 호변의 경관만을 제공하는 것이 아닌, 일상의 공간들을 가지고 있습니다. 황량하게 남겨진 매립지들이 들어서고, 이들의 일상공간까지 엮어내는 환형의 산책로와 생태공원이 조성된다면 참으로 아름다운 도시가 될 것입니다.

속초는 동해안의 베니스라 해도 과언이 아닙니다. 이 사진은 설악의 웅장한 풍광이 속초를 배경으로 우뚝하게 서 있는 모습입니다. 베니스가 멀리 알프스를 진산으로 가지듯이 속초의 진산은 단연 설악산이지요. 거리도 베니스에 비한다면 훨씬 가깝습니다. 바다의 풍경과 산의 위세가 만나는 속초는 동해안의 전형적 풍경을 담은 귀한 도시입니다.

04 제언 : 다공성의 도시, 속초

●

- 청초호 매립지의 복원 : 점진적 자연성회복을 전제로 한 시민의 레저, 녹지휴식공간 제공
- 수공간의 복원, 연결

Porous city, Sok-Cho

Sok-Cho is coastal city of the East sea. Most peculiar thing is that Chungcho lake, which is the major spatial element, is occupied in the center of the city and so the urban area has been developed around the lake.

There were dramatic spatial change around 1990, when the city hosted the tourism EXPO, which is lake partial, but huge reclamation happened. Even currently the dispute of this reclamation still occurred in terms of envrionmental and economical issues.

Making porous this city, the first step should be focused on this reclamed area. This area should be modified and intensified for green and leisure baseground for citizen and tourist. Ater that, the other water lines could be joined into this area, of which originates from the beautiful Seol Ak mountain.

Porous city, Sok-cho
Road for sea
water park
greening on man-made city

Bonus Photo

화양강랜드 휴게소 Expressway rest area

Abandoned office building on seashore

Sealake and Mt.

갯배 Small boat driven by human force

COMMON CITY

SURVEY ON SMALL CITIES OF SOUTH KOREA

STORY

29

YANG-YANG

인구 3만의 도시, 양양입니다.
양양은 행정구역상 시가 아닌 '읍'입니다.

양양 襄陽

《면적》_628.71㎢

《세대》_12,227가구(2008)

《총인구》_28,115명(2008)

《행정동》_읍 1개, 면 5개

01 도시형태 Shape of the city

●

양양의 도시의 모습은 산세가 내려오다가 양양 남대천과 만나는 비탈면에 자리 잡아 배후지가 좁습니다. 사실 강릉과 동해시를 빼면 강원도의 도시들은 대부분 산세와 천을 끼고 있어, 좁은 배후지를 가지고 있습니다.

02 도시조직 Urban fabric

●

다음의 사진은 속초에서 양양으로 내려오는 도중에 있는 강선리라는 마을입니다. 천을 두고, 비탈면에 자리 잡은 정주지와 뒤로 산이 위치하는 양양과 매우

Small mountainous town near Yang-yang

비슷한 지형입니다. 이 지역의 도시조직, 도시기본판을 보면 물길과 나뭇가지형 지형적 도시조직, 1기의 도시기본판을 가집니다. 아마도 양양 또한 이런 단계를 거쳤을 것입니다. 양양의 원原도시의 모델이랄까요? 이렇게 주변의 도시를 바라보는 것도 현재의 도시를 이해하는 방법이 될 수 있습니다.

양양 – 대동여지도 Old map

Name of town indicates extinct old city structure

대동여지도를 보면, 양양은 과거에 읍치가 있던 강원도 북부의 세력지역이었습니다. 속초는 청초호만 보이지 도시의 세가 전혀 보이지 않습니다. 그러나 아쉽게도 양양읍치의 공간구조는 전혀 확인할 수 없습니다. 단지 '성안길', '성안사잇길', '남문길', '서문길', '성내리' 등등. 길에서 만나는 지명만이 옛 공간의 존재를 확인해 줍니다.

양양 또한 중앙로가 있어 도시의 모든 상업기능이 이곳에서 일어납니다. 그 배후로는 주거지역입니다. 매우 심플한 도시구조입니다.

양양 중앙로 Central street

남대천으로 가는 수직가로 Vertical street to water

다음 사진을 보면 산세에서 남대천으로 향하는 경사를 따르는 수직적 도시계획도로는 잘 발달해 있으나, 횡적인 흐름은 곳곳에서 끊겨 있습니다. 아마도

Road to river from Mt.

물길을 따르는 지형적 도시조직이 곳곳에 있어 횡적인 흐름을 방해하는 모양입니다.

03 수공간Water : 양양 남대천

●

시가지의 남쪽으로 천이 흐르고 있습니다. 그런데 둑을 조성한 것으로 보면 이

둑길 하부 Beneath river bank, 남대천

정비 중인 남대천 모습 Scene of maintaining water

곳도 수위변화가 있고, 그에 따라 제방을 쌓은 듯 보입니다. 당연하게도, 둑으로 갈수록 도시조직은 새 조직이며, 낙후, 영세도시라는 것은 다른 도시들과 사정이 비슷합니다.

남대천은 수량은 많지 않으나 유역이 꽤 큽니다. 천변 정비공사가 진행 중인 모양입니다. 도시의 중앙부의 수변에서는 운동시설들이 폭 넓게 조성되어 있습니다.

04 사회성Sociality : 학교School

양양엔 넓지 않은 시가지임에도 불구하고 많은 학교가 있습니다. 관동대 양양캠퍼스 뿐만 아니라 시가지 내에 많은 초 · 중 · 고등학교가 위치하고 있습니다. 이는 다른 도시들이 외지인을 받아내는 관광, 레저의 도시역할을 한다면, 양양은 지역민들에게 정주기반을 제공하는 일상의 도시이기 때문이지요. 영어학원도

영어 학원English institute, 양양

있고, 태권도 학원도 있습니다. 어디서나 아이들이 있으면 도시는 활력을 가지게 됩니다.

●

후감

양양은 크지 않은 도시임에도 불구하고, 이 지역 주민들에게는 기본 도시상업기능과 교육기능 등의 재생산의 기능을 제공하는 강원도 북부의 지방도시입니다. 또한 재생산의 도시인 양양이 건강해야 외지인들의 소비도시, 낙산도 제 기능을 다할 것입니다. 그래도 공연한 상상을 해 봅니다. 만약 양양읍치의 공간구조가 아직도 잘 남아 있었다면 어땠을까. 이태리의 소도시들이 옛 성의 존재만으로 수만의 관광객을 불러 모으는 것, 참으로 부러운 일이 아닐 수 없습니다. 아마도 식민지시대를 거쳐 자족적 근대화를 이루지 못한 민족의 슬픈 역사와 그로 인한 천박한 국민성이 옛 문화라는 자양분을 먹어버린 슬픈 결과이겠지요. 양양은 오래된 도시이지만, 퇴적된 시간과 기억은 땅 속에 묻혀 있습니다.

05 제언 : 다공성의 도시, 양양

●

- 역사문화권의 형성 : 읍성의 복원
- 수공간 복원/강화 : 주요 도로와의 교차점에 공원조성
- 양양터미널 주변의 소규모 역세권 조성

Porous city, Yang-Yang

City area is located in just few km from the coast, but the city-character is quite mountainous atmosphere. In the north, middle height mountain is there, and to the south, the water stream flows, the name is Nam-Dae-Chun.

Urban fabric shows that this city has typical water oriented structure by road and allotment of the land shape.

Therefore, water line itself and nearby area could be restored the spaciality of water city, and it could provide the another urban amenity, short of contemporary idle and loose city.

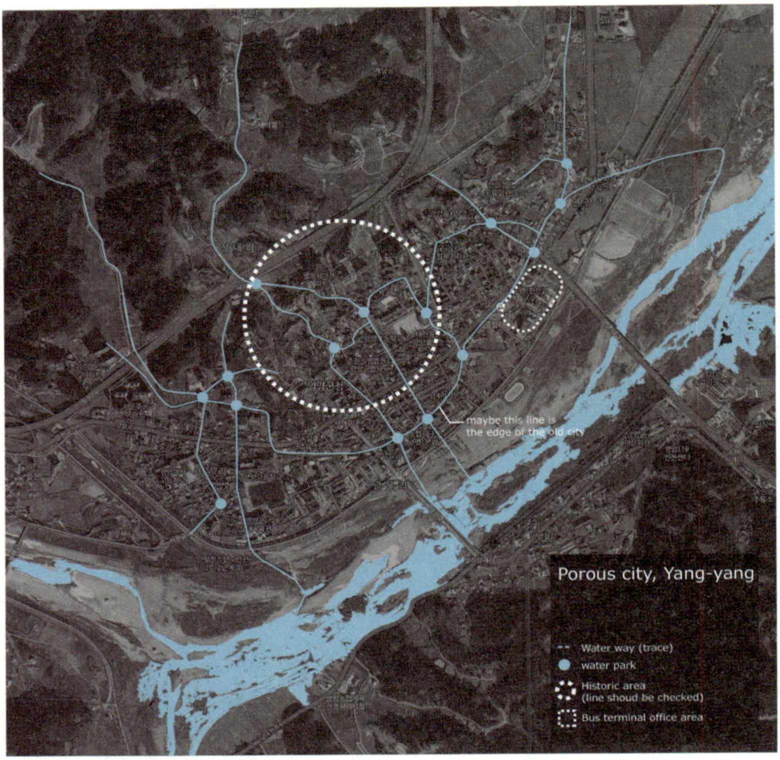

참고자료

해동지도 - 양양

1397년(태조 6년)에 府로 승격되었으며 1416년(태종 16년)에 양양으로 개칭되었다. 현재의 강원도 양양군 일대와 속초시에 해당하는 지역으로 양양읍 군향리가 그 중심지가 된다. 지도 위쪽의 所川面과 道門面이 현재의 속초시에 해당하며 지도 아래쪽의 洞山縣은 조선시대에 들어와 양양에 포함된 땅으로 양양군 현북면 지역이다. 府의 중심지에는 城郭이 있었으며 오늘날 남문리, 서문리 등의 지명으로 그 흔적을 알 수 있다. 성곽의 서쪽에 위치한 향교는 양양읍 내곡리 향교동에 있었다. 백두대간 동쪽에 해당하는 지역으로 쌍천과 남대천이 서쪽에서 동쪽으로 흘러 바다에 들어간다. 青草湖, 雙湖 등의 潟湖가 발달한 지역으로 지도에 표시되어 있다. 지도 왼쪽 위는 설악산 일대이며 五色峼, 朴達峼, 阻枕峼, 九龍峼 등의 고개는 양구, 인제, 춘천과 통하는 통로가 된다. 降仙驛(강현면 강선리), 祥雲驛(손양면 상운리), 連倉驛(양양읍 연창리), 丘驛(현남면 인구리) 등의 역이 있었다. 東海廟(東海神祠, 양양읍 조산리)는 나라에서 봄가을에 香과 祝을 내리어 東海神에게 제사를 지내던 곳이다. 洛山寺(강현면 전진리)를 비롯하여 神興寺, 靈穴寺, 開雲寺, 明珠庵 등의 사찰이 있었다.(이현군)

1872 지방도 - 양양읍

양양읍지도 襄陽邑地圖, 襄陽府는 현재의 속초시와 양양군 양양읍, 강현면, 서면, 손양면, 현북면, 현남면 일대에 해당한다. 당시의 읍치는 양양읍 성내리 일원에 있었다. 양양은 설악산을 끼고 동해에 면한 고을로 산과 해안의 경치가 수려하다. 고을의 진산인 설악산을 위쪽에 배치하여 그렸는데, 여기에서 뻗어 내린 산지의 모습이 독특하게 표현되어 있다. 읍치에는 客舍, 太平樓를 비롯한 관아 건물과 문루의 모습이 그려져 있다. 원래 돌로 쌓여진 읍성이 있었는데 이 시기에 이르러서는 거의 무너지고 동 · 서 · 남의 세 문만 남아 있었다. 주변 지역에는 고을 소속의 각 面과 洞里들이 비교적 상세하게 표기되어 있다. 고을의 아래쪽에는 東海廟, 洛山寺, 祥雲館 등이 부각되어 그려져 있다. 동해묘는 동해신에게 제사를 지내던 사묘인데, 동해신에 대한 제사는 고려 이후 祀典에 中祀로 등재되어 중요하게 취급되었다. 이곳은 서해의 풍천, 남해의 나주(지금의 영암)와 함께 우리나라 삼해의 해신에게 국태민안과 풍농풍어를 기원하기 위해 매년 음력 2월과 8월에 왕이 친히 향축을 내려 보내어 제사를 지내던 곳이다. 의상대사가 창건했다는 洛山寺와 義相臺, 觀音屈이 강조되어 표현되었다. 조선의 개국공신인 조준과 하륜이 잠시 은거했다 해서 이름 붙여진 河趙臺의 특색 있는 모습도 보인다. 아름다운 경치를 지닌 青草湖와 현저는 매립되어 농경지로 변해버린 雙湖 등의 호수도 그려져 있으며 설악산 五色嶺 아래에는 지금도 유명한 五色藥水가 표시되어 있다.

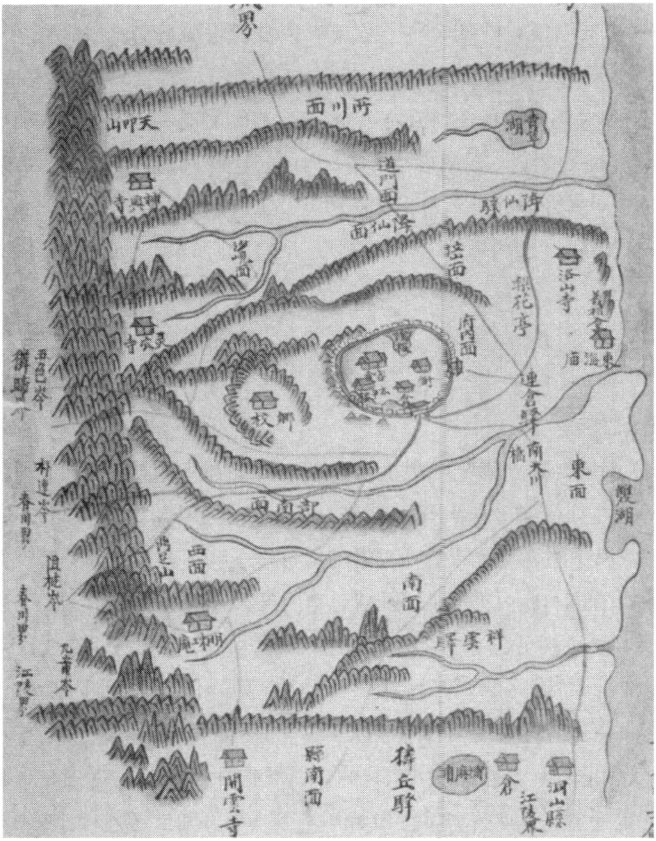

해동지도, 양양부(청초호의 모습도 보인다. 이상 규장각 한국학연구원)

양양읍성

강원도의 경우 왜구나 야인의 침입이 잦았던 동해안에는 그 필요성이 더 절실하였다. 그러나 조선 초기의 읍성은 대부분 토성으로 외침에 대하여는 취약하였고 임진왜란을 계기로 방어시설로서 읍성의 비중은 크게 낮아졌다. 강원도 지역의 조선시대 읍성은 강릉 · 통천 · 간성 · 고성 · 양양 · 삼척 지역에 있었다.
[출처] 디지털 향토문화대전 강릉읍성편

그러나, 이후 대동여지도에 나타나는 도식에는 읍성 표기가 없어 이미 임란 이후 사라진 것으로 보인다. 읍성 발굴에 대한 또 다른 기사를 붙인다.

[양양]읍성유적지 발굴조사 허가
시굴조사 결과 북문지 확인 안 돼 발굴조사 허가
군 사업비 50억 원 투입 370m 구간 4차로 확포장

【양양】 양양군의 현안인 양양도서관~국도 44호선 연결도로 개설사업이 재개될 전망이다. 군도 3호선 양양대교와 44번 국도를 연결하기 위한 도로 개설사업은 양양도서관 인근 370m 구간이 양양읍성 유적지에 포함됐다는 이유로 양양도서관 앞까지 700m의 4차로 확포장사업만 끝낸 채 중단됐다.
그러나 미개설된 공사구간의 문화재 시굴조사를 마친데 이어 올 8월에 문화재청 제8차 매장문화분과위원회에서 사업구간에 대한 발굴조사를 결정함에 따라 사업추진에 탄력을 받게 됐다.
군에 따르면 지난 4월26일부터 7월6일까지 북문 성터 주변 5,135m²에 대해 문화재 시굴조사를 실시한 결과 북문지는 확인되지 않고 성벽의 일부가 확인됐으나 형태를 파악하기 어려울 정도로 훼손됐으며 역사문헌에서도 북문에 대한 기록은 없는 것으로 밝혀져 문화재청에서는 문화재위원들의 의견과 시굴조사 결과를 토대로 공사 전 구간에 대한 발굴조사를 허가했다.
군은 10월에 문화재 발굴조사에 착수해 12월말까지 마치고 내년 3월까지 실시설계 변경 및 문화재 관련 인 · 허가 등 행정절차를 거쳐 총사업비 50억원을 들여 길이 370m, 폭 20m의 4차로 확포장공사를 추진할 계획이다.
또 양양읍성의 복원은 물론 역사유적의 효율적인 보존 · 관리를 위해 터널시공 방법으로 추진하고 훼손된 부분은 주변의 성벽과 자연스러운 스카이라인(sky line)을 이루도록 원형 복원한다는 방침이다.
군 관계자는 "문화재 시굴조사 결과 북문지는 발견되지 않고 성벽의 일부가 훼손된 상태로 발견돼 도로 개설에는 큰 문제가 없을 것으로 예상된다"며 "문화재 발굴조사를 조기 마무리하고 문화재를 크게 훼손하지 않는 합리적인 시공방안을 마련해 추진할 계획"이라고 했다.
[출처] 강원일보 2010.9.13

Bonus Photo

호박돌들이 보이는 한계령의 하천. 호박돌이 있다는 것은 산이 젊다는 의미

한계령

한국건축의 정면성. 봉우리를 끌어들이는 양양향교- 나무숲위에 솟은 봉우리를 볼 것

COMMON CITY

SURVEY ON SMALL CITIES OF SOUTH KOREA

STORY

30

CHUN-AN

인구 51만의 도시, 천안입니다.

천안 天安

면적_636.5km²

세대_225,147가구(2011.5.31)

총인구_509,744명(2011)

동급_경남 창원시, 경북 포항시와동급, 19위

행정동_일반구 2개, 읍 4개, 면 8개, 행정동 16개

법정동_30개

천안시(天安市)는 대한민국 충청남도 동북쪽 끝 내륙에 있는 시이다. 남쪽은 공주시, 연기군과 접하고, 서쪽은 아산시와 접하며, 북쪽은 경기도 평택시, 안성시, 동쪽으로는 충청북도 진천군, 청원군과 접경한다.

01 도시형태 Shape of the city

천안은 산세의 흐름이 크지 않은 평야 도시입니다. 그렇기에 둥근 원형은 아니지만, 비교적 정방형에 가까운 도시형태를 가집니다. 이렇게 배후지가 고른 분포를 가진 도시는 도시의 나이테가 여실히 드러납니다. 시의 중심으로 갈수록 오래된 도시이며, 바깥으로 갈수록 신도시입니다. 천안 역시 그런 중심도시의 특성을 여실히 보여줍니다. 동남구가 오래된 도시타면, 천안시청쪽과 아산신도시는 최근에 조성된 도시입니다. 시계상 동쪽으로는 경부고속도로와 산세가 있어 확장의 어려움이 있었을 것입니다.

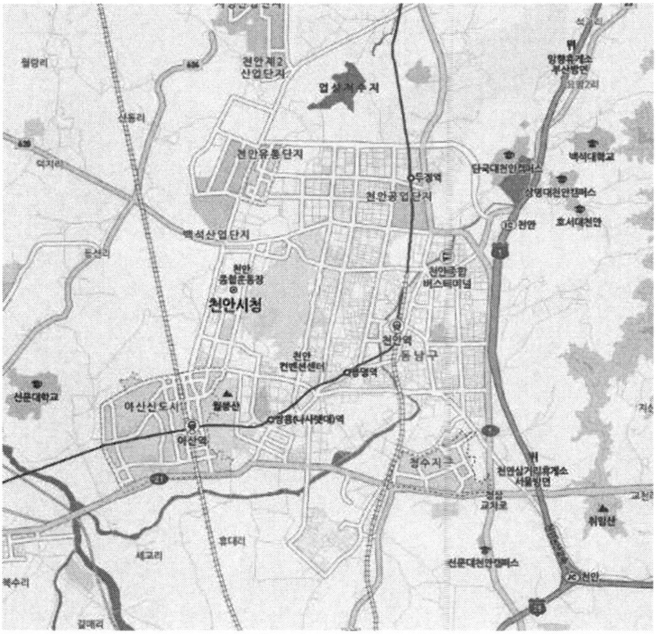

●

천안터미널에 도착합니다. 천안터미널은 "아라리오"라는 민간업체가 신세계백화점, 이마트 등과 함께 복합개발한 역사입니다. 현재까지도 공사 중인데 이곳 건물의 돌 쓰는 기법이 예사롭지 않습니다. 돌의 적정한 크기를 유지하면서도 다양한 돌의 색상이 잘 표현된 건물입니다.

천안터미널

●

대학분교들과 도시 Branch university campus & Provincial city

사실 터미널 앞엔 젊은이들이 상당히 많습니다. 왜 그럴까를 생각해 보니 천안 북부에 무려 4개의 대학이 몰려 있습니다. 단국대, 백석대, 상명대, 호서대. 여기서 호서대와 백석대는 본교이므로 제외하고, 단국대 1978년에, 상명대 1985년에 이곳 천안에 분교를 냈습니다. 대략 1980년대 전후로 서울의 대학들이 분교를 개설한 시기로 보여지네요. 연세 원주(1977) 성균관대 수원(1979) 등의 예를 보더라도, 그때 5공화국이 들어설 즈음에 대학들이 세력 팽창을 하던 시기로 보여집니다.

본래 우리나라의 대학들, 특히 서울의 대학들은 산등성이에 면해 공원부지를 점유해서 시작한 학교들이 많습니다. 그래서 학교간 경쟁이 본격적으로 치열해지는 1980년을 전후로 지방의 싼 땅을 매입, 세를 키워온 모양입니다. 요즘은 어떤가요. 제가 보기엔 아직도 대학은 '공간장사'의 그늘에서 벗어나기는 어려운 듯 보입니다. 새 캠퍼스, 그럴듯한 환경을 만들어 놓아야 사람이 온다는 논리 말이지요. 아무튼 이들 4개의 대학이 만들어내는 젊은이들의 열기는 이곳 터미널에 뜨겁습니다. 출·퇴근시간에 맞물릴 때는 가히 좌석확보의 전쟁터입니다. 영리한 이곳 운수회사들은 그래서 돈은 우등고속요금을 물리면서도, 좌석은 일반형에 그나마 좌석번호도 주지 않습니다. 개선되어야지요.

또 하나, 젊은이들의 집결지는 그들의 상업과 문화의 도시성을 충족시켜 줄 수 있는, 그들을 유혹할 수 있는 환등상이 필요합니다. 이곳은 비록 터미널이지만, 매우 다양한 프로그램이 복합되어 있습니다. 이마트, 백화점에 갤러리도 있네요. 그 앞엔 천안시 여느 곳에서는 보기 힘든 압축된 상업의 에너지가 느껴집니다. 젊은이들의 활기에 취해 이곳을 거닐다 보면, 천안이 아니라 어디 서울 강남역 어느 부분을 걷는 듯한 착각에 빠집니다. 천안은 방문객인 필자를 기만하고 있습니다.

터미널 빌딩 Terminal building, Chun-An

●

"터미널 부지가 필자를 기만한다" 했습니다. 이렇게 말한 이유는 이곳을 지나 100m만 안쪽으로 들어오면 완전히 낙후된 도시가 존재하기 때문입니다. 이것은 어찌 보면 한국 도시들의 전형성, 구획정리조직이 갖는 도시들의 전형성이라 할 수 있을 것입니다. 얇은 대로변 상업지역과 급변하는 도시분위기의 전환이지요.

10m 이동 10m inside

50m 이동 50m inside

100m 이동 100m inside

단 100m만에 터미널의 잔상은 사라집니다. 참으로 충격적입니다.

04 도시교통 Transportation, 도시조직 Urban fabric

●

천안역을 향합니다. 천안역과 철길의 위치를 보면 천안천을 따라서 시계의 중심부를 지나가고 있습니다만, 과거에는 천안천이 있는 곳이 도시의 끝이었을 것입니다. 그리고 서서히 천변 서측으로 도시가 팽창한 결과 이젠 철도와 하천이 도시의 중심이 된 형국으로 보입니다.

천안역은 역으로서는 기능을 잘 하고 있는지는 모르지만, 도시공간적으로는 빵점에 가까운 역이었습니다. 이미 이곳은 수도권 전철화가 되어 많은 사람들이 오가는 역이 되었지만, 그 앞의 공간은 정말로 형편없습니다. 비좁은 환승주차장과 역사 바로 앞의 노후건물들은 마치 알박기라도 한 듯 아직까지 버티고 있고, 들어오지 못하는 대중교통은 역사에서 한 모퉁이를 돌아야 버스정류장이 위치하고 있습니다.

천안역 앞Front space of Chun-An station

그나마 서부역이라고 불리는 서측면의 상황은 아무래도 천변의 여유공간이 있어 오히려 이곳이 역의 정문 같습니다. 서부역이라는 명칭이 계속 보여 필자는 서부역이 따로 있는 줄 알았는데 그것은 아니었습니다. 다음 글을 참조하십시오.

서부역
서부역(西部驛)은 철도역에서 철로를 기준으로 서쪽에 위치한 역 건물을 말한다.
보통 본 역이 동쪽에 위치하고 있을 때 사용된다.
본 역과 서부역은 주로 철도 위를 횡단하는 육교나 지하도로 연결되어 있지만, 철로 위에 선상역사 또는 민자역사가 올려지면서 출구가 동과 서로 나뉜 경우에도 서부역이라는 표현을 사용하기도 한다.
[편집] 서부역이 있는 역 서울역: 용산역, 수원역, 평택역, 천안역
– 위키백과

천안역 앞에는 이렇게 지하상가가 조성되어 있습니다. 희한한 건, 이곳이 경사지임에도 불구하고 지하상가를 만들었다는 것입니다. 그러니 지하상가도 살짝 경사가 있습니다. 계단처리를 하지는 않았지만. 그나저나 이곳 또한 지하상가도 그렇고, 지상의 상황도 그렇고 낙후되어 있긴 마찬가지입니다. 아무래도 지하상가의 조성시기가 이미 30년 전의 상황이겠지요.

천안 지하상가Entrance of underground market

05 도시조직Urban fabric : 도심재개발Redevelopment

●

현, 동남구청 자리는 자연발생적 조직과 구획정리조직이 혼합된 매우 복잡한 기본판을 가지고 있습니다. 그런데, 원래 이곳은 천안시청이 있었던 자리였던 모양입니다. 천안시청이 시계 내의 서쪽으로 빠지고, 시로서는 도심재개발의 명목

천안시청 이전부지Old city hall site

으로 이곳에 행정과 상업이 복합된 복합시설을 지으려 했던 모양입니다. 또한 낙후된 도심에 CGV가 있는 이유도 이렇게 낙후된 지역을 어떻게든 바꿔 보려는 시의 의지를 읽었기 때문일까요. 그런데 필자가 보기엔 아직 요원한 일로 보여집니다.

06 도시조직Urban fabric, 사회성Sociality : 두 개의 재래시장2 old market places

●

터미널에서 전철역으로 가는 길에 만난 자유시장이라는 곳이 있습니다. 폐허가 된 건물들로 이루어져 있습니다만, 아직도 길 이정표에 "자유시장길"이 있는 것을 보면 꽤 오랜 역사를 가진 시장이었을 것입니다.

자유시장Old market like Slum

자유시장의 폐허를 지나 남산중앙시장으로 향합니다. 이는 항공사진으로만 보아도 선명한 구조물을 느낄 수 있을 만큼의 초대형 시장이었습니다. 아마도 길이의 측면에서는 국내 최장은 안 되어도, 시장의 폭과 높이에 있어서는, 그리고 재래시장의 디자인에 있어서는 타의 추종을 불허할 것 같습니다. 어디서 설

중앙시장 Central old market in Chun-An

계했는지 알고 싶군요. 이 중앙시장의 역사에 대해 상인분에게 명쾌한 해답을 얻지 못해 문헌을 찾아봅니다.

> **천안 남산중앙시장**
> 1918년 개장 이래 92년의 역사를 자랑하는 남산중앙시장은 동남구 사직동 일원 22,800m²에 262개 점포가 입점한 천안의 대표 재래시장이다. 이후 1951년 250동의 장옥과 노점상으로 확장, 이후 69년 노후화된 장옥을 철거, 현재의 시장 모습의 기초를 닦았음. 1970년 중앙시장 개설, 73년 천일시장 개설 이후 2000년 남산중앙시장을 개설하면서 연합됨. 정부의 재래시장 육성책으로 시설투자에 나선 남산중앙시장은 지난 2006년부터 164억원을 투자, 전국 최대의 아케이드 설치와 전선 지중화 사업을 완료하고 전용주차장 2개소와 공중화장실을 건립하는 등 이용객 편의시설을 확충했다.
> 2011.3.20, 천안뉴스 - 천안의 향기: 남산중앙시장

상기에서 눈여겨 볼 것이 바로 '연합'의 측면입니다. 이 중앙시장은 연합된 시장이었던 것입니다. 먼저 폐허가 된 자유시장은 아마도 시장 상인들이 자유시장의 터를 버리고, 새롭게 확충된 중앙시장으로 모이면서 세를 잃고 현재는 그렇게 버려진 시장골목으로 남아 있는 것으로 예상됩니다. 그렇다면, 재래시장에서도 M&A가 나타나고, 이들이 공간적으로 뭉쳐, 큰 스펙터클을 만들어야 기존의 할인매장과 같은 대형 자본에 맞서 싸울 수 있을 것 같습니다. 사실 천안을 보니 이마트가 시가지에 두 개나 있습니다.

중앙시장

몇 개의 재래시장이 연합된 이곳 중앙시장은 정말 MD도 다양합니다. “향수부터 개고기까지” 없는 게 없습니다.

천안천이 시가지의 중앙을 흐르고 있습니다. 그런데, 이 천은 평면상으로도 형태가 매우 왜곡되어져 있습니다. 그 이유는 철도가 천변으로 같이 지나가고 있다는 것도 있지만, 자연의 영역으로 놓아두어야 할 유역의 만곡부에 도시가 형성되었기 때문입니다. 사실 굽은 천이 지류로 있는 성정1동이나 그 위에 조성된 천안축구센터는 자연의 영역에 내 주어야 될 수변영역으로 보입니다. 물론 수변영역에 무리하게 자리 잡게 되니, 도시 영세민들이 모이게 되었고, 그런 빈자들이 점유한 수공간은 방치되기 마련입니다. 천안축구센터는 기존의 물 흐름 자체를 완전히 바꾸어 콘크리트 수로로 만들어 버렸습니다. 이렇게 한 번 잘못 점유된 인간의 자연개입은 원상복구를 어렵게 합니다.

성정1동, 비록 하천의 영역에 입지한 도시지만, 이렇게 삶의 풍경이 묻어납니다. 이들을 다른 곳으로 보내고 수변영역을 자연으로 되돌린다는 것이 과연 가능할까요.

성정1동 Riverside town

정비되지 못한 채로 흐르는 성정천, 천안천의 지류 Water stream, without maintenance

철도선로 하부 Near side of railway

천안은 또한 철도의 도시이기도 합니다. 장항선과 경부선이 갈라지고 있습니다. 그런데 언급했듯이 철도변이 수변과 가까이 있다 보니 주변지역이 방치되기 일쑤였고, 이들이 불법 점유되어 경작지로 쓰이거나 하는 일들이 많았을 것입니다. 천안의 중심부를 관통하고 있는 이들 철도와 천변을 개선하지 않는 한 천안의 진정한 발전, 생태도시로의 전환은 기대하기 어려울 듯싶습니다.

08 사회성 Sociality : '마초의 도시 Masculine city'

●

성정동지역은 천안의 서부지역임과 동시에 천안공단의 남부 배후도시의 역할을 하고 있는 듯 보입니다. 그렇기에 시가지 초입부에서부터 각종 산업체들, 밀링공장과 같은 영세공장들이 주거지역, 위락지역과 함께 극심한 혼합의 도시양상을 보여줍니다. 모텔촌부터 나이트, 술집거리 바로 옆에 천변의 낙후주거가 있고, 밀링공장과 건자재상이 근거리에 있습니다. 필자는 이런 도시 분위기, 공단 근처의 생산의 도시와 이를 위로하는 위락도시의 혼합이미지를 무언가 '거친'

생산의 도시와 소비의 도시 = 마초의 도시 Producing city, pleasure city, Masculine city

이미지를 가진 '마초'의 도시들이라 부르고 싶습ㄴ다. 홍대 근처, 천안으로 치자면 터미널 근처, 시부야케가 흘러 나오는 '데카당의 도시'의 정반대로 놓고 싶네요.

09 제언 : 다공성의 도시, 천안

●

천안은 터미널의 압축된 환등상과 그 배후의 낙후된 도시라는, 한국 소도시의 압축된 두 개의 흥망의 양상을 그대로 보여줍니다. 천안역 앞의 알박기하고 있

천안터미널 앞의 환등상 Phantasmagoria, terminal place

는 듯 한 낙후건물을 보면 천안도심의 낙후상태를 그대로 말해 주는 듯 보입니다. 새로운 공간자본과 지역의 소자본이 충돌하고 있는 것이지요. 이렇게 자본의 충돌은 공간적 충돌로 나타나고, 이는 사회적 충돌로, 상대적 박탈감으로 나타날 것입니다. 그러면 이를 도시계획가로서 어떻게 해결할 수 있을까요.

어떤 분들은 녹지와 문화가 도시계획의 만능이냐 말하시는 분도 계십니다만, 필자가 보기에 천안은 가장 시급한 것이 바로 천변 주위부터 시작한 녹지지역의 정비입니다. 공간갈등의 양상을 치유하는 가장 좋은 해결책은 바로 녹지이며, 녹지의 숨구멍을 통해 도시는 숨을 쉬는 다공성의 도시가 되리라 믿기 때문입니다.

●

제안

- 천안천의 정비 : 장기적 관점에서 축구연습장 등의 만곡부에 대한 왜곡구조의 개선
- 주요 가능한 물길의 복원/강화
- 자전거 공원/도로의 등방적 설치: 공공영역의 강화
- 역사영역 설정을 통한 관아건물의 점진적 복원

●

Porous city, Chun-An

The city locates in 1 hour distance from Seoul by train. Population is around 500-thousand. Most special thing of this city is famous for the division point, from Seoul to east east-south and west-south direction. It means the city has a fame to be transportation hub.

Although it's hub character, the city itself is somewhat decayed and distorted in terms of urbanization. River flows distorted by past urbanization. Train station area is also affected by wrong occupation of the old buildings.

So, to make the city porous has to focus on modifying it's old spatial structure distorted. Water way is to be reshaped as original flow direction. Railway nearside is to be green strip. Isotopically dispersed bike park and bike path could provide new urban amenity to Chun-An.

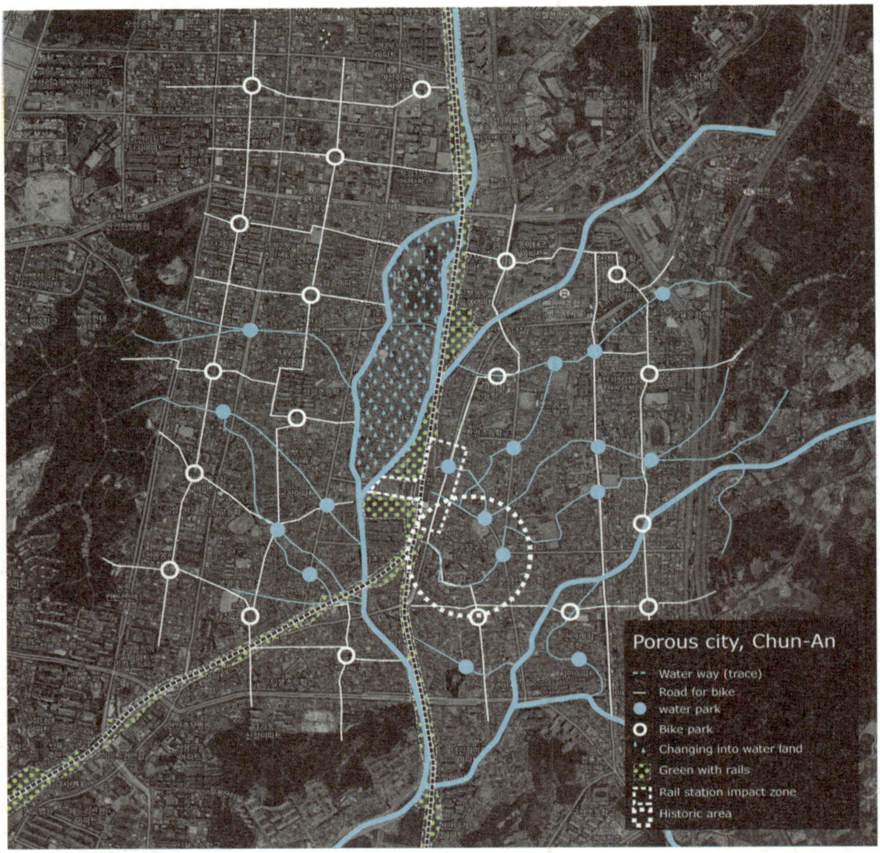

참고자료

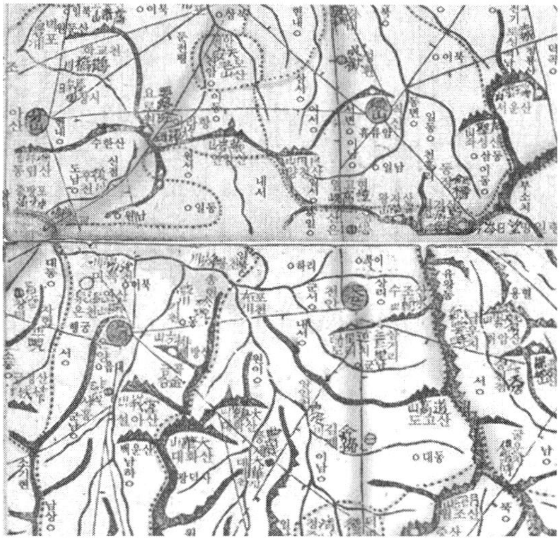

천안 – 대동여지도

해동지도 - 천안군

천안군은 지금의 천안시내 전부, 천안시 풍세면, 광덕면 일원이 포함되고, 현재 아산만 부근의 아산시 일부를 포함하는 넓은 지역을 차지하고 있었다. 특이한 점은 현재 천안시 지역은 바다와 접하고 있지 않지만 당시는 군의 경계가 좁고 기다랗게 해안까지 두입하는 형태를 취하고 있었다. 당시 해안지역에 월경지를 둔 것은 어염의 확보 때문이었다. 「大東輿地圖」를 보면 천안의 월경지 3개가 보이는데, 모산은 고려시대 모산부곡(도자기)으로서 조선시대까지 천안군의 월경지였다. 신정부곡(서 80리)과 돈의향(서 62리)의 설치는 어염 공급의 목적이었다고 생각된다. 읍치는 현재 천안시 대흥동과 오룡동 일대이다. 현재 관아터는 五龍爭珠形의 황룡에 해당하는 곳이라고 한다. 지도는 명당인 관아를 중심으로 전형적인 풍수형국을 보여주고 있다. 천안의 鎭山은 王子山이다. 新增東國輿地勝覽 천안군 산천조에 "왕자산은 동북으로 십이리쯤에 있는데 천안의 진산이며 고려 태조가 이곳에 군사를 주둔시켰다고" 한다. 新增東國輿地勝覽 천안부 형승조에 천안을 "三國中心"으로 기록할 정도로 중요한 요충지이었다. 지도에 보이는 華祝館은 현재 천안시 오룡동 188번지에 있는 行宮 건물로서 인조가 이괄의 난리를 피하여 이곳에서 머물렀다고 한다.(金在完)

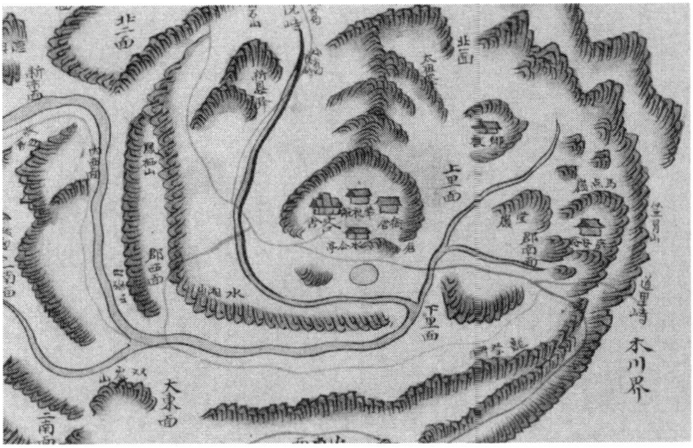

해동지도 – 천안군, 규장각 한국학연구원

오룡동 - 천안읍치의 중심

천안읍성(邑成) 안에 있는 동으로 지금부터 백년 전에는 천안의 행정과 문화의 중심지다. 관아와 객사 문루 등이 있어서 많은 사람이 오가는 번화가였다. 1920년 지방행정구역 변경으로 읍내리 일부를 갈라서 일본식 동명으로 욱정(旭町)이라고 하였다가 1946년 해방 후에 일본식 동명을 없애고 오룡쟁주(五龍爭珠)의 지형설에 따라 오룡동이라고 하였다.

객사(客寺) : 지금은 충청은행이 있는 뒤편이다. 객사는 각 고을의 관아에 예속된 관사를 말한다. 임금님의 전패를 안치하고 초하루와 보름날에 예절을 향하여 절을 하고 사신이나 관리의 숙소로 이용되었다. 한일합방 후에 무너졌던 건물을 민가로 사용하다가 시에서 헐어다가 남산공원 위에 정자를 세우고 용주정이라 하였다.

화축관(華祝館) : 지금의 중앙국민학교 정문 앞에 있었다. 임진왜란이 끝난 4년 뒤 천안군수로 있었던 노대하가 천안의 정관으로 세웠으나 세월이 흐르면서 낡고 허물어져 지금은 없어졌다. 현종 7년(1666)에 군수 조경빈이 개축하였고 현종이 자주 온양온천에 가면서 행제궁으로 지었다. 화축관을 중수하는 데는 충청감사 민유중(閔維重)과 경상감사 이태연(李泰淵), 통제사 이기성(李祈聲), 충청병사 이원로(李元老), 전라병사 민진익(閔震益) 등의 힘이 컸다. 영조 26년(1751)에 왕이 온양에 행차할 때 직산의 영소정에 머물면서 「憶昔感懷」

란 현판을 문루인 영남루에 친필로 써서 걸게 하였다. 또 우암 송시열선생이 지은 기문이 남아있어 그 내력을 자세히 알 수 있다.

내아터(內衙垈) : 오룡동의 184번지, 지금의 오룡우체국이 세워진 곳이다. 동헌(東軒)의 지형이 오룡쟁주형(五龍爭珠形)이라 이곳에서 아들을 낳으면 귀인이 된다고 전한다. 1989년에 오룡우체국을 다시 지었는데 그 동헌자리에서 많은 주춧돌과 조선시대의 와당이 나왔다.

동헌터(東軒) : 오룡동 199번지, 지금의 충청은행이 있는 바로 뒤다. 이곳은 오룡쟁주형의 황룡에 해당되는 곳이고 황룡의 눈언저리로 서기를 발하고 통찰하는 관아의 터로는 알맞다고 전한다. 터가 세서 민가로는 알맞은 터가 못되고 관청의 터로 알맞은 곳이라고 한다. 약 40년 전에 천안의 어느 부자가 이 터에다 큰집을 지었으나 이사하자 곧 죽었다고 한다.

삼문터(三門) : 오룡동 188번지에 있었던 동헌의 정문터. 대개의 동헌 정문은 세 개로 되었고 삼태극을 그려 문을 표시했다. 가운데의 문은 높고 양쪽에 작은 문을 두 개 내어 일반인이 드나들도록 만들어진 문이다.

영남루터(永南樓) : 오룡동 118번지에 있었던 문루이다. 본래 동헌 근처에 있었으나 1919년 이후에 중앙국민학교 운동장 서쪽에 옮겨 세워졌다가 1953년 삼거리공원의 연못가에 세웠다.

[출처] 천안시 중앙동 주민센터 우리마을소개

이 많았던 옛 건물과 도시구조들. 지금은 모두 사라져 우리는 알지 못한다는 것. 얼마나 안타까운 일인지요.

Bonus Photo

It's too cheap!

천안역 앞 알박기 빌딩 Unyielding building in front of Station

Extreme mixity from car management to hotel

River neighboring area

COMMON CITY

SURVEY ON SMALL CITIES OF SOUTH KOREA

STORY

31

KIM-CHUN

인구 15만의 도시, 김천입니다.

김천 金泉

면적_1,009.5km^2

세대_53,071가구(2008.12)

총인구_144,587명(2011)

등급_경기도 의왕, 충북 제천과 동급

행정동_읍 1개, 면 14개, 행정동 6개

법정동_19개

경상북도 서남부에 있는 시. 경부선과 경북선이 나뉘는 교통의 요지로, 농산물의 집산지이며 교육의 중심지이다. 쌀 · 보리 · 콩 · 목화 · 고치 · 포도 따위의 농산물과 규석 · 금 · 은 따위의 광산물이 나며, 금오산 성지(金烏山城址) · 직지사 · 쌍계사 · 봉황대(鳳凰臺) · 원계 서원(遠溪書院) 따위의 명승지가 있다. 1995년 1월 행정구역 개편 때 금릉군을 통합하여 도농복합 형태의 시를 이루었다.

김천 가는 길

서울 강남에서 경부고속도로를 탑니다. 옥천휴게소(청주권역)에서 한 번 들른 차량은 추풍령을 넘습니다. 고속도로로 넘는 추풍령은 강원지역, 충북지역의 산세에 비한다면 매우 부드럽습니다. 그렇기에 최초의 한국 종단의 선로인 경부선 철도와 경부고속도로가 이곳을 통과하는 것으로 정해졌겠지요.

01 도시형태 Shape of the city

김천은 천변의 충적경작지를 기반으로, 산세의 비탈면에서 정주가 시작된 도시입니다. 그렇기에 산세의 골짜기 면을 따라 도시가 확장되었고, 각 골짜기들이 서로 떨어져 있어 단일한 도시형상을 가지지 못했습니다. 골짜기 면을 따라 형성된 도시들은 대부분 배후지가 작아 도시성장에 한계가 있습니다. 사진에서 보면 김천역을 중심으로 하는 곳이 구도심이며, 각 골짜기들을 점유해 가면서 도시가 확장되었습니다. 김천(구미)역은 KTX역으로 향후 김천혁신도시가 들어설

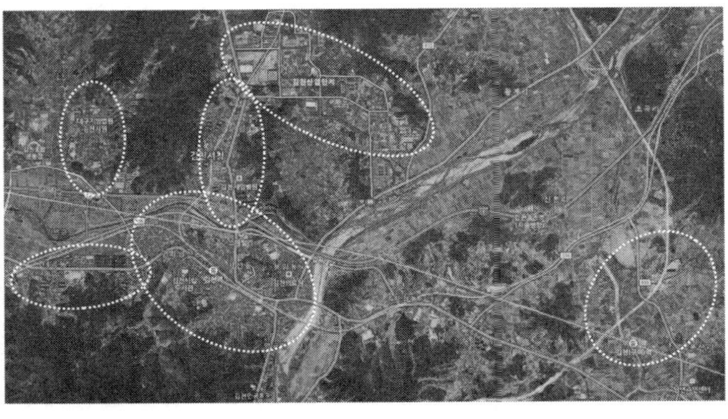

자리입니다.

김천시의 또 하나의 특징은 각종 한반도의 특급 교통수단들이 이곳을 통과하고 있다는 것입니다. 철도는 KTX와 일반철도 2개(경북선, 경부선), 도로는 경부고속도로, 영남대로가 지나가고 있습니다. 무려 5개의 광역교통선로들이 이곳 김천의 시가지를 통과하고 있습니다. 국토 전반의 스케일로 보면 험준한 소백산맥의 터널링보다 손쉬운 김천지방의 지상통과가 훨씬 용이했겠지요. 아무튼 지형적인 산세로 인한 산재된 골짜기형 도시형태, 또 광역교통수단의 시가지 통과라는 두 개의 커다란 한계에 도시는 매우 혼란스러운 형태와 경관을 제공하고 있습니다. 이는 김천의 태생적 한계이자 문제점임과 동시에, 또한 극복해야 할 과제이기도 할 것입니다.

02 도시조직 Urban fabric

김천의 구시가지는 철도에 의해 완전히 양분되어 있습니다. 시가지가 이렇게 철

도로 양분된 사례는 앞서 천안, 오산, 영주, 의정부, 동두천 사례 등에서도 나타났습니다. 김천에서는 도시조직의 형태에 있어 옛 시가지와 일제 이후 철도가 부설되면서 조성된 그 당시의 신시가지가 명확하게 구분되고 있습니다.

나뭇가지조직, 즉 지형에 따른 도시조직들은 철도변의 주로 남부, 경사지 지역과 지산공원으로 에워싸인 철도변 북부의 일부 지역에서 나타납니다. 구획정리조직은 주로 김천과의 접경부와 철도변 인근지역에서 나타납니다. 이는 바로 김천의 도시형성의 역사를 말해 주는 것이지요. 그런데 당장 김천의 철도는 도시단절의 요인이라는 것을 이 길다란 육교가 말해 주고 있습니다.

철도 상부 연결 육교 Bridge over railway

육교는 임시방편의 시설로 보여집니다. 그렇기에 어떤 경관적 고려가 전혀 없는 그저 통과의 다리이기만 하더군요. 임시방편이 아니라면, 이 다리는 다시 지어져야 합니다. 김천의 이미지를 위해서 말입니다.

김천역 앞은 그런대로 광장이 있어 보기 시원합니다. 그 앞의 전면도로변 또한 일제강점기 이후 조성된 시가지임을 말해 주듯이 빽빽이 건물 파사드들이 붙어 조밀한 거리풍경을 보여줍니다. 비록 낙후된 건물이지만 말이죠.

김천역 Kim-Chun Station

빽빽이 들어선 가로변의 건물 중엔 아래의 사진처럼 일본풍의 집이 아직도 있습니다.

또한 아주 낡은 건물이지만, 이렇게 인테리어와 외관을 고쳐 자신만의 세계를 만들어 놉니다. 낡은 건축물 위에 현대의 욕망이 오버랩 되어 있죠. 즉, 낡은 도시의 기본판 위에서도 현대건축물의 욕망이 담길 수 있습니다.

김천도심에는 재래시장은 있지만, 세가 크지 않고, 문화의 거리, 차 없는 거리는 따로 없이 이곳 역사 앞의 김천로가 가장 번화한 상업거리입니다.

김천로 Central street

상업건물 commercial small building

자생적 언덕의 도시와 구획정리의 조직 Hill city & plot readjustment fabric

김천은 언덕의 도시입니다. 좁은 역사 전면의 도로의 켜를 바로 넘어서면 20m도 못가서 언덕이 시작됩니다. 곧 주거지의 시작이지요. 물론 경사지 특유의 자생적 도시조직을 가지고 있고, 이것이 만들어 주는 시각적, 공간적 변화가 무쌍합니다.

언덕과 야쿠르트 아줌마 Hill & Yogurt mam

야쿠르트 아줌마를 보니 이곳도 사무실들이 있다는 말입니다. 물론 서울에 비해선 많이 불편하겠습니다. 언덕을 오르내려야 하니.

김천남산공원이라는 곳에 올라 가면 시가지 일부를 볼 수 있습니다.

그런데 이곳을 내려가는 계단이 심상치 않아 검색을 했더니 이곳은 예전에 일본 신사자리였음을 알 수 있었습니다. 이 공원의 역사는 다음 페이지의 글을 참조하십시오.

시가지 전경 Panoramic view on hill

남산공원(우하단)과 지형적 도시조직 Park & geographical urban fabric

김천남산공원
1924년 일본들이 대규모 신사(神社)를 건립하고 시민과 학생들에게 신사참배를 강요하던 장소였다. 1947년에는 배영중학원(지금의 석천중학교) 부지로 사용되기도 하였는데, 1963년 '남산공원 설치위원회'를 조직하고 황금동 114번지 사유지 3,734평과 교환한 뒤 시민을 위한 공원으로 환원되었다.
하지만 공원시설을 제대로 갖추지 못하고 운동연습장으로 이용되다가 1979년 시비, 사회단체 기탁금, 개인성금 등을 모금하여 지금의 모습을 갖추게 되었다.
[출처] 네이버 백과사전

일본 신사 Old Japanese shrine stair

석등을 보십시오. 필자는 석등을 보고 일제의 감을 잡았습니다.

용두동 일대

시가지 서쪽으로 향합니다. 아래장터라는 이름으로 불리는 예전의 전국 5대 시장 중 하나인 김천 5일장이 열렸던 곳이라 하는데, 필자가 보기엔 일제 때의 시가지 느낌과 건물의 냄새가 느껴집니다. 돌아와 문헌을 검색하는데 사실로 확인됩니다. 다음 페이지의 글을 참조하십시오.

아리랑약국
원웰빙마트
금호타이어
김천대리점
동부교회
평안약국
김천동부
새마을금고
중앙시장길
부산횟집
김천지소
금호아파트

시장식육 직판장
시장식육 직판장

김천 아래장터, 용두동(龍頭洞) 설명
행정동인 용암동(龍岩洞) 관할이다. 김천시 도시지역의 동부에 있다.
원래 김산군(金山郡) 김천면(金泉面) 지역이다. 1905년 무렵 경부선(京釜線) 철도 부설공사에 종사한 일본인 기술자 수백 명이 거처할 집을 짓기 시작하면서 생겨난 지역이며, 철도 공사가 끝난 후에 일본인 거주지와 상가가 형성되었다. 1914년 김천군 김천면 영정(榮町)이 되었으며, 1931년 김천읍 관할이 되었다. 1949년 김천시 용두동으로 개칭되었으며, 1983년 용호동(龍湖洞) 관할이 되었다가 1997년 용암동 관할로 바뀌었다.
감천(甘川)과 직지천(直旨川)이 합류하는 모서리의 감천 서안마을로서, 일찍이 아래장터, 하신기(下新基)라 하여 전국 5대 시장의 하나였던 김천장이 열렸던 곳이다. 또한 용두동의 김천백사장에서는 연례행사로 전국장사씨름대회가 열렸다.
경부고속철도, 경부선, 경부고속도로, 3번, 4번 및 59번국도가 통과한다. 김천의료원, 김천우석대학병원, 자산공원이 있다.
[출처] 네이버 백과사전

제가 무슨 형사콜롬보 같습니다. 아님 발터 벤야민인가요? 도시를 보는 탐정. 아니, 저는 사파리 모자를 쓴 '임삿갓'이 더 좋겠습니다. 김천장도 마저 참조하십시오.

김천장(金泉場)
경상북도 김천시 용호동(용암동) 일대에서 열렸던 조선 말기 전국 5대 시장(평양, 개성, 강경, 김천, 대구)의 하나이다.
우리나라의 장시는 15세기 말에서 16세기 중엽부터 시작되어 임진왜란(1592)을 겪고 난 후 각지로 빠르게 퍼졌다. 김천장은 지금의 용호동 일대에서 열렸다. 1922년 감천제방이 만들어지기 전까지 시장의 대부분은 백사장이었다. 황금동교회 앞을 흐르는 개울이 감천으로 흘러드는 지점인 지금의 철교 부근은 삼각주를 이루면서 높은 지대가 형성되어 '용우머리'라는 이름으로 불렸다. 이곳이 김천장의 중심지였다.
김천장이 조선 5대 시장(평양, 개성, 강경, 김천, 대구)의 하나였던 시기는 대략 1880년 경부터 1930년 경까지의 50여 년 동안이다.
선생영조(善生永助)가 쓴 「조선의 시장경제」에 따르면 전성기(1908)의 거래규모는 다음과 같다. 대구 서문시장이 1,080,000원이고 김천장이 720,000원이며, 다른 곳은 김천의 절반에도 못 미친다. 1928년에는 대구 서문시장이 2,595,000원, 김천장은 1,300,000원, 평양은 1,500,000원, 개성은 1,150,000원, 강경은 950,000원으로 전국 5대 시장의 지위를 유지했다.
김천장은 김천장시, 김전장, 짐전장, 큰장, 아랫장 등으로 불렸다.
[출처] 네이버 백과사전

자, 확인이 되셨습니까? 일제는 감천의 백사장에 융성했던 5일장 부지를 둑을 쌓고, 도시를 만들어 경부선 노동자들에게 제공하였던 것입니다. 이후, 도시의 안쪽은 일제의 거리가 되었고, 5일장은 구획정리된 거리로 옮겨진 것이지요.[27]

03 수공간Water, 감천

감천은 유량에 비해 유역의 폭이 넓은 강으로 보입니다. 그렇기에 앞서의 5일장이 가능했겠지요. 그런데 정비는 대체적으로 잘 안되어 있습니다. 약간의 산책로 정도만 조성해 주어도 좋을 듯 싶습니다.

27) *러일전쟁의 종결 이후 일본인 철도인부는 떠났지만, 대신 이곳을 경상도 내륙거점으로 착안한 일본인 상인들이 대거 정착하기 시작하였다. 그들은 대구상인보다 부산상인들이 대부분으로, 부산에 본점을 두고, 김천에 지점을 두었다. – 개항기 전후 경상도의 육상교통, p146.*

일제가 둑을 쌓으면서 도시를 만들었을 것이고, 그 이후에 이렇게 도로 확장 공사를 했습니다. 멀리 경부고속도로와 영남대로, 그리고 KTX의 선로가 보입니다. 오래된 도시 위를 날아가는 KTX의 풍경은 참으로 대조적이더군요.

04 취약지역 Urban fracture

●

김천을 통과하는 광역교통망 5개는 그대로 도시에 막대한 자국들을 남깁니다. 먼저 철도변. 완충공간을 생각하지 않았던 일제강점기의 철도변 도시조직은 그대로 현재에 남겨져 있습니다. 대로변의 활성화 된 상가 이외엔 대부분 낙후된 지역입니다. 이들을 일정 부분 철거하여 녹지를 제공하면 좋겠지만, 그것이 현실적으로 그리 쉽게 될까요. 서울의 국가상징거리도 그렇게 힘든데 말입니다.

또한 경부고속도로 및 영남대로변으로는 대형 차량들과 그것의 소음들이 굉장합니다. 이 접경지역으로 건자재와 같은 저지가 산업들이 나타나고, 그 배후로 낙후된 도시가 존재합니다.

Fracture area by rail way

05 제언 : 다공성의 도시, 김천

사실 김천은 도심 전체가 낙후되어 있다고 해도 과언이 아니었습니다. 물론 김천역사 주변으로 조성된 중심가로가 있지만, 그 이외의 지역은 낙후된 채로 어떤 도시계획적 정비가 전혀 일어나지 않은 듯 보입니다. 녹지와 대중교통과 같은 공공적 도시기반이 매우 취약해 보이는 이유이지요. 먼저 공공영역인 도시의 기본판을 잘 정비해 놓으면 건축물은 자생적으로 개선의 의욕을 불러 일으킬 텐데, 지금은 시의 모든 역량이 혁신도시건설에 가 있습니다. 참으로 안타까운 현실이었습니다.

KTX역사가 있는 혁신도시의 현장은 말 그대로 땅이 마치 가축의 내장을 해체한 채 나뒹굴고 있는 것 같은 느낌을 받습니다. 황색의 토양이 그대로 펼쳐져 있습니다.

안타깝지요. 좀 천천히 하는 도시개발 방식은 없을까요. 물론 김천의 낙후양

혁신도시 현장Enterprise city under construction

상을 보면 이곳의 건설의 당위성을 느끼고, 또한 혁신도시의 취지를 잘 알기에 당연히 공감하지만, 먼저 마을단위의 작은 그림을 그려 줄 필요가 있지 않을까요. 다들 큰 크림을 먼저 그리고, 크게 먼저 기반을 닦으려고 하니, 수익도 안 날 것이고, 이렇게 환경파괴는 물론 기존 시가지는 손도 못 쓰고 있는 것 아닐까요. 큰 그림을 그릴 필요는 당연히 있습니다. 그러나 큰 그림도 마을단위의 작은 그림의 연합이어야 합니다. 그래서 작은 단위의 연합이 하나 하나씩 먼저 건설되고, 그것이 효과를 발휘하면 또 그 옆 단위를 개발하고, 이런 식의 도시계획이 돼야 하지 않을까요. 먼저 언급했던 듯이 동탄식의 도시개발, 분당, 일산식의 도시개발이 큰 그림을 왕창, 일거에 개발하는 식의 패러다임은 이제 끝내야 하지 않을까요. 현재의 부동산 침체로 인한 경제위기 또한 이런 식의 큰 그림 패러다임 때문일 것입니다. 다시 김천을 보면서 한국을 생각합니다.

●

제안

- 김천역+버스터미널의 복합역사 조성 : 철로 단절 극복 및 소규모 역세권 조성 유도
- 철도변 주변의 가능부지의 녹화
- 가능한 수공간 강화/복원을 통한 생태성 강화
- 자전거 도로/공원의 등방적 설치를 통한 공공영역 개선

●

Porous city, Kim-Chun

The city locates in the middle of main axis from Seoul to Busan. It's main arteries of Korea peninsula. So major traffic lines penetrates the city area, Highway, Railway and so on.

Making porous this city starts the space near this kinds of traffic lines. Making green strip is to be a solution. Waterway could be revived along the water oriented road system, and bike park and bike way also could provides the good publicity in old plot readjustment area.

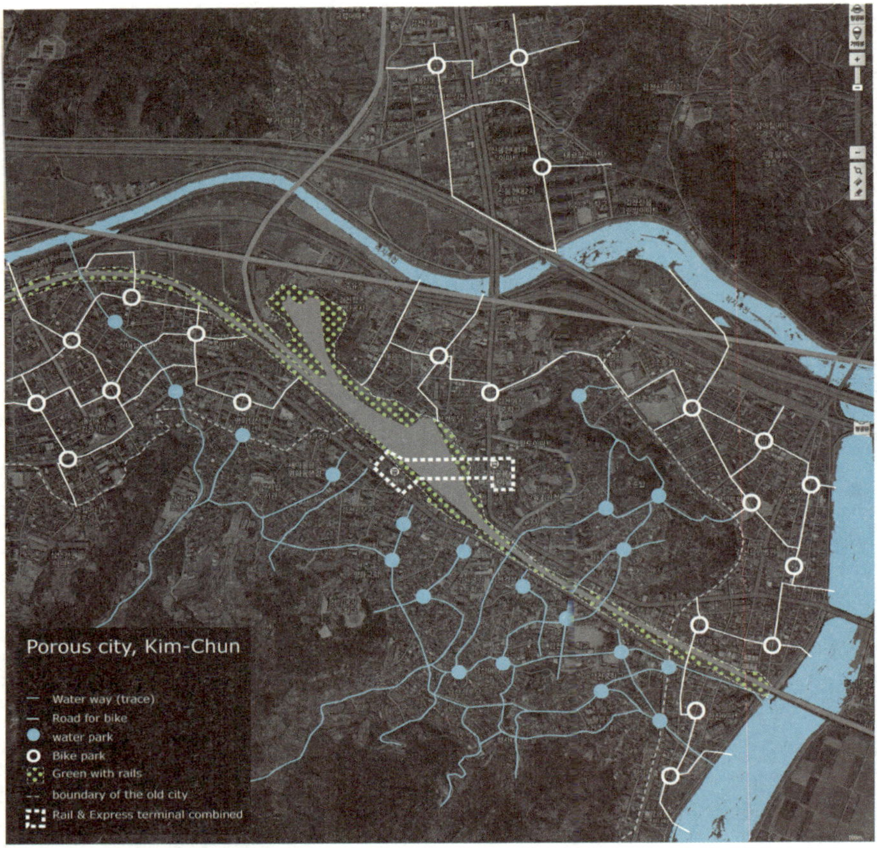

참고자료

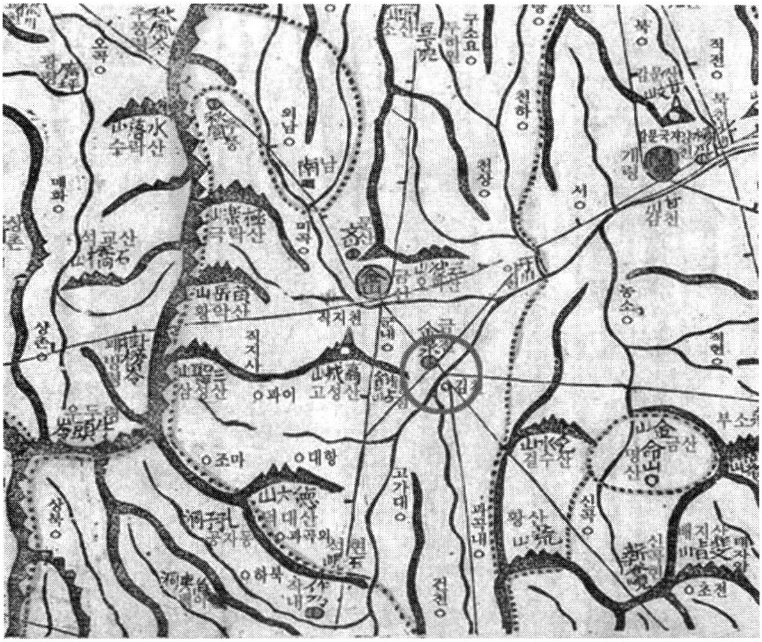

김천 – 대동여지도

Bonus Photo

Kim-Chun Bus terminal

Old market

Old buildings and street

Waiting bus

COMMON CITY

SURVEY ON SMALL CITIES OF SOUTH KOREA

STORY

32

KU-MI

인구 40만의 도시, 구미입니다.

구미 龜尾

《면적》_616.1km²

《세대》_157,057가구(2010.12월.일)

《총인구》_370,088명(2011)

《등급》_경기도 평택, 경남 진주와 동급. 27위

《행정동》_읍 2개, 면 6개, 행정동 19개

《법정동》_30개

구미시(龜尾市)는 대한민국 경상북도 중서부에 있는 도시이다. 역사, 문화, 예술, 교육, 도시규모 면에서 경상북도 서부지역의 중심 도시이다. 1970년대 초 대한민국 정부의 수출 주도 정책에 힘입어 구미국가산업단지가 조성되면서 내륙 최대의 첨단 수출 산업단지를 보유한 도시로 발돋움했다.

01 도시형태 Shape of the city

낙동강이 시가지 한가운데를 관통하며, 금오산을 진산으로 하는 산세로 둘러싸인 소분지형 도시입니다. 소분지형 도시답게 골짜기들을 점유하면서 정주가 시작된 도시이며, 또한 경부고속도로와 경부선 철도가 시가지를 가로지르고 있어 앞서 김천의 상황과 매우 흡사한 도시구조를 가지고 있습니다. 다만, 낙동강가를 중심으로 산업단지가 매우 크게 조성되어, 도시의 중심위치를 점유하고 있어 산업도시, 구미 특유의 형상을 보여줍니다.

02 도시조직 Urban fabric

구도심 Old city center

구미역사 앞의 도로가 구도심의 주 보행가로가 되어 있습니다. 그 보행가로의 한 켜 뒤로 재래시장이 위치하고, 연이어서 '문화의 거리'가 조성되어 보행인의

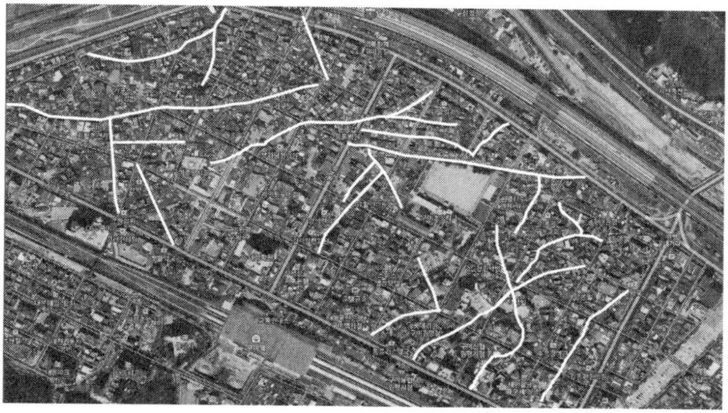

자생적 도시조직과 도시계획도로의 그리드체계가 중첩된 모습 Superposition of Geographical fabric and Orthogonal road

흐름이 아주 많습니다. 그런데, 도시조직의 모습을 보면, 전형적인 2기의 도시 조직 형태가 나타납니다.

구미중앙시장과 문화의 거리가 연속되어 나타납니다. 이 둘이 인접하여 있는 도시는 여럿이 있었으나, 이렇게 연속되어 나타난 사례는 구미가 처음입니다. 아무튼 재래시장과 문화의 거리, 차 없는 거리 등은 한국의 소도시가 가지는 대표적 도시에너지원임에 틀림없습니다. 재래시장은 크진 않으나, 공간적으로 잘 정비되어 깔끔합니다.

연속되어 나타나는 문화의 거리와 재래시장 Continuous spatial structure of Car-free street & old market place

재래시장 Old market

6각형의 도시 Hexagonal shape fabric

구도심지역과 산업공단 사이, 형곡동에 특유의 육Z-형 도시가 존재합니다. 이는 안산에서도 보여지는 박병주교수님의 작품이셨지요. 시기는 공단의 배후도시로서 80년대에 조성되었습니다. 이론적으로 육각도시는 도시계획상 가장 효율적인 교통동선체계, 재화와 서비스의 효율적 공급체계를 제공한다고 합니다. 물론 현실은 그렇지 않습니다. 아무튼 이론상으로 이를 드고 크리스탈러의 중심지 이론이라고 하고, 남부독일에서 실현하려 하였습니다. 이를 박교수님은 이곳으로 차용하신 모양입니다.

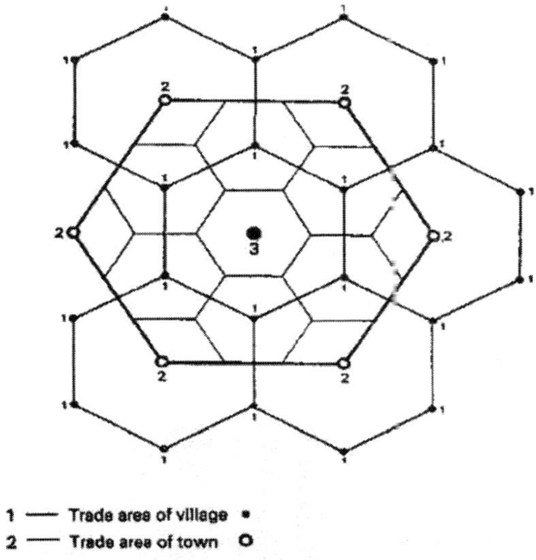

그림 10.4 중심지 체계 : $k=3$ 원리

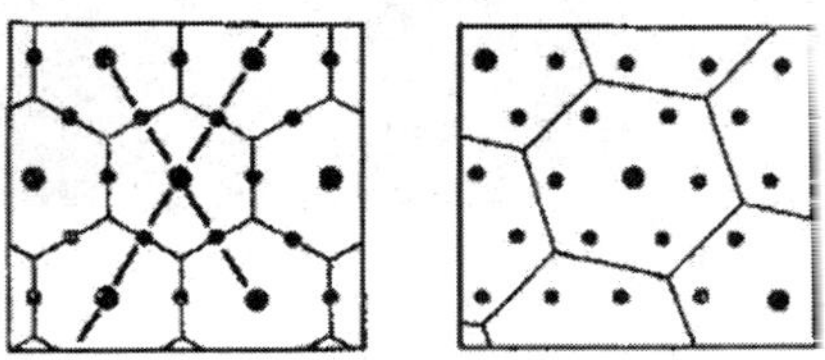

아무튼 그 육각형의 내부엔 공원이 존재하며, 특유의 육각형조직의 방향성에 맞추어 필지가 분할되어 있습니다. 매우 다양한 도시풍경을 제공하고 있는 것이지요. 또한 가운데 공원이 잘 조성되어 한가한 오후의 시간인데도 많은 시민들이 젊은이, 노인분 할 것 없이 활발하게 이용되고 있습니다.

이 육각형의 도시가 나타나는 안산과 비교해 보시지요.

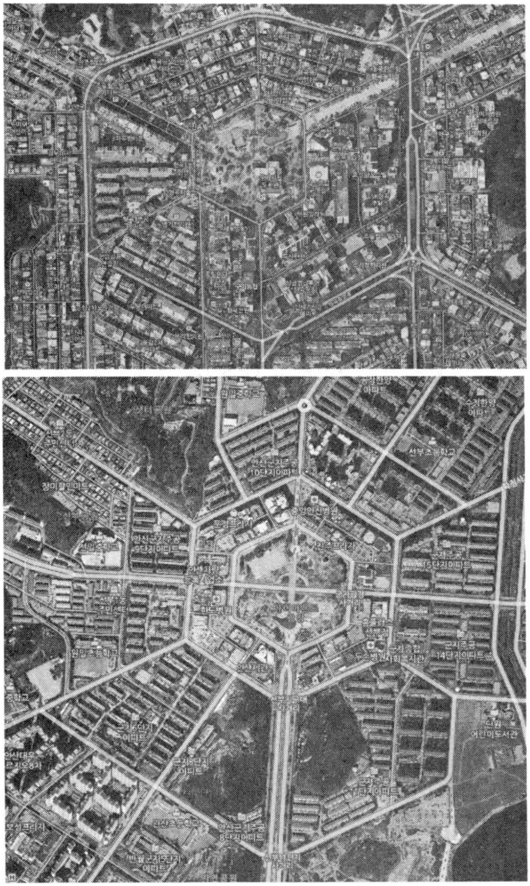

구미(위)와 안산(아래)의 육각형도시 Hexagonal city

안산의 경우는 주거지역이 아닌 육각형의 주변으로 상업지역으로 조성되어 있습니다. 그리고 중앙부에 도로가 통과하고 있습니다. 그런데, 필자가 방문했을 당시, 교통체계에서 매우 혼란스러웠고, 중앙부의 녹지 또한 조각조각으로 나뉘어 대형공원의 장점을 잃어버린 것으로 기억합니다. 최소한 통과도로는 지하로 할 수도 있었을 텐데 말입니다.

이곳 형곡동 육각형도시에서 하나 아쉬운 것은 도시계획도로가 너무 폭이 넓다는 것입니다. 보행인에게는 횡단하기가 매우 부담스러웠지요. 미래를 내다보는 광로계획이었지만, 그렇게 까진 넓지 않아도 되었을 것입니다.

구미의 육각형 내부의 공원 Park in the center of Hexagon, Ku-Mi

너무 넓은 횡단보도

03 취약지역 Urban fracture

공단지역의 믹시티 Mixity of Industrial area

구미의 공단지역은 매우 넓습니다. 개략적으로 구해보니 약 40만평 가량 되는 군요. 이는 창원산단의 면적과 흡사하고, 인천시화공단의 반 정도 되는 면적입니다. 인천시화가 대략 80만평입니다.

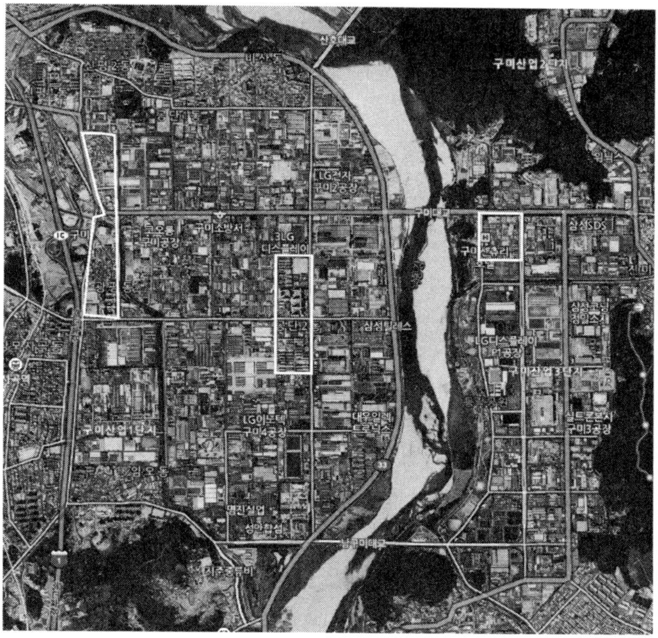

구미의 공단 Mixed function area in Industrial complex

지도상에서 하얀색 구역은 산업단지 내의 공장 이외의 시설들입니다. 주거지역, 상업지역들이 공단 내로 들어와 있는 것입니다. 본래 이들은 노동자 숙소들로 제공되었던 장소였다고 합니다만, 이후 공장들의 전출입이 있으면서 이들 부지에 아파트를 지어 분양하고 있었습니다. 그런데 냄새가 심해 거주환경으로는 썩 좋지 않다고들 합니다. 아무튼 그래도 필자에게는 산단 조성 당시부터 공단사람들의 숙소를 배려했고, 이것이 이후에 최소한의 도시성을 제공한다는 긍정적 측면으로 보고자 합니다.

구미산단지역은 애초에 전자공업이 집중해 있었다고 합니다. 이후, 대우전자, 오리온 전자 등이 IMF 이후 망하면서 이곳이 직격탄을 맞았다고 합니다. 본래 전자산업이 수많은 하청업체들의 공간사슬로 엮여져 있으니, 그 여파가 상당

공단 내의 아파트 Apartment in the industrial area

했던 모양이지요. 현재는 그래도 그 부지들에 다른 업체들이 들어와 있어 아직도 활력은 느껴지는 듯합니다. 이곳은 또한 LG전자의 모도시이기도 합니다. LG관련 기업들이 많이 입지해 있었습니다.

철로와 녹지 Green & Iron

앞서 김천의 경우와 마찬가지로 이곳 또한 철도와 도르가 도시의 시가지 경계를 이루고 있습니다. 그런데 김천과는 다른 것이 구미는 이들, 특히 철도의 경우 매

철도변 녹지 Green strip with railway

우 매력적인 선형공원을 제공하고 있었습니다. 필자가 이태리에 있을 당시 어떤 스튜디오가 철도변의 취약지역에 녹지를 조성, 도시생태축을 만드는 작업을 했었습니다. 그때 당시의 스튜디오 타이틀이 "green & iron"이었습니다. 참 멋지지 않습니까?

04 수공간Water, 낙동강

●

낙동강은 참으로 큰 강입니다. 유수길이로 따지면 한강보다 더 긴 강이지요. 최근 사대강공사에 둑이 터져 단수가 일어나고, 왜관철교가 무너지기도 한 그 강입니다. 얼마 전 큰 비가 와서 그런지 물의 빛깔이 흙빛입니다. 그런데, 좀 아쉽게도 속도 빠른 간선도로들이 강변으로 나있어 접근성이 그리 좋아 보이지 않습니다. 공단의 한 가운데를 관통하고 있느니만큼 이들의 휴식공간으로 이만한 공간은 없어 보이는데, 많이 아쉽습니다. 또한 이용도가 매우 떨어져서 그런지 별다른 정비를 하지 않은 듯 보입니다. 개선이 필요합니다.

낙동강River, Nakdong

그리고 도시의 몇몇 군데에서 복개된 하천들을 볼 수 있었습니다. 이들은 하루속히 천으로 정비, 도시에 활력을 불어 넣어야겠습니다.

금오산은 구미의 진산입니다. 이곳 분들의 말은 산이 각도에 따라 달리 보이는데, 사람의 얼굴 같기도 한답니다. 언뜻 보니 그런 것 같기도 합니다.

금오산 Mountain Gumo

05 제언 : 다공성의 도시, 구미

●

- 낙동강 수변영역의 정비 : 접근성 개선
- 산업단지 내 상업, 서비스 프로그램 투입 : 도시성 강화
- 자전거 도로/공원의 등방적 설치 : 공공영역 강화

porous city, Ku-Mi

Ku-Mi is famous for industrial city. So, industrial area is located in the middle of the city, which is very unique. Compare to this productive area, residential space is quite small. total population is about 370,000.

First step for making porous city is enhancing the mixity condition of industrial area. Some commercial, residential urban program could be inserted. Old city center is also necessary for green space.

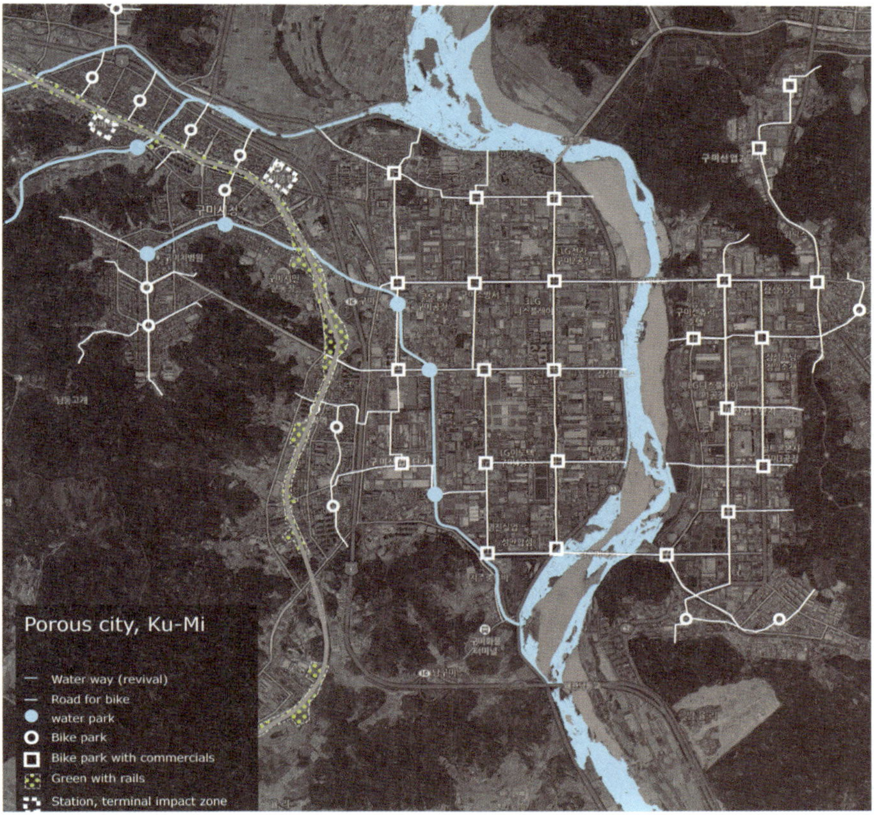

Bonus Photo

구미역 광장과 통경축 Urban square of KuMi station

Small but cozy shops

Pedestrian street

교외지역 Ourskirt area

맺음말

– 한국 도시의 미래 –

01 맺음말 : 한국 도시의 미래 Closing remark : Future of Korean cities

'포도송이' 도시 Grape city

도시형태론을 말하면서 끝내고자 합니다. 필자는 앞서 동탄의 사례에서 동탄이 가지는 환형環形도시의 대안으로 포도모양 도시를 언급하였습니다. 그 이유는 소분지 도시의 전형인 골짜기 도시들에서는 환형보다는 포도형이 더 어울리지 않은가 하는 것입니다. 앞서 언급했던 마을단위의 도시개발과도 잘 맞을 것 같습니다. 마을단위 하나 하나가 한 알의 포도가 되어 하나씩 만들어지고, 이들이 포도줄기 같은 도로로 엮이는 모델이 산지가 많은 한국의 소도시에 잘 어울리지 않을까 생각하는 것이지요.

그런데도, 막상 필자에게도 도시의 형태를 잡으라 한다면, 어떤 체계를 잡고 싶은 유혹에서 벗어나긴 힘들 것 같습니다. 정방형이 되었든, 원형이 되었든, 환형이 되었든 간에 도시의 형태적 힘이 가지는 잠재력은 무시할 수 없습니다. 도시의 나이테가 잘 드러나는 정방형, 혹은 원형도시, 중심에 자연이 있어 녹지네트워크의 중심성과 확장성에서 유리한 환형도시. 그리고 그 기본 형태에서 확장되어져서 나오는 도시의 확장. 그 큰 그림의 유혹.

그러나 필자는 '포도송이 도시'가 더 좋을 것이다 확신합니다. 포도송이 도시는 큰 그림이 아니지만, 서로가 연계되어 네트워크 도시를 만들 수 있습니다. 도시가 골짜기에 둘러싸여져 확장성에 당연히 한계를 가지게 되겠지요. 필자는 이 한계가 좋습니다. 도시가 자꾸 커지는 것이 아닌 분명한 소도시, 소마을의 한계를 가지기에 거주민은 큰 도시의 불편함에서 해방될 것입니다. 또한 풍요로운 한국 산세의 자연을 향유할 수 있습니다. 개별 도시가 작은 것은 연합하면 됩니다. 포도 한 알 한 알들이 모여 포도송이가 되면 천만의 시너지를 낼 수 있고, 이러한 도시연합의 가능성을 북유럽의 소도시들이 보여주고 있습니다. 지금까지 우리에게 익숙한 분당, 일산, 동탄, 행복도시의 큰 그림은 외국도시에서 사용하면 될 것입니다. 마지막으로 필자에게 앞으로 지향해야 할 한국도시의 미래가 무엇이냐 한다면, 단연코 "포도송이 도시"가 되어야 한다고 말하고자 합니다. 이것을 저의 맺음말로 갈음하겠습니다.

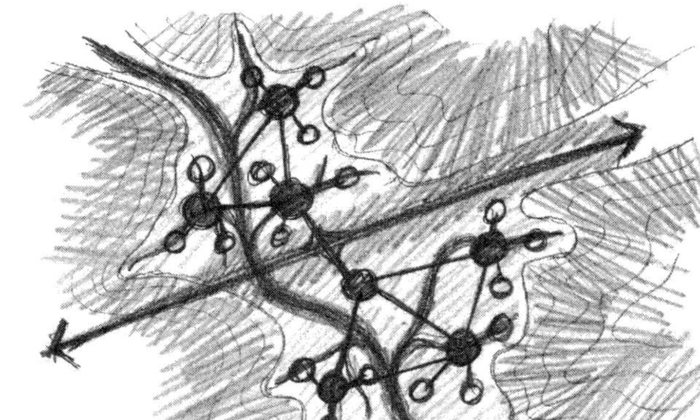

02 보론

대안제시의 철학 : "다공성의 도시 Porous city"

'다공성의 도시'[28]라는 용어는 말 그대로 '작은 구멍이 숭숭 뚫린' 도시를 말합니다. 아주 즉물적으로 설명하면 '스폰지'를 연상하면 됩니다. 상상해 보세요. 스폰지와 같은 도시는 그 작은 구멍들을 통해 많은 것을 받아낼 수 있을 것입니다. 사람과 교통, 이벤트와 같은 인위적인 것부터, 녹지, 생태, 자연 또한 그 구멍을 통해 도시로 들어갑니다.

현대도시는 갈수록 비다공화 되어 가고 있습니다. 즉, 구멍이 막힌 딱딱한 도시가 되어간다는 말이지요. 도시가 딱딱하면, 자연스러운 움직임이 발생하기 힘듭니다. 비다공적 현상들은 매우 많습니다. 도로는 광로로만 다니려 하고, 아파트단지와 업무단지는 그들만의 인클레이브 enclave를 만듭니다. 소통하려 하지 않습니다. 상업가로는 극도의 사유공간의 격전지가 되어, 공공성은 전혀 대접받지 못합니다. 중국인과 베트남인들은 서로의 존재를 드러내려 하지 않고, 그들만의 게토 ghetto를 형성합니다. 이런 여러 양태로 나타나는 도시의 비다공적 움직임의 기저에는 현대 자본의 공간적 재편욕이 작동하고 있는 것입니다.

다공성의 도시는 그러한 것에 대한 대안입니다. 다공성의 도시를 만드는 것에 있어 몇 가지의 대안제시의 방향이 있습니다.

먼저, **혼합성** mixite입니다. 오래된 건물과 새로운 건물이 서로 섞일 때, 베트남인과 미국인이 서로 섞일 때, 자연과 도시가 섞일 때, 어린이와 노인이 섞일

28) *이 용어는 본래 필자의 은사였던 P.Vigano, B.Secchi 교수(베니스건축대학:IUAV)가 사용하는 용어입니다.*

때, 도시는 건강해집니다.

접근성permeability은 접근 가능함을 이야기 합니다. 녹지가 서로 연계되어 네트워크를 만듭니다. 자전거 도로는 녹지와 연계되어 도시의 어느 곳이건 쉽고 빠르게 이동할 수 있습니다. 외국인 단지와 지역 주민은 서로간의 커뮤니티 센터가 있음으로서 서로에게 다가갈 수 있습니다.

등방성isotrophy은 균형된 도시를 만드는 가치입니다. 신도시로만 집중되는 도시에너지가 구도시에도 흐르게 만드는 것입니다. 부족한 공공성의 총화인 녹지와 도로망, 공공시설들이 등방적으로 펼쳐져 있으면, 낙후된 구도심에 도시의 새로운 에너지가 들어갈 수 있습니다. 편중되지 않은 도시를 지향할 수 있습니다.

다공성의 도시는 분명 갈수록 자본에 의해 '딱딱해져' 가는 도시에 대한 우리가 지향해야 할 대안일 것입니다.

●

한국의 '정신적 지주공간spritual place of Korean city'

잘 아는 지인이 이렇게 말을 합니다.

"분당에서는 내가 존재감을 못느껴. 여긴 내가 있는 게 아니라 내가 상품으로서 팔리는 기분이야."

네덜란드 델프트Delft시의 중앙광장과 교회

유럽의 어느 도시를 가보아도 그 곳에는 몇 군데를 빼고는 대부분 성당이 있고, 그 앞에는 광장이 있습니다. 평원지역의 성당은 그 자체로 랜드마크가 되었고, 그 우뚝 선 형상은 보기해도 '아. 내가 다시 이곳에 왔군' 을 느끼게 해 줍니다. 그 앞의 광장은 평일이면 한적하다가도 주말이나 날씨 좋은 저녁이 되면 사람들이 모이고, 앉아서 맥주를 마시거나 즐기는 사람들로 붐비곤 합니다. 그곳은 누가 뭐래도 그 도시의 상징공간, 아니 정신적 지주공간이라 할 만한 것이지요. 무엇이 그러한 정신적 도시공간을 만들었을까를 생각해 봅니다.

1. 수직성이 뛰어나며, 오랜 시간이 축적된 건축물(성당)
2. 넓찍하게 비워진 광장, 그러나 많은 이벤트로 채워질 수 있는 공간
3. 도시의 중앙부(심리적, 실질적)에 입지
4. 현재성(현재도 활발히 이용되어야 하며)과 시간의 퇴적

이를 '정신적 지주공간' 구성의 4요소로 생각해 보면 어떨까요. 물론 서유럽식 시각이지만 말입니다.

서울을, 아니 지금 내가 있는 이곳에 대해 생각해 봅니다.

어떠한 도시공간이 한국의 '정신적 지주공간'이 될 수 있을까요.

1. 궁宮

어떤 이는 '궁'이라 합니다.

궁이 정신적 지주공간일까요? 내가 보기엔 그곳은 아직 현재성이 부족한 것 같습니다. 그저 박제된 도시의 유적일 뿐입니다.

2. 산

서유럽의 무산無山풍경은 매우 필자를 '허전하게' 했습니다. 왠지 모르게 부족한 심리적 허탈감마저 주더군요. 그런 의미에서 산은 진정으로 한국적 풍경입니다. 이는 마치 우리가 외국여행에서 맛있는 피자와 빵으로만 배를 채웠을 경우 생각나는 얼큰한 김치찌개의 그리움에 다름 아닙니다. 그렇지만, 산은 좋은 정신적 공간이 될 수 있으나 도시공간은 아닙니다.

3. 공공건물

도시의 공공건물은 그나마 역사가 미약한 한국도시에서 그 역할을 해 줄 수 있을 것 같습니다. 도서관, 문화시설, 시청사, 구청의 앞마당과 같이 청사 앞에 빈 공간은 매우 훌륭한 장소가 될 수 있을 것입니다. 물론 과천의 정부청사와 같이 보안이 필요한 시설은 해당이 안 되겠지만요. 단지 공공건물의 이전 및 분사를 마치 지방 쇠퇴도시를 위한 단감 정도로 치부하는 정부의 시각, 기존 도시계획가의 시각이 아쉬울 뿐입니다. 한국에서 공공건물이 진정한 정신적 지주공간이 되려면 시간이 쌓여야 합니다. 정말 잘 설계해서, 정성을 다해 짓고, 그것이 후손 대대로 남겨지는 공공건물. 아직까지 한국엔 그런 시각이 없습니다.

4. 역세권

이 또한 가능성이 있습니다. 왜냐면 일단 이곳은 사람이 많이 모이기 때문입니다. 그러나 현재의 역세권의 모습에서는 필자가 생각하는 정신적 지주공간의 성격을 발견하기는 어렵습니다. 무수한 상업의 기호로 점령된 공간, 역을 바로 나오자마자 만나게 되는 현란한 네온사인과 상표. 좀 생각을 바꿔서 역을 나오게 되면 크진 않지만, 오픈 스페이스가 나오고, 그 곳에서 많은 사람들이 도시의 여유를 즐길 수 있도록 상업의 켜가 한 발짝 뒤로 물러나면 어떨까요. 필자가 이야기하는 void TOD가 그럴 것입니다.

5. 기타

교회, 절 등의 종교시설 등이 있을 수 있으나, 한국에서는 도시의 중심공간도 아니며, (근린생활 4층의 교회들을 생각해 보라) 특정 집단을 위한 시설에 불과한 것 같습니다.

이것 말고 '정신적 지주공간' 이 될 수 있는 곳은 어디가 있을까요.

〈퇴적된 역사+현재도 활발하게 이용되는 현재성+랜드마크가 되는 건축물의 격+중심이 되는 위치〉를 충족시킬 수 있는 한국 도시의 '정신적 지주공간' 은? 아니 당신의 실존감을 충족시키는 '정신적 지주공간' 은 어디인가요?

지도식地圖式 : 사라진 옛 도시를 위한 가늠자

한국의 도시들은 대부분 격렬한 근대기를 통과하면서, 많은 도시구조가 파괴되었습니다. 그렇기에 유럽 도시들에서 볼 수 있는 우리가 항상 부러워하는 근사한 고건축의 성당이나, 광장, 그리고 그들의 경관들은 아쉽지만, 지상에서는 더 이상 볼 수 없는 게 현실입니다.

그러나 지상에서 옛 도시의 모습이 사라졌다 하더라도 그 흔적만은 남게 마련입니다. 물론 이 흔적마저 철저하게 사라진 구획정리나 단지화의 도시일 경우에는 기초와 같은 지하에서나 나오겠지만요.

필자가 '보통의 도시'를 발로 뛰며 답사 다니면서 느꼈던 것 중에 하나가 현대의 소도시들은 많은 부분이 아직도 과거의 공간구조가 그래도 남아 있는 도시들이 많이 있었다는 것입니다. 특히 향교는 도시 중심에서 약 10리 정도가 떨어져 있어 아직도 건재한 경우가 많았습니다. 그렇기에 향교의 존재 유무는 매우 중요한 도시의 시간 역사를 가늠할 수 있는 가늠자인 것입니다.

또 하나는 현재의 소도시들은 과거에도 정치적 중심지, 즉 읍치나 읍성을 가졌던 도시들이 많습니다. 읍치를 가지면 어디를 가나 왕을 기렸던 객사와 수령의 본 집무공간이었던 동헌이 존재하였지요. 아쉽게도 이들은 도시 중심에 있는 공간이었기에 향교와 같이 남아 있지 못하고 역사의 뒤안길로 훼철되고 말았습니다. 낙안읍성과 몇 개의 읍성을 제외하면 말입니다.

고지도는 그래서 소중합니다. 남아 있지 않은 옛 도시의 구조물의 존재 유무를 우리는 고지도를 보며 확인할 수 있는 것이지요. 그 고지도를 보는 눈, 보는 방법을 지도식은 말하고 있습니다. 그래서 지도식은 옛 도시를 보는 가늠자인 것입니다. 여기서는 큰 스케일의 대동여지도와 작은 스케일의 청구도의 지도식에 대해 서술하려 합니다.

먼저 대동여지도의 지도식입니다.

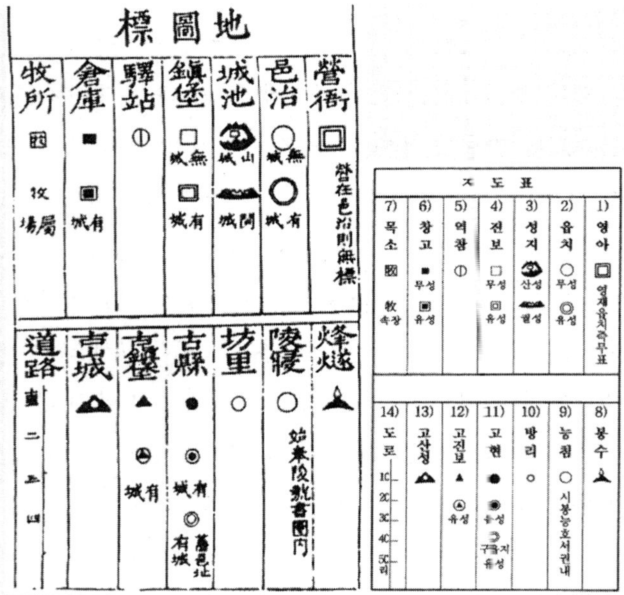

– 營衙(영아) : 관아의 뜻 오늘날의 군 사단급

병영, 수영, 감영, 행영 등의 군영을 일컬음. 절제사 등이 지휘감독. 기호 바깥에 행영, 수용이라고 기록함.

영제읍치즉무표 : 영이 읍치에 있는 경우는 이 기호를 표기하지 않는다로 설명

– 邑治(읍치) : 오늘날의 시, 군청

8도, 군현제의 도 아래 두었던 부, 복, 군, 현의 치소. 오늘날의 시청, 군청에 해

당, 읍성이 있으면 동그라미 두 개, 없으면 하나. 읍성은 읍치를 보호하기 위한 내성과 외곽의 외성으로 구분

- 城池(성지) : 산성과 궐성

산성 : 3면이 산벼랑으로 싸이고, 1면이 강이나 계류된 곳을 택해 낮은 곳을 막아 성벽을 쌓고, 골짜기의 통로를 이용하여 성문을 내는 방식으로 축조.

궐성 : 고을 외곽을 완전히 둘러싼 성. 일종의 외성

- 鎭堡(진보) : 진과 보 오늘날의 군, 연대급

진: 신라지대부터 있던 지방행정구획단위, 각 병영, 주영, 감영 밑에 둔 지방대의 진영

보: 흙으로 축대를 쌓아 만든 작은 성. 진 예하병력의 주둔지로 볼 수 있다.

- 驛站(역참) : 역과 참

역 : 중요 도로에 30리 간격으로 설치

참 : 역과 역 사이에 공무여행자가 쉴 장소

- 倉庫 창고 : 창고

성이 있는 경우와 없는 경우

- 牧所(목소)

목장, 국제적으로 필요한 말을 먹이던 곳

- 烽燧(봉수)

봉수대

– 陵寢(능침) : 임금이나 황후의 묘

능호의 동그라미 안의 첫 글자만을 표기, 성이 없는 읍치와 구분

– 坊里 방리

읍, 면, 동의 하급 행정구역

– 고현, 고진보, 고산성

옛치소, 폐현, 사용하지 않는 진과 보, 산성

– 도로

대동여지도의 도로는 직선으로 표기, 곡선으로 표기되는 강과 구분하기 위함.
10리마다 방점표기. 이 역시 직선거리를 의미하는 것이 아님. 지점간의 거리를 표기한 것.
평지의 곧은 길은 일정한 간격으로 찍고, 기복과 굴곡이 심하면 간격을 줄임.

다음은 청구도의 지도식입니다. 앞서의 대동여지도에서는 도시가 가지는 거시적 스케일, 산과 물의 지리세, 읍치의 유무 등을 다룬다면, 청구도의 지도식[29]을 보면 읍치를 가진 옛 도시들의 일반적인 공간구성에 대해 가늠할 수 있습니다. 물론 현대에 이르러 이들의 공간구조는 향교 이외에는 남아 있는 것이 거의 없으나, 이는 아직까지 유효한 중요한 한국의 소도시의 공간구성의 혜량법이라 할 수 있기에 꼭 염두에 두어야 할 대목입니다.

29) *필자와는 일면식도 없지만, 청구도 "지도식"의 가치를 저서를 통해 일깨워 주신 한양대 최종현교수님께 감사드립니다*

먼저 가운데 읍치邑治가 앉아 있습니다. 산을 뒤로 하고, 그 앞에는 물이 흐릅니다. 읍치에는 성이 있는 경우도 있고, 없을 수도 있습니다. 원 하나의 거리가 10리를 뜻하니 대략 4km거리가 됩니다. 읍치의 원 바깥으로 향교鄕校가 있습니다. 그러니 향교는 대략 읍치에서 4km 정도 바깥에 있다 생각하면 됩니다. 그 바깥으로 정자亭가 있고, 누樓가 있습니다. 다리橋도 있고, 포구津도 있습니다. 좀 더 바깥으로는 절寺이 있고, 시장市場이 있습니다. 성城과 목장牧場도 보입

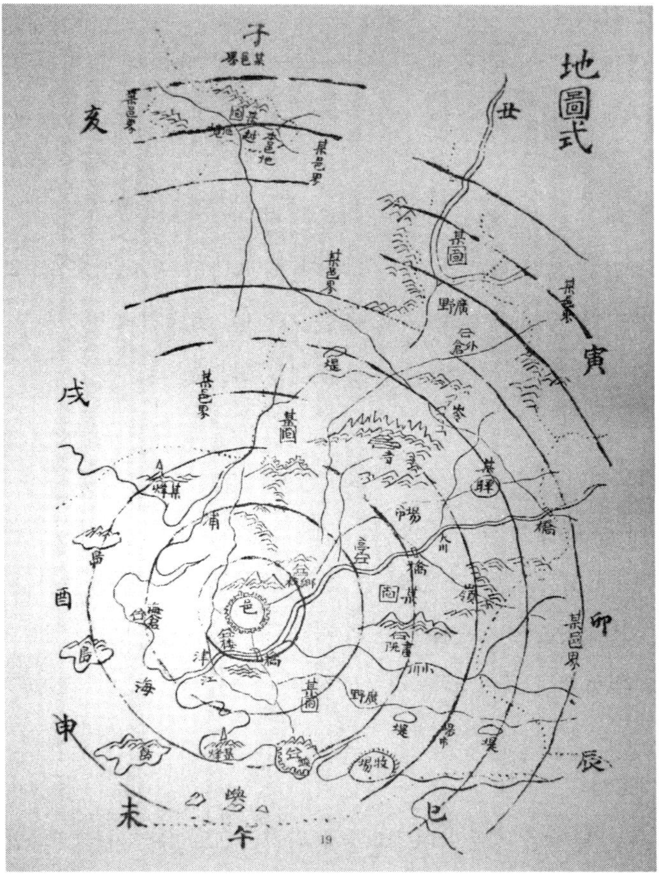

청구도 – 지도식

니다. 좀 더 바깥으로는 논농사를 위한 저수지堤가 보이네요.

이는 필자인 김정호선생 당시의 아주 일반적인 도시의 양상을 그려 놓은 그 때의 보통의 도시의 기본구조라 할 수 있을 것입니다. 그렇다면 현대의 보통의 도시의 기본구조를 한번 그려보고 싶어집니다. 필자가 한번 그려 보겠습니다.

현대도시의 지도식

한국 도시의 연원은 바로 산세가 만들어내는 물길이며, 이 물길과 만나는 위치에 따라 도시는 대략 4가지의 종류로 나뉠 수 있다.

- 비탈의 도시

아직 본격적인 도시의 형태가 이루어 지지 못한 마을 단계의 도시. 괴촌塊村, 열촌列村의 양상, 철저한 지형적 도시조직을 가진다. 비탈면의 밭농사를 짓는 경우는 저수지가 필요 없으나, 논농사를 짓는 경우 필요하다.

- 상류분지도시

소도시. 대부분 지형적 도시조직+도시계획도로가 나오는 2기의 도시기본판을 가진다. 상류에 있고, 산세가 깊어 큰 정주지 형성이 어렵다. 산업의 양상 또한 농경이 주主고 소규모의 농공단지 등의 형태로 공업이 들어오는 경우도 있다. 상수원 보호구역등으로 묶여 있는 경우도 있다.

- 하류분지도시

주로 대도시로 발달한 경우이며, 하류에 위치하므로 유역이 크고, 범람원이 크다. 예로부터 정주지가 발달하여 큰 취락을 이루었으며, 이에 따라 복잡대공업 등이 하천주변으로 발달했다. 도시의 중심은 옛 도시조직, 기본판을 가지는 경우가 많으며, 오히려 도시의 천변 및 외곽지역으로 현대의 구획정리나 택지개발, 단지조직 등의 세가 나타난다. 하천 주변으로는 직강공사를 하여 대부분 택지로 개발되어 있다. 거대도시를 중심으로 근처의 소규모의 상류분지 도시들을 취합하여 위성도시화 시키는 경우도 많다.

- 임해도시

바다와 면하는 도시로서 예로부터 조운의 영향을 많이 받았다. 임해 대도시 중 몇 개는 일제 때 수탈의 도시였다. 최초의 철도가 나타난 곳이기도 하다. 현대에 이르러 임해산업도시로 육성된 도시들이 많으며, 바다쪽으로 더욱 교통 및 항만의 진출의 현상이 활발하며, 또한 이를 뒷받침하는 신도시들이 건설되고 있다. 임해도시 중 작은 도시들은 대부분 산세가 급격하게 바다와 만나는 곳에 있다. 이들은 아직도 반농반어半農半漁의 형태의 산업이 나타나는 오래된 작은 도시들이다.

교통로는 빠른 특급교통로들이 하류분지도시들을 연결하여, 국가교통체계의 중추를 이룬다. 나머지의 도시간 교통로들은 이들에 연계되어 대부분 물길과 평야지역을 따라서 형성된다.

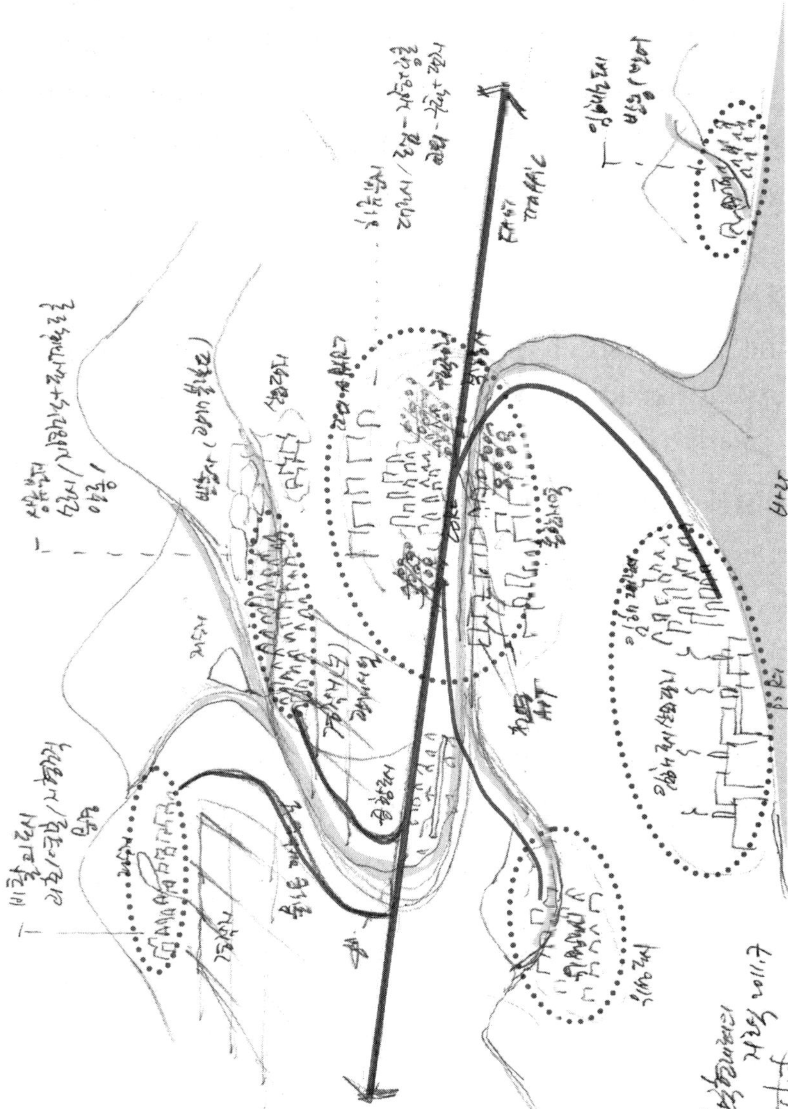

현대도시의 지도식

참고문헌

- 한국지리 (총론), 권혁재, 2010, 법문사
- 한국의 도시, 한국도시지리학회, 2005, 법문사
- 조선의 도시, 권위와 상징의 공간, 이기봉, 2008, 새문사
- 옛사람의 발길을 따라가는 우리 건축 답사, 최종현, 2011, 현실문화
- 개항기 전후 경상도의 육상교통, 허우긍+도도로키 히로시, 2007, 서울대학교 출판부

웹

- 한국지리지, http://www.land.go.kr/info0301.do
- 규장각한국학연구원(고지도), http://kyujanggak.snu.ac.kr
- 디지털향토문화전자대전, http://www.grandculture.net/main/main.asp

지도

- 네이버 지도
- 다음지도
- 구글지도

유럽에서 60여개의 도시답사 경험을 가진 필자로서 국내의 도시가, 그 현황과 모습이 궁금했다. 정작 유럽의 도시에 대해서는 이야기 하면서, 내 나라, 나의 도시는 아는 것이 별로 없었다는 자각이 들었다.

현업이 있던 날을 제외하면, 매일같이 새벽버스에 올라 탔고, 자정이 넘어 귀가했다. 그렇게 한 개, 한 개의 도시들을 방문할 때마다, 서서히 한국 도시의 구조가, 그 형상과 분위기가 필자의 몸에, 머리에 새겨졌다. 답사 후에는 돌아와 그 도시가 나에게 보여주었던 것들을 자료를 뒤져가며 찾아보고 정리했다. 그렇게 한국의 도시는 나에게 많은 것을 알게 해 주었다.

이 소도시 글 묶음을 처음 기획할 때는 도시의 현지성, 현재의 모습만을 9개의 틀로서 기술하고자 했다. 그러나 답사를 갈 수록 근 · 현대를 관통하면서 사라진 수많은 도시적 자국들, 흔적들을 보게 되었고, 그것을 부족하지만 담아내고 싶었다. 여기에 필자의 '용감한' 각 도시의 나아가야 할 방향과 견해를 담았으니, 각 도시마다 짧지만, 현재와 근대의 과거, 미래를 아우르는 틀은 갖추었다 생각한다. 본래 박사보다 석사가 더 "용감하다."

계획했던 답사가 마무리 될 때쯤 족저근막염足低筋膜炎이 찾아 왔다. 그러나 그것은 필자에겐 영광의 상처이다.

이 책은 필자가 생각했던 도시에 대한 꿈의 기록이다. 끝으로 한마디 더하면 **"도시는 걷는 만큼 보여준다."**

부모님과 형제, 아내 김현정과 아들 이건에게 언제나 감사드리고, 하늘에 계신 고 김수동 할머니께 귀한 손자의 세 번째 책을 바칩니다.

임동원

도시 또한 건축물을 답사하는 것처럼 하나의 답사의 대상이 될 수 있다고 생각하며, 그것을 몸소 실천으로 옮기고자 하는 사람이다. 지리-역사-정치경제-도시공간-건축공간을 넘나드는 도시학Urbanism에 깊은 관심을 가지고 있다.

현재 삼성물산 건설부문에 재직, 해외도시개발 관련업무를 수행중에 있으며, 2007-2009년 네덜란드 델프트공대(TU-Delft)에서 도시학 석사(Urbanism MsC)를 취득했다. 특히 유학시절 교환학생자격으로 IUAV(베니스 건축대학)의 Paola Vigano'교수팀과 함께 "2008' Grand Paris" 프로젝에 참여하였다. 한국건축사(2001,제13543호)이며, 원도시건축과 공간건축, 선진엔지니어링에서 "신도림역 테크노마트", "용산공원정비구역 종합기본계획" 등 다수의 도시, 건축 프로젝을 수행하였다.

저서로서 현대의 상업건축과 상품화되는 도시공간을 다룬 〈행복한 소비 : 자본과 건축공간(2008)〉과 유럽에서 경험한 도시학전반을 서술한 〈유로피안 어버니즘의 경험: 평등을 찾아가는 도시계획이야기(2010)〉가 있다.

한국 소도시 탐색
보통의 도시

2012년 4월 20일 1쇄 · 2013년 1월 15일 2쇄 발행

저　자/임동원
펴낸이/김기현

발행처/도서출판 시공문화사
등　록/1993년 3월 12일 제1-1493호
주　소/서울시 서대문구 독립문공원길 13 극동빌딩 5층
전　화/02)3147-1212, 2323
팩　스/02)3147-2626

인　쇄/예림인쇄
제　본/(주)다인바인텍
출　력/에코프린트
용　지/(주)대림지업사

ISBN 978-89-5592-227-1

정가 29,500원